U0296543

公路发射场坪建模理论及应用

Highway Launch Site Modeling Theory and Application

马大为　杨必武　张震东　著
马吴宁　高　原　王　旭

科学出版社

北　京

内 容 简 介

本书以公路场坪为对象，阐述了超大发射载荷环境下的理论研究方法与力学响应特性，主要包括水泥和沥青混凝土场坪动力响应力学模型、水泥混凝土断裂损伤耦合本构模型、沥青混凝土塑性与冲击损伤本构模型、场坪面基层间界面力学模型、含场坪效应的发射动力学模型、发射场坪力学特性试验方法和发射装备场坪适应性评估等内容。

本书是发射装备场坪适应性理论与方法研究成果的最新总结，可供发射技术领域相关人员科研、教学或学习时参考。

图书在版编目(CIP)数据

公路发射场坪建模理论及应用/马大为等著. —北京：科学出版社，2022.3
ISBN 978-7-03-071060-4

Ⅰ.①公⋯ Ⅱ.①马⋯ Ⅲ.①发射场–公路工程–系统建模 Ⅳ.①V55

中国版本图书馆 CIP 数据核字(2021) 第 269557 号

责任编辑：李涪汁 曾佳佳／责任校对：杨 赛
责任印制：师艳茹／封面设计：许 瑞

科 学 出 版 社 出版
北京东黄城根北街 16 号
邮政编码：100717
http://www.sciencep.com
中国科学院印刷厂 印刷
科学出版社发行 各地新华书店经销
*
2022 年 3 月第 一 版 开本：720×1000 1/16
2022 年 3 月第一次印刷 印张：15 插页：8
字数：300 000
定价：149.00 元
(如有印装质量问题，我社负责调换)

前　言

为确保武器装备的射前生存安全和快速反应能力，军方对各类陆上产品提出了公路机动与广地域发射要求。无依托随机发射是当今装备发展的重要趋势，场坪适应性成为现阶段发射技术学科的研究热点。

我国公路的建设原则为"按需设计、因地制宜、就地选材"，决定了公路建造之初就表现出复杂的多样性；受道路交通流量、公路使用年限和自然环境等的影响，公路承载能力呈现出较强的随机性；在瞬态超大发射载荷作用下，公路场坪会出现弹性、塑性、损伤甚至断裂等多种复杂响应与破坏现象。因此，实现武器装备公路机动与随机发射，既要掌握超大载荷作用下公路多层材料与结构的复杂力学特性，又要解决场坪承载强度随机性的辨识问题，还要控制装备与场坪的耦合作用效应，发射装备场坪适应性研究面临着基础理论、研究方法和实际应用等多方面的巨大挑战。

经过科研人员十多年来的不懈努力和开拓进取，国内场坪适应性研究实现了突破性长足进展，取得了瞬态超大发射载荷生成与作用机理、公路场坪非线性响应特性和装备–场坪耦合作用效应等基础研究成果，建立了公路发射场坪力学模型和研究方法，奠定了发射场坪适应性研究的理论基础；攻克了一系列无依托随机发射制约性问题，部分技术实现转化应用，达到国际先进水平。

本书以超大发射载荷环境下公路场坪力学行为和本构关系为主线，注重主要章节相关内容的融会贯通。基于装备与场坪响应的理论研究成果，系统阐述了含场坪效应的发射装备非线性结构动力学理论，包含发射装备关键部件、场坪面层动力响应、公路场坪冲击损伤、场坪面基层间界面和装备–场坪界面等单元力学模型，以及相应的数值算法；基于所建立的公路场坪单元力学模型、含场坪效应的发射装备非线性结构动力学模型和耦合作用效应高效仿真模型，全面介绍了发射装备场坪适应性评估方法的应用要点，包括下伏缺陷剔除、路面类型判断、场坪承载测量、装备响应提取和评估判据比照等内容。

本书是发射装备场坪适应性理论与方法研究成果的总结，可供发射技术领域相关人员科研、教学或学习时参考。

全书共 9 章。第 1 章绪论，说明公路场坪建模理论研究意义和内涵，简单介绍相关研究的进展及不足；第 2 章阐述水泥混凝土场坪动力响应力学模型，揭示发射载荷下场坪动态响应；第 3 章建立沥青混凝土场坪动力响应力学模型，描述超大载荷下场坪力学特性；第 4 章论述水泥混凝土断裂损伤耦合本构模型建立方法，进行数值仿真与验证；第 5 章推导沥青混凝土塑性与冲击损伤本构模型，分析发射载荷下面层损伤效应；第 6 章建立场坪面基层间界面力学模型，揭示损伤演化特性；第 7 章构建含场坪效应的发射动力学模型，开展装备–场坪耦合作用仿真分析；第 8 章阐述发射场坪力学特性试验方法；第 9 章进行发射装备场坪适应性评估。

　　本书撰写过程中，马大为撰写了第 1 章并对全书进行了审阅，杨必武撰写了第 7、9 章，张震东撰写了第 2、3 章，马吴宁撰写了第 5、6 章，高原撰写了第 8 章，王旭撰写了第 4 章。

　　本书的出版得到了南京理工大学机械工程学院、火箭军研究院、北京航天发射技术研究所等单位的大力支持，许多专家、同事和同学热心地给予了帮助，在此，对他们表示衷心感谢！

　　鉴于作者水平有限，书中难免有不妥和疏漏之处，恳请读者批评指正。

作　者
2021 年 6 月

目　　录

第 1 章 绪 论

本章阐明了公路发射场坪适应性问题的由来、难点和研究内涵，描述了公路建造的类型、等级、材料与结构特性，介绍了功能层力学特性理论研究的进展与不足，归纳了公路地基薄板理论和层状体系理论的研究现状，总结了发射装备场坪适应性问题的研究进展。

1.1 公路发射场坪适应性问题

1.1.1 问题的由来与对策

现代空天侦察探测、平台隐身、精确打击和高效毁伤等高新技术的迅猛发展，对地面固定或机动目标构成了致命威胁。一旦大规模战争爆发，我方主要陆基阵地和大型武器装备将成为敌方首先攻击的目标，远程打击能力被摧毁是未来战争面临的首要军事威胁。

各类地面装备以机动作战样式为主，发射时，对场坪产生载荷作用。大型武器发射载荷可达数百吨，对场坪承载强度要求高，只能在预设阵地或经平时勘测设定发射点的高等级公路上发射。装备机动进入预设发射点需要较长时间，作战反应速度慢，射前生存安全存在着很大风险，导致综合作战能力大打折扣，严重威胁国家战略安全。可见，提高大型武器的射前生存能力和快速反应能力，是地面机动装备发展亟待解决的重大现实问题。

充分利用我国广阔的地域范围和复杂的地理环境，谋求以等级公路为依托的大范围机动与广地域发射，可有效增强武器发射地域的随机性和发射准备的快速性。截至 2019 年年末，全国等级公路 (高速、一级、二级、三级和四级) 总里程约 501.25 万 km，其中，高速公路和一、二级公路里程约 67.20 万 km，而低等级公路占总里程的 86.6% 左右。因此，实现大范围机动与广地域发射，特别是低等级公路发射，以机动求生存，以快速响应变被动为主动，是大型武器装备应对射前生存威胁和提高实战化水平的重要策略。

1.1.2 实现广地域发射的难点

1. 广地域发射实现途径

广地域发射通过减小发射对地载荷，降低对公路场坪的承载要求，提高武器装备的场坪适应性，配合测量评估手段，实现以等级公路为依托的大范围机动发射。如能将对场坪承载强度的要求降至 0.6 MPa 以下，战时通过场坪适应性快速评估，剔除缺陷路段，则可保证大型武器装备在四级以上等级公路上安全发射。

提高武器装备场坪适应性的主要措施：一是发射效应控制，通过发射载荷生成与作用机理以及装备–场坪耦合作用效应研究，揭示发射效应形成规律并且建立控制方法，减小对地载荷，约束装备响应，在确保弹箭出筒姿态和速度受控的前提下，降低武器发射对公路场坪承载强度的要求，解决可发射范围的扩展问题；二是场坪适应性评估，在掌握超大载荷作用下公路场坪复杂力学特性的基础上，辨识随机场坪下伏缺陷和承载强度，建立场坪与装备响应的量效关系，通过判据比照进行装备场坪适应性评估，确保所选点位上发射安全可靠。

2. 存在的技术难点

实现陆基装备广地域发射，需要具备发射载荷生成与作用机理、超大载荷作用下公路场坪复杂力学特性和装备–场坪耦合作用效应等基础研究成果，进而建立发射效应控制和场坪适应性评估的理论与方法，面临着公路场坪类型繁多、材料与结构复杂、承载能力随机性强、装备–场坪耦合作用效应机理不清、发射载荷与响应控制难度大和场坪适应性评估方法尚属空白等诸多难点。

1) 发射载荷作用机理与效应

大型武器发射时，一部分载荷通过自适应底座作用于地面，另一部分以附加载荷形式传递至发射平台，在平台构件间作用与传递，还伴随着弹重释放、弹筒摩擦和超静定支撑等载荷现象，是一个非常复杂的瞬态强冲击载荷过程；武器装备大量采用新型超黏弹性结构体，如尼龙帘线–橡胶基自适应底座、海绵补偿层–聚氨酯泡沫适配器，还大量采用非线性阻尼结构，如起竖油缸、液压支腿、油气悬架和重载轮胎，在发射载荷作用下，这些功能构件表现出强非线性力学特性和动态响应规律。基于上述复杂特点，揭示发射载荷作用机理与效应十分困难。

2) 发射场坪动态响应与损伤机理

广地域发射涉及不同等级公路和不同路面分层结构，沥青混凝土、水泥混凝土、碎石、砂砾、煤灰和土基等高度非线性材料的各种组合，表现出不同的黏弹性本构关系、应变率效应和损伤演化过程，其动态响应机理非常复杂，建立发射场坪冲击损伤本构模型相当困难；形成场坪等效回弹模量或等效刚度的统一表述难度极大，无法提出场坪等效力学模型与数值方法；全尺寸试验研究存在着规模巨大、成本昂贵、材料与结构组合工况繁多等困难。上述复杂特点揭示了公路场坪动态响应与损伤机理研究面临着巨大挑战。

3) 装备–场坪耦合作用效应

装备–场坪耦合作用效应是广地域发射特有的科学难题，解决问题的途径是建立含场坪效应的发射装备非线性结构动力学模型，与试验研究相结合，揭示装备–场坪耦合作用机理。构建含场坪效应的发射装备结构动力学系统方法的主要难点之一是界面力学模型的建立，包括场坪面基层间界面本构模型和装备–场坪界面力学模型。由于建立含场坪效应的发射装备结构动力学方法难度极大，装备–场坪耦合作用效应研究尚无理论或方法可以借鉴。

4) 场坪适应性评估理论

要实现广地域发射，公路承载能力研究是十分重要的前提。现行公路为多层复合弹塑性结构，承载能力因建设地域、材料、质量、使用及维护状态不同而有很大差异，呈现随机性、复杂性和强非线性等特点；现有研究多集中于公路混凝土本构模型、运输承载能力以及路面损伤等方面，尚未建立冲击载荷条件下公路承载能力的理论基础和研究方法，更无大载荷冲击下公路承载特性的统计规律。提出发射装备场坪适应性评估方法，需要掌握超大载荷作用下公路场坪的复杂力学特性，辨识随机场坪下伏缺陷和承载强度，建立场坪与装备响应的量效关系，形成场坪适应性评估准则。

5) 发射效应控制方法

实现广地域发射效应控制的困难极大，动力装置多药柱燃烧相互作用和发射筒内燃气二次反应等关键载荷生成机理复杂，发射载荷在功能构件间的传递作用机理认识不清，发射载荷控制与装备响应控制相互关联。由于降低大型武器发射对公路场坪承载能力要求的机理复杂，提出创新技术途径困难，无法形成低比压发射装备优化设计理论，发射效应控制成为解决广地域发射现实问题的瓶颈。

1.1.3　场坪适应性研究体系

发射效应控制和场坪适应性评估的理论与方法，是陆基装备实现广地域发射的重要基础，可系统梳理出场坪适应性问题研究的主要内涵。

1) 发射载荷生成机理

建立发射动力装置湍流燃烧、发射筒内化学反应流和燃气喷流外场冲击效应等理论模型，构建发射装备含化学反应多相的燃气射流动力学数值方法；与试验研究相结合，揭示多药柱燃烧相互作用、发射筒内燃气–空气二次反应和火箭喷流冲击效应等关键载荷生成机理。

2) 发射载荷作用机理与效应

建立自适应橡胶底座、聚氨酯泡沫适配器、连通式油气悬架、重载轮胎和多级起竖油缸等关键部件的力学模型，与试验研究相结合，掌握装备超黏弹性复合材料和非线性阻尼结构的力学特性；构建发射装备非线性结构动力学方法，揭示广地域机动发射平台载荷作用机理和结构响应特性。

3) 公路场坪动态响应与损伤机理

构建公路场坪动力响应力学模型、路面分层结构等效力学模型，建立发射场坪塑性与冲击损伤本构模型、混凝土断裂损伤耦合本构模型，以及相对应的数值方法；调研分析国内不同等级公路典型路段的路面结构与特性，总结提炼出作为主要研究对象的路面结构形式，开展面层结构材料级试验和模拟路面三维试槽真实载荷加载试验；理论、数值和试验研究相结合，揭示发射场坪动态响应与损伤破坏机理。

4) 装备–场坪耦合作用效应

建立场坪面基层间界面本构模型、装备–场坪界面力学模型，综合形成发射装备非线性结构动力学和公路场坪分层结构等效力学模型，创建含场坪效应的发射装备非线性结构动力学方法；开展装备–场坪耦合作用效应仿真分析，全面揭示含场坪效应条件下装备载荷传递与结构响应特性，以及发射场坪各主要功能层应力、损伤和沉降等动态响应规律。

5) 含场坪效应的发射装备非线性结构动力学

含场坪效应的发射装备非线性结构动力学是场坪适应性问题研究的主要理论依据，内涵包含发射装备关键部件、场坪面层动力响应、公路场坪冲击损伤、场坪面基层间界面和装备–场坪界面等单元力学模型，以及相应的数值算法，辅以单元构件级和整车系统级试验，它们共同完善并验证了含场坪效应的发射装备非线性结构动力学模型。

6) 场坪适应性评估理论

提出公路随机下伏缺陷剔除判据和场坪响应等效缩比预测原理，建立装备–场坪响应量效关系和场坪适应性评估准则，创建以缺陷剔除判据、场坪承载预测、装备响应关系和安全发射准则为内涵的广地域发射场坪适应性评估理论；解决公路层位信息与下伏缺陷行进中探测、路面承载强度快速测量等应用难题，形成随机场坪下伏缺陷剔除、承载强度辨识与评估理论相结合的发射装备场坪适应性评估方法。

7) 发射效应控制方法

提高大型武器装备广地域发射能力的主要途径是实施发射载荷控制，通过减小弹箭发射对地压强，降低对场坪承载强度要求；同时实施发射响应控制，满足弹箭出筒姿态、出筒速度和筒口响应等发射要求，实现更大范围的机动发射。发射效应控制研究需要掌握载荷生成与作用多变量复杂因子对发射效应的影响规律，获取影响内弹道特性和载荷传递的关键因素；提出燃气–空气混合过程控制、降低初始含氧量、减小初容室空间、优化底座–车体传载比和多点刚柔耦合匹配传载等发射效应控制原理，建立以环形腔结构、氧气置换、饼型动力装置、缩口初容室和支腿–轮胎共同支撑为代表的发射效应控制方法。

本书将重点介绍公路场坪动态响应与损伤机理、装备–场坪耦合作用效应、含场坪效应的发射装备非线性结构动力学和场坪适应性评估的理论与方法，是与公路发射场坪建模理论及应用主题相关的主要内容。发射载荷生成机理、发射载荷作用机理与效应和发射效应控制方法等内容将在作者另外的论著中专门阐述。

1.2 公路场坪类型概述

1.2.1 公路类型与等级

1. 公路类型

公路类型可以从不同角度进行划分，一般按照面层所用的材料来区分，如水泥混凝土路面、沥青混凝土路面、砂石路面等。但在工程设计中，则主要从路面结构的力学特性和设计方法的相似性出发，将路面划分为柔性路面、刚性路面和半刚性路面三类。

柔性路面：总体结构刚度较小，荷载作用下的弯沉变形较大，抗弯拉强度较低，传递给土基的单位压力也较大，它主要包括各种未经处理的粒料基层和各类沥青面层、碎 (砾) 石面层或块石面层组成的路面结构。

刚性路面：主要指用水泥混凝土作面层或基层的路面结构，其强度高、弹性模量大，处于板体工作状态，传递给基础的单位压力小。

半刚性路面：通过改善沥青混凝土性能使其呈半刚性特性，其刚度介于沥青混凝土和水泥混凝土之间。

2. 公路等级

公路等级是根据公路的使用任务、功能和流量进行划分的。我国将公路划分为高速公路、一级公路、二级公路、三级公路以及四级公路 5 个等级。

1) 高速公路

高速公路是全部控制出入、专供汽车在分隔的车道上高速行驶的公路，主要用于连接重要的政治、经济、文化中心城市和地区，是国家公路干线网中的骨架。高速公路的年平均日设计交通量宜在 15000 辆小客车以上。

2) 一级公路

一级公路为供汽车分方向、分车道行驶，并部分控制出入、部分立体交叉的公路，主要连接重要的政治、经济中心，通往重点工矿区，是国家的干线公路。一级公路的年平均日设计交通量宜在 15000 辆小客车以上。

3) 二级公路

二级公路是连接政治、经济中心或大型工矿区的干线公路，或运输繁忙的城郊公路，一般能适应各种车辆行驶。二级公路的年平均日设计交通量宜为 5000 ∼

15000 辆小客车。

4) 三级公路

三级公路是沟通县及县以上城镇的一般干线公路，通常能适应各种车辆行驶。三级公路的年平均日设计交通量宜为 2000～6000 辆小客车。

5) 四级公路

四级公路为沟通县、乡、村的支线公路，通常能适应各种车辆行驶。双车道四级公路年平均日设计交通量宜在 2000 辆小客车以下，单车道四级公路年平均日设计交通量宜在 400 辆小客车以下。

1.2.2　公路结构层次划分

公路路面不但承受车轮荷载的作用，而且会受到自然环境因素的影响。由于行车荷载和大气因素对路面的影响一般随深度变化而逐渐减弱，路面通常是多层结构，将品质好的材料铺设在应力较大的上层，品质较差的材料铺设在应力较小的下层，从而形成了路基之上采用不同规格和要求的路面材料。

公路结构层指的是构成路面的各铺砌层，按其所处的层位和作用，主要有面层、基层和底基层。最新《公路沥青路面设计规范》中指出路面结构层由 3 部分组成：面层、基层和垫层。

1) 面层

面层是直接同行车和大气接触的表面层次，它承受较大的行车荷载垂直力、水平力和冲击力的作用，同时还受到降水侵蚀和气温变化的影响。因此，同其他层次相比，面层应具备较高的结构强度与抗变形能力，较好的水稳定性和温度稳定性，应当耐磨、不透水，其表面还应有良好的抗滑性和平整度。

修筑面层所用的材料主要有：水泥混凝土、沥青混凝土、沥青碎 (砾) 石混合料、砂砾或碎石掺土与不掺土的混合料以及块料等。

2) 基层

基层主要承受由面层传来的车辆荷载垂直力作用，并将其扩散到下面的垫层和土基中去。基层是路面结构中的承重层，它应具有足够的强度和刚度，并具有良好的应力扩散能力。虽然基层受大气因素的影响比面层小，但仍有可能经受地下水和通过面层渗入雨水的侵蚀，所以基层结构应具有足够的水稳定性。基层表面虽不直接供车辆行驶，但仍要求有较好的平整度，是保证面层平整性的前提条件。

修筑基层的材料主要有各种结合料 (如石灰、水泥、沥青等) 稳定土或稳定碎 (砾) 石、贫水泥混凝土、天然砂砾、各种碎石或砾石、片石、块石或圆石，各种工业废渣 (如煤渣、粉煤灰、矿渣、石灰渣等) 和土、砂、石所组成的混合料等。

3) 垫层

垫层介于路基与基层之间,它的功能是改善土基的湿度和温度状况,以保证面层和基层的强度、刚度与稳定性不受土基水温状况变化所造成的不良影响。另一方面的功能是将车辆荷载应力加以扩散,以减小土基产生的应力和变形,同时也能阻止路基土挤入基层中,影响基层结构的性能。

修筑垫层的材料,强度要求不一定高,但水稳定性、隔温性能要好。常用的垫层材料分为两类,一类是由松散粒料,如砂、砾石、炉渣等组成的透水性垫层;另一类是用水泥或石灰稳定土等修筑的稳定类垫层。

1.3 典型场坪功能层力学特性研究进展

1.3.1 面层力学特性研究进展

1. 水泥混凝土塑性损伤特性研究

水泥混凝土是一种准脆性材料,其破坏过程与延性材料 (如金属) 和脆性材料 (如玻璃) 都有显著区别。水泥混凝土受拉断裂与受压破碎都是随机分布的微裂纹形成和演化的结果。在宏观现象上,微裂纹的演化一方面表现为材料的强化/软化和永久变形,可以用塑性理论来描述;另一方面表现为材料刚度的退化,可以用连续介质损伤力学来描述。为了同时反映这两种重要的宏观力学行为,近 30 年来,研究者们致力于发展将塑性理论和连续介质损伤力学结合在一起的水泥混凝土本构模型。

1976 年,Dougill[1] 首先将损伤力学的基本概念应用于描述水泥混凝土的非线性力学特性。为了考虑混凝土的单边效应,Ladeveze[2] 最先引入应力张量的正负分解,并假设由正应力引起受拉损伤,负应力引起受压损伤,该损伤变量的表达形式后来被证明普遍适用于混凝土材料。Mazars[3] 将应变进行正负分解,并在此基础上定义等效单轴应变,最终建立了针对混凝土的各向同性损伤模型。1986 年,Mazars[4] 基于前述应力张量分解的思路,进一步引入弹性损伤能释放率,建立损伤准则,为混凝土损伤力学的进一步发展奠定了热力学基础。

将塑性变形与损伤理论相结合的尝试,最早可追溯到 Bazant 和 Kim 的水泥混凝土塑性–断裂理论 [5],其中,塑性理论是建立在 Cauchy 应力空间中 (受损材料上) 的,随后的一类塑性损伤模型 [6-11] 采取了类似的做法。与之相对应,Simo 及其合作者 [12-14] 开创了将塑性理论建立在有效应力空间中 (无损材料上) 的方法。

Lubliner 等 [15] 早期创立的一个有代表性的塑性损伤模型,对其后 20 余年的研究和应用影响很大,但该模型仅适用于单调加载和不出现拉、压交变的循环

加/卸载，耦合的刚度退化与塑性变形反应使得数值算法复杂而不稳定[16]。Lee
和 Fenves[17] 在"巴塞罗那模型"的基础上提出的本构模型一方面进一步描述了
相互独立的拉、压强化/损伤模式，以及反向加载时的刚度恢复现象，能满足结构
地震响应分析的需要；另一方面，成功地实现了在有效应力空间中演绎塑性理论
的思想，显著提高了计算效率和稳定性。通用有限元软件 ABAQUS 依照这两个
理论，开发了"混凝土损伤塑性"(concrete damaged plasticity) 模型[18−20]，迅
速推广和普及了塑性损伤模型在结构非线性分析中的应用。

Li 和 Wu[21−24] 从考虑损伤和塑性的耦合效应入手，引入弹塑性 Helmholtz
自由势能，并基于损伤能释放率建立损伤准则，形成了具有热力学基础的双标量
弹塑性损伤模型。其中，为了考虑塑性耗散，该弹塑性损伤模型将 Helmholtz 自
由势能分解为弹性和塑性两部分，具有较高的计算效率，能够满足大型混凝土结
构非线性分析的需要。

对混凝土宏观损伤力学的研究已经能够在理论性和实用性上取得较好的统
一。混凝土的宏观损伤主要表现在：①刚度下降；②应力峰后的强度降低 (软化)；
③拉压状态具有不同的性态和不同的断裂能；④压缩状态下，当侧压增加时强度
和延性明显增长；⑤单向效应，即在拉伸卸载到压缩加载时的刚度恢复；⑥由于
前一时步压缩损伤引起的拉伸力学性能的降低。上述塑性损伤力学理论已经在数
值仿真软件中广泛应用，很好地模拟了混凝土的损伤力学特性。

2. 沥青混凝土冲击损伤特性研究

沥青混凝土广泛应用于我国各等级公路中，考虑到车辆载荷特性，一般只研
究其疲劳损伤[25,26] 和蠕变损伤特性[27]，而考虑应变率效应的冲击损伤本构模型
研究相对较少。

Seibi 等[28] 采用单轴、三轴和模拟路面试验等研究了高加载速率下沥青混合
料的变形规律，将变形分解为弹性和黏塑性两部分，采用带有 Drucker-Prager 屈
服准则的 Perzyna 黏塑性理论描述黏塑性变形，提出了一个适合描述高加载速率
的沥青混合料本构模型。Huang 等[29] 同时考虑温度和加载速率的影响，提出了
一个热黏塑性模型，并且通过在三种温度下的系列三轴蠕变试验，确定模型中的
材料参数。彭妙娟和许志鸿[30] 通过在广义 Maxwell 模型基础上，串联弹塑性模
型，提出了一个非线性的黏弹-弹塑性模型，模型中采用 Mises 屈服准则和随动
强化模型，分析了不同沥青混合料的路面车辙深度，并与相关文献的计算结果进
行了比较。Chehab 和 Kim[31] 通过把沥青混合料的变形分解成弹性、黏弹性和黏
塑性，提出了描述混合料温度裂缝的连续损伤模型。González 等[32] 假设沥青混
合料的响应具有强烈的应变率依赖性，建立了一个黏塑性本构模型，模型中的杨
氏模量和黏性参数被假设是应变率和温度的函数，函数的形式根据试验结果确定。

2009 年，Tekalur 等 [33] 采用静态和动态两种加载方式，分别对沥青混凝土的冲击力学性能 (抗压、抗拉及断裂三种性能) 进行了试验对比研究，由试验数据对比得出：沥青混凝土的强度会随应变率的增大而增大，即具有明显的应变率敏感性；相比静态加载试验条件，沥青混凝土在动力加载条件下的抗压、抗拉强度显著增强。赵延庆和黄大喜 [34] 采用基于连续破坏力学和功势原理的模型对沥青混合料破坏阶段的黏弹性行为进行了研究，并通过恒应变率动态压缩试验确定了沥青混合料的破坏特性。

刘海 [35] 为得出沥青混凝土本构方程和本构参数，对三种不同类型的沥青混凝土材料，在两种温度、三种应变率下进行了分离式霍普金森压杆 (SHPB) 套筒围压试验，试验结果显示：沥青混凝土的动态力学性能受温度影响较大，具体表现为动态强度值随温度的升高而变大；沥青混凝土具有较显著的应变率强化效应，具体表现为材料的强度随应变率的增大而增大。

2010 年，丁育青等 [36] 提出将混凝土材料 HJC 动态本构模型应用于沥青混凝土，并开展了静态力学试验以及被动围压霍普金森杆压缩试验、轻气炮平板撞击等动态试验，基于相关试验数据，确定了沥青混合料在 5℃ 时的 HJC 动态本构模型参数。

同年，曾梦澜等 [37] 运用 SHPB 装置对纤维沥青混凝土的动力性能进行了试验研究，分别对普通沥青混凝土、玻璃纤维沥青混凝土、木质素纤维沥青混凝土和三个参量的聚酯纤维沥青混凝土进行了三种应变率下的冲击压缩试验。

以上文献主要集中于通过试验研究分析应变率对沥青混凝土材料力学性能的影响，研究表明沥青混凝土具有应变率强化效应，提出了一些考虑应变率效应的塑性模型。虽然沥青混凝土主要呈现出黏弹性或黏弹塑性材料特性，但由于混凝土中微裂纹的存在，材料形变的同时伴随着裂纹扩展，宏观上表现为材料的刚度退化，这种行为可通过损伤模型加以描述。冲击载荷作用下沥青混凝土通常产生中低应变率响应并伴随着损伤扩展，现有文献中没有涉及沥青混凝土材料的冲击损伤力学模型和特性分析。因此，目前的研究成果并不完全适用于发射场坪的动力响应分析。

1.3.2 基层力学特性研究进展

水泥稳定碎石作为半刚性基层材料之一，在修筑沥青路面结构的基层和垫层中已得到普遍推广。水泥稳定碎石混合料是一种复合材料，它由水泥、粗集料和细集料组成。这些组成材料在混合料中，由于质量差异、数量多寡、相互作用特点、相对位置分布及联系等状况，可以形成不同的组成结构，并表现出不同的性能。在研究水泥稳定材料混合料时，一般将其划分为三种不同的类型：悬浮密实结构、骨架空隙结构和骨架密实结构。划分结构类型的主要标准是粗集料经过压实后，粗集料间空隙体积与压实后起填充作用的细集料体积之间的关系。

目前，水泥稳定碎石材料最常用的强度指标有：无侧限抗压强度和抗拉强度。随着公路事业的发展，在半刚性基层沥青路面的材料组成和结构设计中，越来越重视材料的抗拉强度特性。因此，国内外道路工作者都在积极探索水泥稳定碎石材料强度中无侧限抗压强度和抗拉强度之间的内在关系，力图找出最简单的试验方法来反映水泥稳定碎石材料强度的内在规律。

无侧限抗压强度能够很好地评价水泥稳定碎石材料的质量，可以用来进行材料组成设计，测试方法简单、精确度高，是目前设计规范和施工技术规范中的强度控制指标。国外对无侧限抗压强度的研究比较广泛，各国对 7d 抗压强度均做出了明确的规定。法国是采用半刚性基层沥青路面最广泛的国家之一，其路面结构为 6~14cm 厚的沥青混凝土以及 25~65cm 厚的水硬性结合料稳定层，这种结构类似于我国的路面结构。法国要求水泥稳定基层 7d 抗压强度为 4~5MPa，水泥稳定垫层的 7d 抗压强度为 1.5MPa，且主要在温和气候地区和中等交通流量的道路中采用。南非 [38,39] 也是采用半刚性基层沥青路面较为普遍的国家之一，其水泥稳定集料强度标准的发展经历了两个阶段：在高强度阶段，规定水泥稳定集料的强度大于 5MPa，但该标准下路面损坏严重，且在加大沥青层厚度后仍没有改善；在低强度阶段，规定沥青路面半刚性基层和垫层的强度标准为 2~3MPa，而在上层采用粗粒径沥青稳定碎石基层或者设置 15cm 的级配碎石。

抗拉强度的确定有三种试验方法：直接抗拉试验、间接抗拉试验 (又称劈裂试验) 和抗弯拉试验 (又称抗折试验)。在这三种抗拉强度指标中，劈裂试验最为简便，从经济性和技术性两方面综合考虑，采用劈裂试验来反映水泥稳定碎石的抗拉特性最为有利。劈裂试验是 1942 年由日本学者赤泽常雄首先提出的。1951 年，苏联萨拉托夫公路学院的拉代金提出以此测定软石料的抗拉强度，并研究了压条的形状和尺寸。1956 年，苏联哈尔科夫公路学院应用此法研究沥青混凝土抗拉强度。其后，许多国家也将劈裂试验广泛应用于研究工作中。1956 年，印度将该法用于测定砂浆的抗拉强度，同年维也纳国际混凝土和钢筋混凝土标准委员会代表大会规定了采用劈裂试验测定混凝土抗拉强度时的试验方法和试件尺寸。1959 年在里约热内卢召开的第六届国际道路会议上，比利时学者发表了用劈裂试验法评定水泥混凝土抗拉性能的报告。1980 年，美国发表了采用劈裂试验测定石灰土抗拉强度的资料及数据。从 1972 年开始，英国采用劈裂强度对道路混凝土进行质量控制。现在一些国家 (如法国等) 已经采用劈裂强度作为半刚性基层材料的抗拉强度指标，并把它应用到路面的检验中。

自从劈裂试验法引入我国以来，许多学者从不同角度开展了大量的研究工作。蒋志仁 [40] 从劈裂试验法的原理分析中得到启示，认为劈裂试验法是由最初的刚性体系扩展应用到半刚性体系的，因此，应考虑材料的塑性特性对劈裂试验计算结果的影响，并对劈裂试验计算公式进行修正。魏昌俊[41]对比分析了几种半刚性基层材料的劈裂疲劳和弯拉疲劳特性，应用强度理论对劈裂疲劳力学模型和弯拉疲劳力学模型条件下半刚性基层的疲劳寿命做了分析，认为劈裂疲劳力学模型更接近路面材料在车辆荷载作用下的受力状态，与弯曲疲劳相比，用劈裂疲劳试件研究半刚性基层材料的疲劳特性可能更合理、更接近实际，用其结构系数进行路面结构的拉应力验算可能更可靠。武和平和黎霞[42]对八种不同类型的半刚性基层材料进行了物理力学性能的试验研究，得到了不同材料劈裂强度随龄期增长规律。刘朝晖和李宇峙[43]采用同济大学道桥系与其他单位联合研制的"DL 路基与路面材料参数程控仪"对南方几种典型的半刚性基层材料进行了试验研究，测得了劈裂强度与模量之间的关系，用劈裂模量来掌握模量的变化。柳志军和胡朋[44]通过对河南省南部地区常用的二灰稳定砂砾和水泥稳定砂砾两种半刚性基层材料进行试验，并针对试验结果研究了合理的试验数据处理方法，得出该地区半刚性基层材料抗压强度、劈裂强度及回弹模量等参数间相关关系，并论证地提出其设计参数的取值水平。

尽管劈裂试验法引入我国后进行了大量的试验研究，并得到了道路工作者的一致认可，但是现行的路面设计规范及施工技术规范[45]并没有把劈裂强度作为半刚性基层材料的强度控制指标。

1.3.3 层间界面力学特性研究进展

在公路的铺设过程中，由于基层表面凹凸不平且基层基体材料存在空隙，面层材料极易渗入基层，因此，在基层与面层之间将形成厚度较薄且力学特性不同于面层和基层材料的层间功能层，该功能层称为面基层界面。

对于设置沥青混凝土层间功能层的水泥混凝土路面结构，国外的设计方法中未将功能层视为结构层，而仅仅将其视为一种层间处置措施。对于水泥混凝土路面结构设计，国外一般是依据试验道路观测结果，以经验法为主进行设计。也有些国家采用理论法为主进行设计，主要依据弹性地基上的薄板理论，假定基层与混凝土面层存在光滑或连续接触两种极端状态，应用有限元程序进行结构计算。美国波特兰水泥协会 (PCA) 提出的设计方法是比较著名的力学-经验设计方法，该协会于 1984 年发布了新的高速公路混凝土路面厚度设计方法，在该方法中，除疲劳分析之外增加了冲刷分析，认为路基唧泥严重时会引起路面板的损坏。

经过国内诸多学者的努力，得到了许多关于层间相互作用研究的成果。吴国雄、易志坚等[46-48]认为：由于基层表面凹凸不平和基层基体材料存在空隙，面板浇筑时水泥砂浆极易渗入基层，从而在基层与面层之间产生界面层。路面混凝土凝固初期，界面层将基层与面层紧紧结合在一起，几乎成为一体。随着时间的推移，基层材料和面层材料各自的弹性模量、泊松比和强度以不同的速度在改变，同时，面层水泥混凝土逐渐凝结，将产生收缩变形和周期性温度变形，在面板横缝切割后，面层与基层之间存在不等量变形，将导致本来融为一体的基层、界面层和面层沿界面层开裂和破坏，造成面层与基层分离，且分离界面处于一种非光滑的凹凸不平状态。

蔡四维等 [49−51] 从断裂力学、损伤力学和路面疲劳破坏的基本原理出发，给出了混凝土面板开裂破坏的几个阶段，分别为初始薄弱层 (层间界面层) 的形成和微裂缝的产生阶段，板中微裂纹的生成及其与板底微裂纹的连通阶段，以及最后由于疲劳荷载的作用，面板裂缝上下贯通，使路面产生断裂的破坏阶段。

杨斌 [52] 和资建民 [53] 采用断裂力学有关原理，并进行相关室内试验，指出半刚性基层水泥混凝土路面的层间接触形式并非规范中假定的光滑接触模型，而是层间存在着巨大的抗剪切强度，该剪切应力极大地阻止了混凝土面板的自由收缩和温度变形。肖益民和丁伯承 [54] 在室内二灰碎石基层和水泥稳定基层上成型了 C35 混凝土，测定了层间第一次断裂破坏和层间破坏后的水平推移应力和应变，结果表明：层间第一次断裂破坏需要克服相当大的阻力 (黏结力)，而在层间界面层破坏后，只需克服很小的阻力 (滑动摩擦力) 就能使面板移动。赵炜诚等 [55] 认为混凝土面层与贫混凝土基层之间的结合面是这种路面体系中的一个薄弱环节，其界面剪切和黏结强度都低于两侧的混凝土强度，并从微观角度定性地分析了界面作用的本质和影响因素。

为了消除界面层对路面使用性能的影响，符冠华等 [56−58] 建议层间设置隔离层或使用隔离剂，以消除层间相互黏结，避免层间界面层断裂破坏造成面板的损伤或开裂。例如，国内湖南某高速公路，在半刚性基层与水泥面板之间增设透层沥青，基层与面层因排水性沥青薄膜的存在，部分隔断基层与面层的黏结，通车运营五年后未发现基层唧浆、板底脱空等现象，路面使用性能较好。傅智 [59] 认为，基层与面层之间增设柔性夹层，不但可以缓冲车辆行驶的冲击与振动，提高行车舒适性，而且可减少基层表面温度、湿度变化对面板的影响。

国内的研究针对半刚性基层或刚性基层水泥混凝土路面层间存在界面层的观点是一致的，然而界面层的强度是否低于面层和刚性基层或半刚性基层，没有具体的试验数据，仅是理论推断；关于层间界面层的强度随着水泥龄期的增长是如何变化的，目前还处于探索阶段；层间界面层断裂破坏后，温度变化引起层间相互作用和层间接触形式又是如何，也是处于探索阶段。

为了比较不同层间处理措施对路面受力的影响，需开展层间相互作用力学特性研究。鉴于贫混凝土基层的刚度大、板体性好，在其上加铺水泥混凝土面层时，可将路面结构模拟为弹性地基上由基层和面层组成的双层板。夏永旭和王秉刚 [60]

分析了双层板的层间结合形式,并给出了层间结合式、层间分离式和层间部分结合式模型的应力和位移公式,其中,层间结合式双层板的荷载应力计算将双层混凝土板换算为等刚度的单层板,并计算下层板的荷载应力和温度应力。层间分离式双层板的荷载应力则分别计算上层板和下层板的荷载应力,但仅考虑上层板温度应力,总应力值为荷载应力和温度应力之和。部分结合式模型的荷载应力计算,除了采用古德曼模型外,目前还可采用摩擦模型、弹簧模型或摩擦–弹簧模型。摩擦模型描述界面上的受力状态,为层间分离后的层间接触模型;弹簧模型描述平面状弱界面的变形特性,用法向刚度和切向刚度来描述弹簧层顶部与底部力学量之间的关系,模拟层间的压缩和剪切变形。Totsky[61] 在 1981 年提出了将多层路面体系模型转化为由板单元和弹簧单元交替组成的体系,板单元模拟体系的弯曲,而弹簧单元模拟体系中的层间相互压缩。Khazanovich 和 Ioannides[62] 在此基础上构建了 8 个节点 24 个自由度的单元,上面 4 个节点置于上层板的中轴,而下面 4 个节点则置于下层板的中轴,一组层间弹簧连接上下两层板,其弹簧刚度取决于上下两层板的竖向压缩性质。余定选[63] 提出了在上层板和下层板之间设置 8 个节点 24 个自由度的夹层单元模型,考虑竖向刚度系数和切向刚度系数两个部分,前者为上下两层间产生单位竖向位移差的法向应力,后者为产生单位水平位移差的剪应力,这一模型可用于分析设置夹层对双层板挠度和应力的影响,但它没有考虑上层和下层的压缩作用。

为了减少层间界面层的断裂破坏对水泥面板的损伤,可在半刚性基层或刚性基层表面喷洒隔离剂 (如乳化沥青),铺筑塑料或土工布等卷材,或铺筑沥青混凝土。为了排除进入基层与面层之间的层间水,易志坚[64] 提出在半刚性基层或刚性基层与水泥混凝土面层之间设置透水滤浆隔离层,具体做法是:在碾压找平后的基层表面铺设一层薄膜隔离层,再在薄膜隔离层上铺设丝网结合层,之后在薄膜隔离层上直接浇筑水泥混凝土面层。贫混凝土基层与水泥混凝土面层之间增设柔性隔离层后,由于隔离层连接贫混凝土基层和水泥混凝土面层,面板胀缩和翘曲变形时,一旦隔离层受到的拉应力或拉应变超过夹层材料的最大拉应力或最大拉应变,隔离层将产生断裂破坏。目前,关于层间设置隔离层或使用隔离剂的研究主要集中在减少水泥混凝土面板损伤等方面,以提高面板的使用寿命等,而对隔离层或隔离剂本身性能的研究几近空白,如隔离剂自身材料的技术要求、适用条件及隔离层自身的技术要求。

因此,只有充分认识隔离层或隔离剂材料自身可能遭到的破坏,分析材料自身应具备的性能和适用条件,深入研究和比较不同隔离层或隔离剂的性能,才能找到或研制出经济合理的层间隔离剂或隔离层材料,从而减少水泥混凝土路面的早期损坏,提高水泥混凝土路面的使用寿命。

1.4　公路地基薄板力学理论

弹性地基板模型作为道路、机场跑道及承载基础等结构物的基本力学模型,长期以来,受到了国内外许多专家学者的关注。

针对地基上板的动力响应问题,国内外学者开展了许多研究。Fryba[65] 研究了移动荷载作用下 Kelvin 地基上无限大板挠度的解析表达式。Taheri 和 Ting[66] 基于经典的 Winkler 薄板理论,用结构阻尼法和有限元法分析了刚性路面在运动荷载下的瞬态响应问题。随后,Zaman 等 [67] 考虑了板的横向剪切变形的影响,用 Mindlin 厚板理论研究了混凝土路面在运动负荷下的动力响应。Dodyns[68] 研究了冲击荷载下弹性地基板的动力响应。Holl[69] 用有限单元法分析了非均质 Valzov 地基上板的动力响应问题。

Kukreti 等 [70] 通过模态分解方法处理了机场不连续混凝土路面板在冲击荷载下的动力响应。McCavitt 等 [71] 把刚性路面简化成单自由度的振动系统,求得了板在动力荷载下的响应。Uddin 等 [72] 进行了非连续接缝混凝土路面板的三维有限元分析,研究了在标准落锤式弯沉仪 (FWD) 荷载下,非连续性对弹性半空间地基上接缝路面板动力响应的影响。

Yoshida、Taheri 和 Wu 等 [73-75] 用有限元法分析了运动荷载下板的稳态响应问题。Kim 及其合作者 [76-78] 对不同轮数和轴数荷载作用下 Winkler 地基无限大板进行了研究,分析表明,考虑地基黏性时板的变形与弹性地基板的变形有较大差异。2004 年,Roesset 考虑了地基与板之间的摩阻力作用,分析了摩阻力大小对板变形临界速度和临界频率等的影响,同年,又进一步分析了 Winkler 地基两边受拉 (压) 时板的变形规律。Yang 等 [79] 建立了车辆的 1/4 模型,基于弹性地基上的薄板理论,研究了车辆路面耦合效应。Awodola 和 Omolofe [80,81] 分析了 Winkler 地基上不同边界条件的薄板作用集中移动质量时的动力响应情况。Tian 等 [82] 为了更方便地解决中弹性地基上厚板的弯曲问题,发展了双重有限积分变化方法,此方法的求解精度与有限元法相当,且具有较高的求解效率。近年来,随着复合材料的广泛应用,越来越多的国外学者开始了地基上复合材料板、地基上功能梯度板的动力响应问题的研究 [83-85]。

国内方面,孙璐、蒋建群等 [86,87] 采用积分变换的方法给出了弹性地基上无限大板在移动载荷作用下的积分形式解,但只分析了单层板的动力响应。李皓玉等 [88] 将路面视为黏弹性地基上无限大双层板,获得了车辆载荷作用下路面动力响应解析解。文献 [86] ~ [88] 均将道路视为无限大板,与路面实际结构不符。为了弥补上述不足,颜可珍等 [89] 将路面视为无限长地基板,分析了运动常值均布载荷和简谐载荷作用下板的动力响应。在矩形板动力响应方面,郑小平、颜可珍等[90,91] 采用级数分解的方法研究了黏弹性地基上矩形板在运动载荷下的动态响应问题。

在地基上的板梁理论方面，刘小云、史春娟等[92,93] 将沥青路面简化为非线性黏弹性地基上的黏弹性无限长梁，分析了车辆荷载下路面的动力响应。卢正等[94] 将路面视为黏弹性地基上多层 Kirchhoff 薄板，解决了考虑车-路耦合的路面动力学问题。然而，无论是梁模型还是板模型都存在一些假设，计算精度不高，相比之下有限元方法计算精度较高，在道路工程中应用较多。赵延庆和钟阳[95] 建立了典型沥青路面的三维动态有限元模型，阐述了温度、阻尼等因素对路表弯沉的影响规律。同样，张丽娟和陈页开[96] 基于有限元方法，采用广义 Maxwell 模型描述黏弹性材料的变形模式，计算蠕变应变和弹性应变，分析了沥青混合料的弹性恢复能力。周晓和等[97] 采用有限元方法分析了某装备无依托发射场坪的动力响应。文献 [95] ∼ [97] 主要利用 ABAQUS、ANSYS 等成熟的有限元软件进行响应分析，虽然结果比较直观，但偏重利用有限元软件自身的本构模型进行多工况计算，总结分析场坪动力响应规律，对机理研究相对较少。

以上研究主要集中于采用弹性/黏弹性地基板模型，解决车辆荷载或圆形均布动载荷下路面的动力响应问题，也提出了一些高效精确的求解方法，如级数分解法等。由于只考虑实际车轮的对地载荷，为求解方便，上述文献仅限于讨论单一垂向载荷下的路面响应问题，对垂向与横向载荷联合作用下的动态响应研究还未见报道。发射装备对地作用力多为圆形均布动载荷，同时存在垂向及横向动载荷的共同作用，现有理论不能完全描述发射装备对地载荷下场坪的动力响应，需进一步改进地基板的运动微分方程。

1.5　公路场坪层状体系理论

弹性层状体系理论是多层路面或多层地基设计与计算的理论基础，该理论的核心是将所研究的对象看作是由若干弹性层和弹性半空间体组成的弹性体系结构，自 20 世纪 40 年代开始，弹性层状体系理论取得了巨大的突破和进展，并在工程实际中得到了广泛应用。

美国学者 Burmister 教授于 1943 年首次提出弹性层状体系理论，并先后发表了轴对称荷载作用下双层和三层弹性体系的理论解，为该理论的迅速发展奠定了基础，但由于计算式十分复杂冗长，受到当时计算能力的限制，并没有应用于工程实际[98,99]。英国学者 Fox[100] 采用 Burmister 的方法，针对双层体系和三层体系层间连续与滑动两种状态，计算出了一系列的应力值表以供工程应用。为了解决弹性半空间体的非轴对称问题，1955 ∼ 1956 年，牟岐鹿楼[101,102] 将轴对称荷载转换成为非轴对称荷载，推导了弹性半空间体非轴对称问题的解析解。1962 年，

Schiffman[103] 推导了应用多层弹性层状体系理论的解析解。Jones[104] 提出了三层弹性层状体系结构的应力计算表,这些数据和图表至今仍被现代路面研究工作者所引用。1967 年,Verstraeten[105] 对多层弹性层状体系结构的应力及位移进行了较为详细的力学理论计算。

随着计算机及计算方法的不断发展,工程实际也需要解决多层弹性体系的力学计算问题。在第二届国际沥青路面结构设计会议上,Huang[106] 论述了圆形均布荷载作用下黏弹性层状体系的应力和位移计算方法,Ashton[107] 讨论了三层黏弹性体系中的应力和位移求解问题。随着计算机语言的广泛应用,科研人员编写了许多计算程序以解决层状弹性体系问题。由 Peutz 等 [108] 编制完成的较为完善的计算机程序——BISTRO 程序用于计算圆形均布荷载作用下多层弹性层状结构的理论解答。随后,由 De Jong 等 [109] 编制完成的 BISAR 程序可以用于计算在多个圆形均布荷载作用 (水平或垂直) 下,不同层间接触条件下的多层弹性层状体系结构的力学理论解答。由 Gerrad 和 Wardle[110] 开发编制完成的 CIRCLY 程序可以用于计算不同荷载作用形式下,考虑不同层间接触条件的多层弹性层状体系结构的理论解答,其是相对完善和应用范围最广的弹性层状体系理论计算程序之一。

Huang[111] 一直进行路面结构的力学理论研究,在相应的专著中对路面结构进行了系统的阐述和分析,为各国路面力学理论的研究提供了重要的参考。为了进一步完善多层弹性体系的研究工作,Djabella 和 Arnell[112] 基于赫兹接触理论,采用有限元方法分析了垂向载荷作用下两层弹性体系间的接触应力。Hung、Cai 和 Cao 等 [113–115] 研究了移动荷载作用下弹性半空间、多孔饱和土半空间的动力响应问题。路面结构自上而下由面层、基层、底基层、地基等所构成,层状体系模型是一种比较符合实际的模型,其动力响应的求解大多采用有限元数值方法,理论研究尚处于初步阶段。Liang 和 Zeng[116] 推导了轴对称 FWD 荷载作用下,层状弹性体系中瞬态波的传播问题,给出了各层位移和应力的时域解析解。Cao、Liu 等 [117,118] 利用 Biot 波动理论研究了层状饱和介质的动力响应。

严作人 [119,120] 进行了黏弹性半空间体及弹性层状体系力学分析。徐远杰 [121] 采用对应原理给出了半空间 Burgers 黏弹性体受集中力的理论解。与其他求解方法相比,传递矩阵法具有概念清晰、便于工程应用的特点,在求解弹性/黏弹性层状体系问题方面得到广泛应用。任瑞波、钟阳等 [122–125] 利用传递矩阵方法,分析了多层黏弹性半空间体在动载荷作用下的动力响应,上述研究在柱坐标系下采用 Hankel 积分变换求解状态方程,解决轴对称问题时优势明显。为了使传递矩阵方法能够得到更广泛的应用,王有凯、艾智勇等 [126,127] 发展了直角坐标系下层状弹性体系的传递矩阵技术,不足之处在于只解决了静力学问题。汤连生等 [128] 在弹性层状体系理论基础上,采用传递矩阵方法,结合黏弹性运动方程,推导了交通荷载下三维黏弹性层状道路系统的动力响应解答,但没有很好地描述沥青混合料的黏弹特性。董忠红、李皓玉等[129,130] 将沥青路面视为层状体系结构,采用 Burgers 模型表征面层的黏弹性行为,建立了移动荷载下路面的动力响应模型。

综上所述,上述文献主要集中于研究多层 (黏) 弹性体系的半空间问题,重点是求解方法的提出,如应用较多的传递矩阵法,而材料黏弹性特性对路面动力响应影响的研究较少。众所周知,沥青混凝土作为一种黏弹性材料,温度对其的力学性能有较大影响,但由于性能的温变及时变特性带来求解上的困难,因此,考虑温度效应的沥青混凝土路面动力响应的研究鲜有报道。

1.6　装备场坪适应性研究进展

武器装备场坪适应性研究包括两方面:一是发射效应控制,通过发射载荷生成与作用机理和装备–场坪耦合作用效应研究,揭示发射效应形成规律并建立控制方法,减小对地载荷,约束装备响应,在确保弹箭出筒姿态和速度受控的前提下,降低武器发射对公路场坪承载强度的要求,扩展可发射范围;二是场坪适应性评估,在掌握超大载荷作用下公路场坪复杂力学特性的基础上,辨识随机场坪下伏缺陷和承载强度,建立场坪与装备响应的量效关系,通过判据比照进行装备场坪适应性评估,确保所选点位上安全可靠发射。

目前,国内外学者比较注重发射装备环境适应性研究[131,132],只有少数文献将场坪 (或路面) 与发射装备作为一个系统进行分析,发射效应控制和场坪适应性评估的研究成果更加少见。李涛等[133] 利用谐波叠加法生成 B 级路面,建立了某型机枪刚柔耦合路面–车体–机枪系统的虚拟仿真模型,综合考虑轮胎与地面、车体与机枪之间的相互作用,获得了各种车速条件下机枪射击时的枪口响应特性和弹着点散布情况。钟洲等[134] 利用自回归 (AR) 模型对不同等级的随机路面进行数值模拟,建立了车载防空武器行进和发射一体化的多柔体动力学模型,根据行驶动力学仿真结果,确定了最恶劣发射时刻,分析了路面和车速对防空武器行进间发射精度的影响。薛翠利等[135] 以弹箭箱式发射系统为研究对象,建立了弹箭发射系统发射过程中四个阶段的动力学模型,考虑了发射角度、侧向场坪坡度等因素对弹箭飞行性能的影响。程洪杰等[136−138] 分析了弹箭发射过程中的各种工况,并进行了力学计算,通过对比,判断出发射车对地最大载荷状态,并以此作为场坪强度评估的依据;为评估发射场坪的强度稳定性,形成了发射场坪的极限承载力快速评估技术,在地基承载力计算模型的基础上,分析内聚力、内摩擦角以及上覆层厚度对极限承载力的敏感度,给出了发射场坪极限承载力随敏感参数变化的规律。吴邵庆等[139] 分别利用能量法和有限元方法对运输车与弹体进行动力学建模,基于支撑处自由度匹配建立了车–弹耦合振动分析模型,通过求解车–弹耦合振动微分方程，分析了路面激励下系统的振动量级，研究了不同弹体支撑刚度、车速和路面等级等因素对弹体某些重要部位振动量级的影响，为弹箭运输过程中振动问题研究提供了理论分析依据。冯勇和徐振钦[140] 在刚柔多体系统动力学的基础上，采用刚液耦合、刚弹耦合的方法，建立了某型多管火箭炮的发射动力学模型，并在模型中引入路面与轮胎的柔性接触模型，较全面地反映了整个火箭炮系统的真实力学特征；周晓和等[141] 建立了某装备无依托发射场坪塑性损伤动态本构模型，分析了弹箭在待发射及发射状态下场坪的动态响应。孙船斌等[142] 为研究冷发射平台垂直弹射响应特性，对车身进行了柔性处理，建立了考虑场坪坡度的六自由度 1/2 冷发射平台弹射动力学物理模型和振动方程，研究了适配器刚度、液压支腿刚度及场坪坡度对冷发射平台弹射响应特性的影响。张震东等[143] 为研究冷发射装备对地载荷作用下场坪的动力响应，将对地载荷视为多个圆形均布动载荷，基于赫兹接触理论获得对地载荷的表达式，以 Winkler 地基上双层板的控制微分方程为基础，给出了双参数地基模型上双层板的运动微分方程，在 ADAMS 中建立含场坪的发射装备动力学模型并与 Simulink 进行联合求解，获得了各个接触区域圆心处的场坪下沉量。

综上所述，现有研究主要集中于车辆行驶过程中路面等级对武器射击精度的干扰分析、场坪倾斜程度对弹箭出筒姿态的影响，但均没有建立起路面特征与射击精度、弹箭出筒姿态间的量效关系，也没有给出哪些等级路面才可保证武器射击精度及发射品质。其主要原因在于：①我国路面等级较多，且结构形式多样，研究对象很难覆盖所有场坪类型；②路面特征与弹箭出筒姿态存在强非线性关系，难以用具体数学模型描述，很难建立显式的量效关系；③研究过程需要进行大子样仿真，以包含足够多的样本，工作量过大。

本书集成了装备场坪适应性问题研究理论与方法的部分成果，分别阐述了水泥混凝土和沥青混凝土公路场坪的动力响应力学模型、冲击损伤本构模型、层间界面本构模型的建立方法，描述了装备–场坪接触界面力学模型和含场坪效应的发射动力学模型；数值仿真和试验研究相结合，揭示了超大载荷下发射场坪动态力学特性、损伤破坏机理和装备–场坪耦合作用效应；展现了含场坪效应的发射装备非线性结构动力学理论和场坪适应性评估方法等重要创新研究。

第 2 章　水泥混凝土场坪动力响应力学模型

典型陆基发射装备尺寸较大，宽度可达 4m 左右，长度接近 20m，在此范围内建立场坪有限元实体模型，网格量过多，对计算平台提出很高要求，无法实现低成本快速计算。此外，由于公路场坪结构形式及铺层材料种类繁多，场坪承载能力具有很大随机性，采用有限元精细建模方法难以完全涵盖所有场坪类型。为解决上述问题，本章通过建立公路场坪的等效力学模型，给出场坪分层结构等效刚度的计算方法，之后将等效刚度引入至场坪有限元模型中，以准确描述各类公路场坪的动态特性，减少计算量，提高运算速度。

武器发射过程中，装备对地载荷通过圆形支撑盘传递至地面，场坪在冲击载荷作用下产生动力响应会影响发射装备的稳定性，最终干扰弹箭出筒姿态，甚至导致发射失败。可见，圆形支撑盘对地冲击载荷作用下，公路场坪的动力响应具有很高的研究价值和实用价值。

以往武器发射试验表明，射击过程中装备不停垂向振动，同时圆形支撑盘不可避免地存在水平移动趋势，甚至水平运动，产生水平动载荷，故圆形支撑盘的对地载荷由垂向动载荷和水平动载荷两部分构成。由于圆形支撑盘刚度远大于路面，可将其视为圆形刚性承载板；基于道路工程领域的研究成果，水泥混凝土路面可采用黏弹性地基上的多层板模型表示。因此，场坪在圆形支撑盘对地载荷下的动力响应问题，可利用刚性承载板载荷下的黏弹性地基上多层板模型解决。

本章基于双参数地基上的多层板模型，给出单个和多个圆形均布动载荷作用下场坪下沉量的求解方法，研究垂向动载荷与水平动载荷联合作用下水泥混凝土场坪的动力响应问题。考虑到板模型的小变形假设在较大变形时已不适用，故基于多层弹性体系理论确定场坪垂向等效刚度的计算方法，形成了水泥混凝土场坪的等效力学模型。分别采用有限元精细模型和所建立的等效力学模型计算了典型场坪下沉量，两种结果一致性较好，证明等效力学模型求解精度与有限元方法相当。

2.1　地基上单层 Kirchhoff 薄板的弯曲方程

2.1.1　薄板的基本假设

本章所讨论的弹性薄板 (图 2.1.1) 弯曲理论均建立在 Kirchhoff 假设的基础上 [144]：

(1) 在板变形以前，原来垂直于板中面的线段，在板变形以后，仍垂直于弯曲的中性面；

(2) 作用于与中面相平行的各截面内的正应力 σ_z，与横截面内应力 σ_x、σ_y 等相比很小，可忽略；

(3) 中性面内各个点在 x、y 方向上的位移 U、V 不存在。

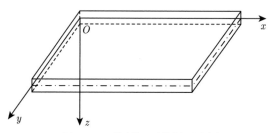

图 2.1.1　单层矩形薄板示意图

2.1.2　薄板的基本方程

由假设 (1) 及假设 (3)，与中性面距离为 z 处的位移 U、V 分别为 [144]

$$U = -z\frac{\partial W}{\partial x}, \quad V = -z\frac{\partial W}{\partial y} \tag{2.1.1}$$

式中，U、V、W 分别为 x、y、z 方向的位移。

于是各应变分量为

$$\begin{cases} \varepsilon_x = \dfrac{\partial U}{\partial x} = -z\dfrac{\partial^2 W}{\partial x^2} \\[3mm] \varepsilon_y = \dfrac{\partial V}{\partial y} = -z\dfrac{\partial^2 W}{\partial y^2} \\[3mm] \gamma_{xy} = \dfrac{\partial V}{\partial x} + \dfrac{\partial U}{\partial y} = -2z\dfrac{\partial^2 W}{\partial x \partial y} \end{cases} \tag{2.1.2}$$

由假设 (2) 及胡克定律，可得到 [144]

$$\begin{cases} \sigma_x = -\dfrac{Ez}{1-\mu^2}\left(\dfrac{\partial^2 W}{\partial x^2} + \mu\dfrac{\partial^2 W}{\partial y^2}\right) \\[3mm] \sigma_y = -\dfrac{Ez}{1-\mu^2}\left(\dfrac{\partial^2 W}{\partial y^2} + \mu\dfrac{\partial^2 W}{\partial x^2}\right) \\[3mm] \tau_{xy} = -2Gz\dfrac{\partial^2 W}{\partial x \partial y} \end{cases} \tag{2.1.3}$$

式中，E、μ、G 分别为弹性模量、泊松比、剪切模量。

τ_{zx}、τ_{zy} 可由以下两个平衡方程确定：

$$\begin{cases} \dfrac{\partial \sigma_x}{\partial x} + \dfrac{\partial \tau_{yx}}{\partial y} + \dfrac{\partial \tau_{zx}}{\partial z} = 0 \\[3mm] \dfrac{\partial \tau_{xy}}{\partial x} + \dfrac{\partial \sigma_y}{\partial y} + \dfrac{\partial \tau_{zy}}{\partial z} = 0 \end{cases} \tag{2.1.4}$$

在板中取出一个边长为 $\mathrm{d}x$、$\mathrm{d}y$，高为 h 的微小六面体作为研究对象，则作用在其侧面的应力如图 2.1.2 所示。将板中的应力转换为内力形式，那么板中的受力情况如图 2.1.3 所示。其中，

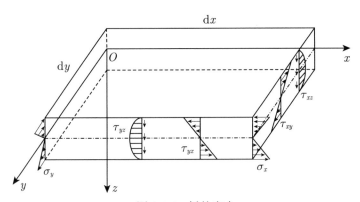

图 2.1.2 板的应力

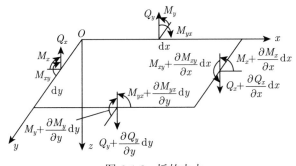

图 2.1.3 板的内力

$$
\begin{cases}
M_x = \displaystyle\int_{-h/2}^{h/2} z\sigma_x \mathrm{d}z = -D\left(\dfrac{\partial^2 W}{\partial x^2} + \mu\dfrac{\partial^2 W}{\partial y^2}\right) \\[3mm]
M_y = \displaystyle\int_{-h/2}^{h/2} z\sigma_y \mathrm{d}z = -D\left(\dfrac{\partial^2 W}{\partial y^2} + \mu\dfrac{\partial^2 W}{\partial x^2}\right) \\[3mm]
M_{xy} = -M_{yx} = \displaystyle\int_{-h/2}^{h/2} z\tau_{xy}\mathrm{d}z = D(1-\mu)\dfrac{\partial^2 W}{\partial x\partial y} \\[3mm]
Q_x = \displaystyle\int_{-h/2}^{h/2} \tau_{xz}\mathrm{d}z = -D\dfrac{\partial}{\partial x}(\nabla^2 W) \\[3mm]
Q_y = \displaystyle\int_{-h/2}^{h/2} \tau_{yz}\mathrm{d}z = -D\dfrac{\partial}{\partial y}(\nabla^2 W)
\end{cases}
\tag{2.1.5}
$$

式中，∇^2 为 Laplace 算子，$\nabla^2 = \dfrac{\partial^2}{\partial x^2} + \dfrac{\partial^2}{\partial y^2}$；$D = \dfrac{Eh^3}{12(1-\mu^2)}$，为板的抗弯刚度。

2.1.3　弹性地基上薄板的弯曲微分方程

假设垂直于板上表面作用有集度为 $q(x, y)$ 的载荷，下表面作用有地基反力 $p(x, y)$，则作用在微小六面体上的力在 z 方向上的合力为零，分别对 x 轴、y 轴取截面弯矩，可得到以下平衡方程：

$$
\begin{cases}
\dfrac{\partial Q_x}{\partial x} + \dfrac{\partial Q_y}{\partial y} + p + q = 0 \\[3mm]
\dfrac{\partial M_x}{\partial x} + \dfrac{\partial M_{xy}}{\partial y} = Q_x \\[3mm]
\dfrac{\partial M_y}{\partial y} + \dfrac{\partial M_{yx}}{\partial x} = Q_y
\end{cases}
\tag{2.1.6}
$$

将式 (2.1.5) 代入上式，可得到

$$
D\nabla^2\nabla^2 W(x,y) = q(x,y) - p(x,y)
\tag{2.1.7}
$$

上式即为弹性地基上单层薄板的弯曲微分方程。

2.2　双参数地基上多层矩形板模型

圆形刚性承载板载荷作用下多层矩形板及地基模型如图 2.2.1(a) 所示，模型中刚性板在多层地基板上表面缓慢移动，移动方向与 x 轴夹角为 θ，故多层板不仅承受刚性板垂向载荷 $F_v(x,y,t)$，而且受到刚性板水平移动引起的水平动载荷作用，水平动载荷 x 轴分量为 $F_{hx}(x,y,t)$，y 轴分量为 $F_{hy}(x,y,t)$，如图 2.2.1(b) 所示。由于板的宽厚比很小，故认为多层板在刚性板载荷作用下的变形仍然服从 Kirchhoff 薄板假设。

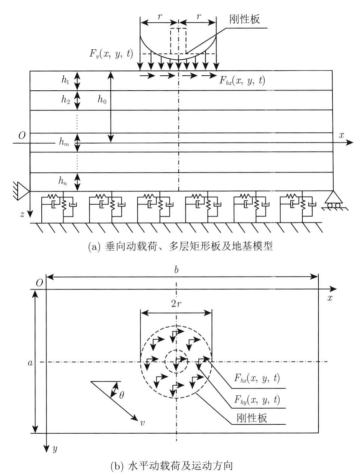

(a) 垂向动载荷、多层矩形板及地基模型

(b) 水平动载荷及运动方向

图 2.2.1　多层矩形板模型及地基模型

文献 [145] 提出了一种涉及地基水平反力的双参数地基模型，并研究了此地基模型上无限大板的动力响应。为进一步丰富前人的研究工作，本书给出了考虑水平阻尼的双参数地基模型，如图 2.2.1(a) 所示。该模型采用四个独立的参数表征地基土的特性，分别为水平剪切系数 k_h，水平阻尼系数 C_h，压缩系数 k_v，垂向阻尼系数 C_v。

此地基模型的水平方向地基反力可由下式求出：

$$\begin{cases} f_{hx}(x,y,t) = H_b \cdot \left(k_h \dfrac{\partial W(x,y,t)}{\partial x} + C_h \dfrac{\partial^2 W(x,y,t)}{\partial x \partial t} \right) \\[3mm] f_{hy}(x,y,t) = H_b \cdot \left(k_h \dfrac{\partial W(x,y,t)}{\partial y} + C_h \dfrac{\partial^2 W(x,y,t)}{\partial y \partial t} \right) \end{cases} \tag{2.2.1}$$

式中，$f_{hx}(x,y,t)$ 为 x 方向地基反力；$f_{hy}(x,y,t)$ 为 y 方向地基反力；H_b 为多层板底部至中性面距离，$H_b = \sum\limits_{j=1}^{n} h_j - h_0 = H - h_0$，$n$ 为总层数，H 为多层板总厚，h_0 为中性面至多层板上表面距离。

2.3　地基上多层板的运动微分方程

2.3.1　中性面位置求解

文献 [145] 给出了双层板中性面位置的表达式，本节在此基础上求解多层板的中性面位置表达式。

由下式可得到每层板中应力：

$$\sigma_{1x} = E_1 \frac{z}{\psi}, \ \sigma_{2x} = E_2 \frac{z}{\psi}, \ \cdots, \ \sigma_{nx} = E_n \frac{z}{\psi} \tag{2.3.1}$$

式中，$E_j(j=1,2,\cdots,n)$ 为第 j 层板的弹性模量；ψ 为中性面曲率。

由中性面上应力为零条件，得到

$$\frac{E_1}{\psi} \int_{-h_0}^{-(h_0-h_1)} bz\mathrm{d}z + \frac{E_2}{\psi} \int_{-(h_0-h_1)}^{-(h_0-h_1-h_2)} bz\mathrm{d}z + \cdots$$

$$+ \frac{E_n}{\psi} \int_{-(h_0-h_1-h_2-\cdots-h_{n-1})}^{-(h_0-h_1-h_2-\cdots-h_{n-1}-h_n)} bz\mathrm{d}z = 0 \tag{2.3.2}$$

式中，$h_j(j=1,2,\cdots,n)$ 为第 j 层板的厚度；b 为板宽。

将上式积分展开，得到中性面距多层板上表面距离，如下所示：

$$h_0 = \left(\sum_{j=1}^{n} E_j h_j^2 + 2 \sum_{j=2}^{n} \sum_{k=1}^{j-1} E_j h_j h_k \right) \bigg/ \left(\sum_{j=1}^{n} E_j h_j \right) \tag{2.3.3}$$

2.3.2 横截面上的内力

从多层板中截出底边为 $\mathrm{d}x$、$\mathrm{d}y$，高为 H 的微小六面体作为研究对象，其中，x 截面上弯矩 M_x，y 截面上弯矩 M_y，x 截面上扭矩 M_{xy} 及 y 截面上扭矩 M_{yx} 各自的表达式如下：

$$
\begin{cases}
M_x = \displaystyle\int_{-h_0}^{h_1+\cdots+h_n-h_0} z\sigma_x \mathrm{d}z = -D\frac{\partial W^2(x,y,t)}{\partial x^2} - D_{xy}\frac{\partial W^2(x,y,t)}{\partial y^2} \\[2mm]
M_y = \displaystyle\int_{-h_0}^{h_1+\cdots+h_n-h_0} z\sigma_y \mathrm{d}z = -D\frac{\partial W^2(x,y,t)}{\partial y^2} - D_{xy}\frac{\partial W^2(x,y,t)}{\partial x^2} \\[2mm]
M_{xy} = -M_{yx} = \displaystyle\int_{-h_0}^{h_1+\cdots+h_n-h_0} \tau_{xy}\mathrm{d}z = -2D_k\frac{\partial W^2(x,y,t)}{\partial x\partial y}
\end{cases}
\tag{2.3.4}
$$

式中，

$$
\begin{cases}
D = \displaystyle\int_{h_0-h_1}^{h_0} \frac{E_1}{1-\mu_1^2}z^2\mathrm{d}z + \int_{h_0-h_1-h_2}^{h_0-h_1} \frac{E_2}{1-\mu_2^2}z^2\mathrm{d}z + \cdots \\[4mm]
\qquad + \displaystyle\int_{h_0-h_1-h_2-\cdots-h_{n-1}-h_n}^{h_0-h_1-h_2-\cdots-h_{n-1}} \frac{E_n}{1-\mu_n^2}z^2\mathrm{d}z \\[4mm]
D_{xy} = \displaystyle\int_{h_0-h_1}^{h_0} \frac{E_1\mu_1}{1-\mu_1^2}z^2\mathrm{d}z + \int_{h_0-h_1-h_2}^{h_0-h_1} \frac{E_2\mu_2}{1-\mu_2^2}z^2\mathrm{d}z + \cdots \\[4mm]
\qquad + \displaystyle\int_{h_0-h_1-h_2-\cdots-h_{n-1}-h_n}^{h_0-h_1-h_2-\cdots-h_{n-1}} \frac{E_n\mu_n}{1-\mu_n^2}z^2\mathrm{d}z \\[4mm]
D_k = \displaystyle\int_{h_0-h_1}^{h_0} \frac{E_1}{2(1+\mu_1)}z^2\mathrm{d}z + \int_{h_0-h_1-h_2}^{h_0-h_1} \frac{E_2}{2(1+\mu_2)}z^2\mathrm{d}z + \cdots \\[4mm]
\qquad + \displaystyle\int_{h_0-h_1-h_2-\cdots-h_{n-1}-h_n}^{h_0-h_1-h_2-\cdots-h_{n-1}} \frac{E_n}{2(1+\mu_n)}z^2\mathrm{d}z
\end{cases}
\tag{2.3.5}
$$

式中，$\mu_j(j=1,2,\cdots,n)$ 为第 j 层板的泊松比。

2.3.3 运动微分方程建立

考虑到薄板小挠度变形，多层板 z 方向力的平衡方程为

$$
\frac{\partial Q_x(x,y,t)}{\partial x} + \frac{\partial Q_y(x,y,t)}{\partial y} + F_v(x,y,t) - m_b\frac{\partial W^2(x,y,t)}{\partial^2 t}
$$
$$
= k_v W(x,y,t) + C_v\frac{\partial W(x,y,t)}{\partial t}
\tag{2.3.6}
$$

式中，$Q_x(x, y, t)$, $Q_y(x, y, t)$ 分别为 x、y 截面上剪力；$m_b = \sum\limits_{j=1}^{n} \rho_j h_j$，$\rho_j$ 为第 j 层板的密度。

分别取 x 轴矩、y 轴矩，由力矩平衡，推导出下列平衡方程：

$$
\begin{cases}
\dfrac{\partial M_y(x, y, t)}{\partial y} + \dfrac{\partial M_{xy}(x, y, t)}{\partial x} + f_{hy}(x, y, t) \cdot H_b - F_{hy}(x, y, t) \cdot h_0 = Q_y \\[4mm]
\dfrac{\partial M_x(x, y, t)}{\partial x} + \dfrac{\partial M_{yx}(x, y, t)}{\partial y} + f_{hx}(x, y, t) \cdot H_b - F_{hx}(x, y, t) \cdot h_0 = Q_x
\end{cases}
$$

$$(2.3.7)$$

式中，$F_{hx}(x, y, t)$, $F_{hy}(x, y, t)$ 分别为多层板上表面水平方向作用力在 x 方向、y 方向的分量。

将式 (2.2.1) 代入式 (2.3.7) 后，上式等号两边取 y 的一次微分，下式等号两边取 x 的一次微分，有

$$
\begin{cases}
\dfrac{\partial M_y^2(x, y, t)}{\partial y^2} + \dfrac{\partial M_{xy}^2(x, y, t)}{\partial x \partial y} + H_b^2 \left(k_h \dfrac{\partial W^2(x, y, t)}{\partial y^2} \right. \\[4mm]
\left. + C_h \dfrac{\partial^3 W(x, y, t)}{\partial y^2 \partial t} \right) - \dfrac{\partial F_{hy}(x, y, t)}{\partial y} \cdot h_0 = \dfrac{\partial Q_y}{\partial y} \\[4mm]
\dfrac{\partial M_x^2(x, y, t)}{\partial x^2} + \dfrac{\partial M_{yx}^2(x, y, t, t)}{\partial x \partial y} + H_b^2 \left(k_h \dfrac{\partial W^2(x, y, t)}{\partial x^2} \right. \\[4mm]
\left. + C_h \dfrac{\partial^3 W(x, y, t)}{\partial x^2 \partial t} \right) - \dfrac{\partial F_{hx}(x, y)}{\partial x} \cdot h_0 = \dfrac{\partial Q_x}{\partial x}
\end{cases}
$$

$$(2.3.8)$$

将式 (2.3.8) 中两式相加并代入式 (2.3.6)，得

$$
\begin{aligned}
& \frac{\partial M_x^2(x, y, t)}{\partial x^2} + \frac{\partial M_y^2(x, y, t)}{\partial y^2} + 2 \frac{\partial M_{xy}^2(x, y, t)}{\partial xy} \\
& + H_b^2 \cdot \left[k_h \left(\frac{\partial W^2(x, y, t)}{\partial y^2} + \frac{\partial W^2(x, y, t)}{\partial x^2} \right) \right. \\
& \left. + C_h \left(\frac{\partial^3 W(x, y, t)}{\partial y^2 \partial t} + \frac{\partial^3 W(x, y, t)}{\partial x^2 \partial t} \right) \right] - k_v W(x, y, t) \\
& - m_b \frac{\partial W^2(x, y, t)}{\partial^2 t} - C_v \frac{\partial W(x, y, t)}{\partial t} \\
& = - F_v(x, y, t) + h_0 \left(\frac{\partial F_{hx}(x, y, t)}{\partial x} + \frac{\partial F_{hy}(x, y, t)}{\partial y} \right)
\end{aligned}
$$

$$(2.3.9)$$

将式 (2.3.4) 代入式 (2.3.9)，并简化得到式 (2.3.10)，即为水平动载荷与竖直动载荷联合作用下，本节地基多层板模型上的运动微分方程。

$$
D\left(\frac{\partial W^4(x,y,t)}{\partial x^4} + \frac{\partial W^4(x,y,t)}{\partial y^4}\right) + 2\left(D_{xy} + 2D_k\right)
$$

$$
\times \frac{\partial W^4(x,y,t)}{\partial x^2 \partial y^2} - k_h H_b^2 \cdot \left(\frac{\partial W^2(x,y,t)}{\partial x^2} + \frac{\partial W^2(x,y,t)}{\partial y^2}\right)
$$

$$
- C_h H_b^2 \cdot \left(\frac{\partial^3 W(x,y,t)}{\partial x^2 \partial t} + \frac{\partial^3 W(x,y,t)}{\partial y^2 \partial t}\right) + C_v \frac{\partial W(x,y,t)}{\partial t}
$$

$$
+ m_b \frac{\partial W^2(x,y,t)}{\partial^2 t} + k_v W(x,y,t)
$$

$$
= F_v(x,y,t) - h_0 \left(\frac{\partial F_{hx}(x,y,t)}{\partial x} + \frac{\partial F_{hy}(x,y,t)}{\partial y}\right) \tag{2.3.10}
$$

2.3.4 运动微分方程求解

1. 垂向动载荷模型

忽略刚性板的缓慢移动对载荷作用面位置的影响，则圆形刚性承载板下垂向载荷表达式如下：

$$
F_v(x,y,t) = \frac{f(t) \cdot r}{2\sqrt{r^2 - [(x-x_0)^2 + (y-y_0)^2]}} \times H\left\{r^2 - \left[(x-x_0)^2 + (y-y_0)^2\right]\right\} \tag{2.3.11}
$$

式中，$f(t)$ 为承载板上载荷平均集度；r 为载荷圆形分布区域半径；(x_0, y_0) 为圆心坐标；$H(x,y)$ 为 Heaviside 阶跃函数。

由上式可以看出当接近承载板载荷边界时，载荷趋于无穷大，与实际情况不相符，计算无法进行。为此，取 $(x-x_0)^2 + (y-y_0)^2 = (0.99r)^2 = r_0^2$ 围成的圆形区域作为研究对象，则垂向载荷模型为

$$
F_v(x,y,t) = \frac{f(t) \cdot r_0}{2\sqrt{r_0^2 - [(x-x_0)^2 + (y-y_0)^2]}} \times H\left\{r_0^2 - \left[(x-x_0)^2 + (y-y_0)^2\right]\right\} \tag{2.3.12}
$$

2. 水平方向动载荷模型

水平方向动载荷为刚性板对多层板上表面的动摩擦力，则 x 方向上分量的表达式为

$$
F_{hx}(x,y,t) = F_v(x,y,t)\lambda\cos\theta
$$

$$= \frac{f(t) \cdot r_0 \cdot \lambda \cdot \cos\theta}{2\sqrt{r_0^2 - [(x-x_0)^2 + (y-y_0)^2]}} \times H\left\{r_0^2 - [(x-x_0)^2 + (y-y_0)^2]\right\}$$

(2.3.13)

式中，λ 为动摩擦系数；θ 为刚性板移动方向与 x 轴夹角。

同理，y 方向上分量的表达式如下所示：

$$F_{hy}(x,y,t) = F_v(x,y,t)\lambda\sin\theta$$

$$= \frac{f(t) \cdot r_0 \cdot \lambda \cdot \sin\theta}{2\sqrt{r_0^2 - [(x-x_0)^2 + (y-y_0)^2]}} \times H\left\{r_0^2 - [(x-x_0)^2 + (y-y_0)^2]\right\}$$

(2.3.14)

将式 (2.3.12) $\sim$ 式 (2.3.14) 代入式 (2.3.10) 的等号右端并化简，得

$$F(x,y,t) = \frac{f(t) \cdot r_0}{2\sqrt{r_0^2 - [(x-x_0)^2 + (y-y_0)^2]}}$$

$$\times \left\{\left\{1 - \frac{\lambda h_0\left[(x-x_0)\cos\theta + (y-y_0)\sin\theta\right]}{r_0^2 - [(x-x_0)^2 + (y-y_0)^2]}\right\}\right.$$

$$\times H\left\{r_0^2 - \left[(x-x_0)^2 + (y-y_0)^2\right]\right\}$$

$$\left. + \delta\left\{r_0^2 - \left[(x-x_0)^2 + (y-y_0)^2\right]\right\}\right\}$$

(2.3.15)

式中，$\delta(x,y)$ 为 Dirac 函数。

将上式代入运动微分方程式 (2.3.10)，得

$$D\left(\frac{\partial W^4(x,y,t)}{\partial x^4} + \frac{\partial W^4(x,y,t)}{\partial y^4}\right) + 2\left(D_{xy} + 2D_k\right)$$

$$\times \frac{\partial W^4(x,y,t)}{\partial x^2 \partial y^2} - k_h H_b^2 \cdot \left(\frac{\partial W^2(x,y,t)}{\partial x^2} + \frac{\partial W^2(x,y,t)}{\partial y^2}\right)$$

$$- C_h H_b^2 \cdot \left(\frac{\partial^3 W(x,y,t)}{\partial x^2 \partial t} + \frac{\partial^3 W(x,y,t)}{\partial y^2 \partial t}\right) + m_b \frac{\partial W^2(x,y,t)}{\partial^2 t}$$

$$+ k_v W(x,y,t) + C_v \frac{\partial W(x,y,t)}{\partial t} = F(x,y,t)$$

(2.3.16)

3. 多层板边界条件

假设多层板四边简支，则边界条件可表示为

$$\begin{cases} W(x, y, t) = \dfrac{\partial^2 W(x, y, t)}{\partial x^2} = 0, & x = 0, a \\[4mm] W(x, y, t) = \dfrac{\partial^2 W(x, y, t)}{\partial y^2} = 0, & y = 0, b \end{cases} \tag{2.3.17}$$

4. 地基板挠度计算

为满足边界条件，将板的挠度表示为三角级数形式[146]：

$$W(x, y, t) = \sum_{l=1}^{\infty} \sum_{m=1}^{\infty} q_{lm}(t) \cdot \sin(\alpha_l x) \cdot \sin(\beta_m y) \tag{2.3.18}$$

式中，$q_{lm}(t)$ 为展开系数；$\alpha_l = \dfrac{l\pi}{a}$；$\beta_m = \dfrac{m\pi}{b}$。

将载荷函数同样展开成三角级数[146]：

$$F(x, y, t) = \sum_{l=1}^{\infty} \sum_{m=1}^{\infty} f_{lm}(t) \cdot \sin(\alpha_l x) \cdot \sin(\beta_m y) \tag{2.3.19}$$

利用三角函数的正交性，求得

$$f_{lm}(x, y, t) = \frac{4}{ab} \int_0^a \int_0^b F(x, y, t) \cdot \sin(\alpha_l x) \cdot \sin(\beta_m y) \mathrm{d}x\mathrm{d}y$$

将式 (2.3.15) 代入上式并利用 Heaviside 阶跃函数性质及 Dirac 函数性质进行简化得

$$f_{lm}(x, y, t) = \frac{2f(t)r}{ab} \cdot G_{lm}(x, y) \tag{2.3.20}$$

式中，

$$\begin{aligned} G_{lm}(x, y) = \iint_A &\frac{\sin(\alpha_l x) \cdot \sin(\beta_m y)}{\sqrt{r^2 - [(x - x_0)^2 + (y - y_0)^2]}} \\ &\times \left\{ 1 - \frac{\lambda h_0 \left[(x - x_0) \cos \theta + (y - y_0) \sin \theta \right]}{r^2 - [(x - x_0)^2 + (y - y_0)^2]} \right\} \mathrm{d}x\mathrm{d}y \end{aligned} \tag{2.3.21}$$

式中，A 为力作用面围成的封闭区域。

将式 (2.3.18)、式 (2.3.19) 代入式 (2.3.16)，得到下列二阶微分方程：

$$m_b q_{lm}(t)'' + \left[C_v + C_h H_b^2 \left(\alpha_l^2 + \beta_m^2 \right) \right] \times q_{lm}(t)' + D \left[\alpha_l^4 + \frac{2\alpha_l^2 \beta_m^2 \left(D_{xy} + 2D_k \right)}{D} \right.$$

$$+ \beta_m^4 + \frac{k_v + H_b^2 k_h \left(\alpha_l^2 + \beta_m^2 \right)}{D} \right] \times q_{lm}(t) = f_{lm}(x, y, t) \tag{2.3.22}$$

令

$$\begin{cases} \omega_{lm}^2 = \dfrac{D}{m_b} \left[\alpha_l^4 + \dfrac{2\alpha_l^2 \beta_m^2 \left(D_{xy} + 2D_k \right)}{D} + \beta_m^4 + \dfrac{k_v + H_b^2 k_h \left(\alpha_l^2 + \beta_m^2 \right)}{D} \right] \\[4mm] \zeta_{lm} = \dfrac{1}{2\omega_{lm} \cdot m_b} \left[C_v + C_h H_b^2 \left(\alpha_l^2 + \beta_m^2 \right) \right] \end{cases} \tag{2.3.23}$$

将式 (2.3.23) 代入式 (2.3.22)，得

$$q_{lm}(t)'' + 2\zeta_{lm}\omega_{lm}q_{lm}(t)' + \omega_{lm}^2 q_{lm}(t) = \frac{f_{lm}(x, y, t)}{m_b} \tag{2.3.24}$$

对式 (2.3.24) 进行 Laplace 变换，得

$$s^2 q_{lm}(s) + 2s\zeta_{lm}\omega_{lm}q_{lm}(s) + \omega_{lm}^2 q_{lm}(s) = \frac{f_{lm}(s)}{m_b} \tag{2.3.25}$$

进一步简化，可得

$$q_{lm}(s) = \frac{f_{lm}(s)}{m_b(s^2 + 2\zeta_{lm}\omega_{lm}s + \omega_{lm}^2)} \tag{2.3.26}$$

式中，

$$\begin{aligned} f_{lm}(s) &= \int_{-\infty}^{+\infty} f_{lm}(x, y, t) \mathrm{e}^{-st} \mathrm{d}t \\ &= \frac{2G_{lm}(x, y)r}{ab} \cdot \int_0^{+\infty} f(t)\mathrm{e}^{-st}\mathrm{d}t = \frac{2G_{lm}(x, y)r}{ab} f(s) \end{aligned} \tag{2.3.27}$$

将式 (2.3.27) 代入式 (2.3.26) 并进行 Laplace 逆变换，得

$$q_{lm}(t) = \frac{G_{lm}(x, y)r}{ab\pi m_b \mathrm{i}} \int_{\varsigma-\mathrm{i}\infty}^{\varsigma+\mathrm{i}\infty} \frac{f(s) \cdot \mathrm{e}^{st}}{s^2 + 2\zeta_{lm}\omega_{lm}s + \omega_{lm}^2} \mathrm{d}s \tag{2.3.28}$$

式中，i 为虚数单位。

将式 (2.3.21) 代入式 (2.3.28)，可得圆形刚性承载板载荷作用下板的挠度：

$$W(x, y, t) = \sum_{l=1}^{\infty} \sum_{m=1}^{\infty} \frac{\sin(\alpha_l x) \cdot \sin(\beta_m y)}{ab\pi m_b \mathrm{i}} \times G_{lm}(x, y) \cdot r$$

$$\cdot \int_{\varsigma-i\infty}^{\varsigma+i\infty} \frac{f(s) \cdot e^{st}}{s^2 + 2\zeta_{lm}\omega_{lm}s + \omega_{lm}^2} ds \qquad (2.3.29)$$

对发射装备而言，需通过支撑盘、自适应橡胶底座将发射载荷传递至场坪表面，如图 2.3.1 所示，板上就存在多个圆形动载荷，则某点处的挠度应是各个载荷下板动力响应线性叠加的结果，采用线性叠加方法可得到某点的下沉量，如下式所示：

$$W_{\text{sum}}(x, y, t) = \sum_{j=1}^{l} W^j(x, y, t) \qquad (2.3.30)$$

式中，$W^j(x, y, t)$ 为第 j 个载荷作用下某点的下沉量。

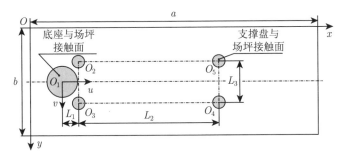

图 2.3.1   发射装备与场坪接触面

为计算方便进行坐标变换，新坐标系 O_1uvw 与原坐标系 $Oxyz$ 坐标轴方向一致，原点位于圆心 O_1 处，则两坐标系间存在如下关系：

$$\begin{cases} u = x - x_1 \\ v = y - y_1 \\ w = z - z_1 \end{cases}$$

在新坐标系 O_1uvw 下，式 (2.3.30) 化为

$$W_{\text{sum}}(u, v, t) = \sum_{j=1}^{l} \sum_{m=1}^{\infty} \sum_{n=1}^{\infty} \frac{2\sin[\alpha_m(u+x_1)] \cdot \sin[\beta_n(v+y_1)]}{ab\pi m_{\text{b}}}$$

$$\times G_{mn}^j(u+x_1, v+y_1) \cdot \int_{-\infty}^{+\infty} \frac{f^j(s) \cdot e^{ist}}{s^2 - 2\zeta_{mn}\omega_{mn}is + \omega_{mn}^2} ds \quad (2.3.31)$$

2.3.5   算例及参数影响分析

根据前面的推导结果，以地基上三层板为例，在 MATLAB 软件中进行编程计算，分析水平阻尼系数 C_h、摩擦系数 λ、运动方向角 θ 3 个参数对下沉量的影

响，除上述 3 个参数外，其余参数取值如表 2.3.1 所示。

表 2.3.1 参数取值

参数符号	参数名称	取值
k_h	水平剪切系数/(N/m^3)	250×10^6
k_v	压缩系数/(N/m^3)	80×10^6
C_v	垂向阻尼系数/(N·s/m^3)	0.25×10^6
ρ_1、ρ_2、ρ_3	上、中、下板密度/(kg/m^3)	2600、2000、2200
h_1、h_2、h_3	上、中、下板厚度/m	0.1、0.12、0.15
E_1、E_2、E_3	上、中、下板弹性模量/GPa	1.5、1.2、1.3
μ_1、μ_2、μ_3	上、中、下板泊松比	0.15、0.25、0.2
a、b	板长、板宽/m	7、7
(x_0, y_0)	载荷作用面圆心坐标	(3.5, 3.5)
r_0	载荷作用面半径/m	0.5

承载板上载荷平均集度 $f(t)$ 变化规律如图 2.3.2 所示。

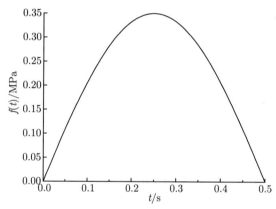

图 2.3.2 载荷平均集度变化规律

为方便说明地基板挠度变化规律，取 7 个观测点处的下沉量进行分析，观测点在板中位置如图 2.3.3 所示。

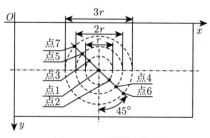

图 2.3.3 观测点位置

1. 水平阻尼系数对挠度的影响

计算时取摩擦系数 $\lambda=0.5$，运动方向角 θ 为 $45°$，水平阻尼系数 C_h 单位为 $N\cdot s/m^3$。

图 2.3.4～图 2.3.6 只给出了不同水平阻尼系数 C_h 时，点 1、点 2、点 3 处下沉量的变化规律，其余点的变化规律与此 3 个点相似。

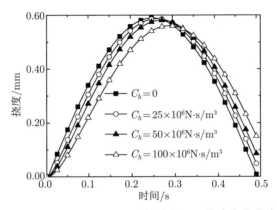

图 2.3.4　不同水平阻尼系数时点 1 处挠度变化曲线

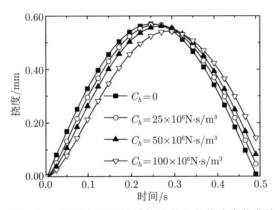

图 2.3.5　不同水平阻尼系数时点 2 处挠度变化曲线

从图 2.3.4～图 2.3.6 中可以看出：

(1) 由于阻尼力作用，考虑水平阻尼时典型点处的最大挠度要小于未考虑阻尼时的挠度。

(2) 无水平阻尼时挠度最大值与载荷最大值在 $t=0.25s$ 处同时出现，而存在阻尼时板下沉量峰值出现时刻相对于载荷峰值有一定滞后，阻尼越大，滞后时间越长。

(3) 载荷加载阶段，水平阻尼越大，板挠度增长速率越小；载荷卸载时，随着阻尼的增大，下沉量减小速率降低。

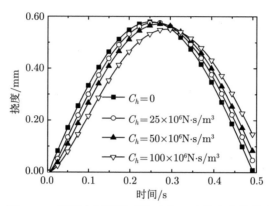

图 2.3.6　不同水平阻尼系数时点 3 处挠度变化曲线

2. 摩擦系数对挠度的影响

计算时取运动方向角 θ 为 45°，水平阻尼系数 C_h 为 $0.25 \times 10^6 \mathrm{N \cdot s/m^3}$。图 2.3.7 为不同时刻时，摩擦系数 λ 与点 1 处板挠度的关系曲线，由图可知，摩擦系数对点 1 处的下沉量没有影响。图 2.3.8、图 2.3.9 描述了不同摩擦系数下点 2、点 3 处板位移变化规律，由图 2.3.8 和图 2.3.9 可知：摩擦系数越大，点 2 处的位移越小，然而点 3 处的挠度随着摩擦系数的增大而增大。

图 2.3.10 为 $t = 0.25\mathrm{s}$ 时，各摩擦系数下不同点处的下沉量。从图 2.3.10 中可以看出：

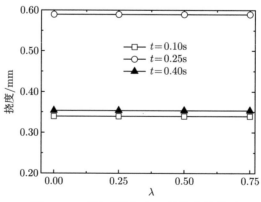

图 2.3.7　摩擦系数与点 1 处挠度的关系

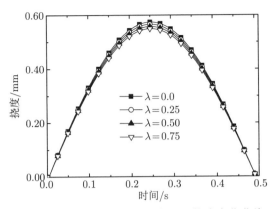

图 2.3.8　不同摩擦系数时点 2 处挠度变化曲线

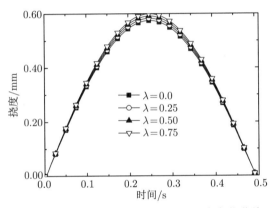

图 2.3.9　不同摩擦系数时点 3 处挠度变化曲线

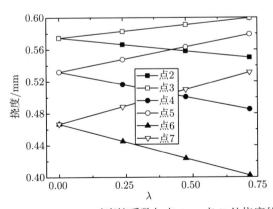

图 2.3.10　$t = 0.25\mathrm{s}$ 时摩擦系数与点 2 ∼ 点 7 处挠度的关系

(1) 摩擦系数对各点处板位移的影响呈线性关系,对于序号为奇数的典型点处 (点 1 除外),下沉量随摩擦系数增大而增大,$\lambda = 0.75$ 时点 3 的位移达到 0.6mm,而对于序号为偶数的典型点,摩擦系数越大,板的挠度越小,$\lambda = 0.75$ 时点 6 处板的挠度为 0.4mm。另外,与点 1 距离相等的两点对应的两条直线,斜率符号相反,而绝对值相等,说明摩擦系数对两点位移的影响幅度相同。

(2) 距离点 1 越远的点,其对应的直线越陡峭,即摩擦系数对此点位移的影响越大。点 6、点 7 在 $\lambda = 0.75$ 时位移差值最大,达到 0.13mm,点 2、点 3 在 $\lambda = 0.75$ 时下沉量差值为 0.05mm。

3. 运动方向对挠度的影响

编程计算时取摩擦系数 $\lambda = 0.5$,水平阻尼系数 $C_h = 0.25 \times 10^6 \text{N·s/m}^3$。

图 2.3.11 为不同时刻时,方向角 θ 对点 1 处板挠度的影响,由图 2.3.11 可知,各方向角下点 1 处在同一时刻的位移相同,说明运动方向变化对点 1 处挠度的影响可忽略。

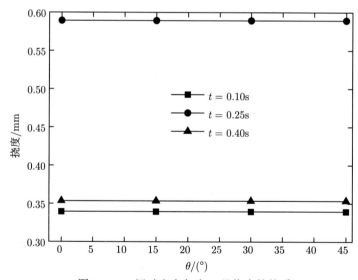

图 2.3.11　运动方向与点 1 处挠度的关系

图 2.3.12、图 2.3.13 分别为不同运动方向时点 2、点 3 处板位移变化规律。从图 2.3.12 和图 2.3.13 可知:运动方向对板下沉量有较大影响,对于点 2 处,同一时刻下沉量由大到小排列,对应的方向角依次为 30°、15°、0°、45°,而对于点 3 处,相应的方向角分别是 45°、0°、15°、30°,由此可知,运动方向对点 2、点 3 处位移的影响并不相同,而是存在一种对称关系。

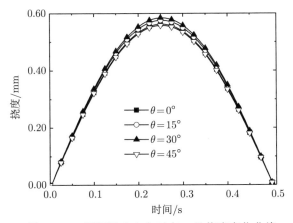

图 2.3.12 不同运动方向时点 2 处挠度变化曲线

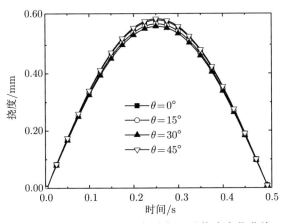

图 2.3.13 不同运动方向时点 3 处挠度变化曲线

图 2.3.14 为 $t = 0.25s$ 时，各方向角下不同点处的下沉量，由图可知：

(1) 方向角对 6 个点处板挠度的影响规律近似为余弦曲线，6 条曲线具有相同的周期，约为 $22°$。序号为偶数的点对应的曲线与序号为奇数的点 (点 1 除外) 对应的曲线，两者相位差约为半个周期。

(2) 与点 1 距离相同的两点对应的余弦曲线变化幅值相等，如点 4、点 5 处曲线变化幅值为 0.06mm。距离点 1 越远的点，曲线变化幅值越大，点 6、点 7 处曲线变化幅值为 0.09mm，点 2、点 3 处曲线变化幅值为 0.002mm。

(3) 另外，与点 1 距离相同的两点对应的曲线偏移量相同，点 2、点 3 处曲线偏移量为 0.575mm，点 4、点 5 处偏移量为 0.53mm，点 6、点 7 处的偏移量为 0.46mm。

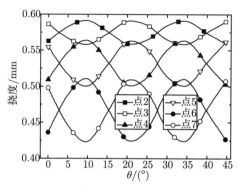

图 2.3.14　$t = 0.25\text{s}$ 时运动方向与点 2 ~ 点 7 处挠度的关系

2.4　基于多层弹性体系的场坪动力响应建模

Kirchhoff 薄板理论建立在小变形的基础上，若场坪产生较大变形，则采用薄板理论计算的变形误差较大，本节采用适用于较大变形的多层弹性体系理论，确定场坪垂向刚度。

2.4.1　多层弹性体系的传递关系

直角坐标系下求解多层弹性体的轴对称问题，假设 x、y 方向场坪尺寸足够大，如图 2.4.1 所示。

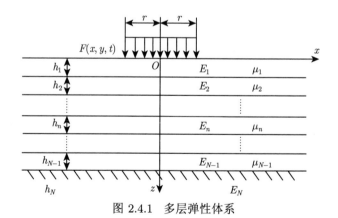

图 2.4.1　多层弹性体系

1. 弹性问题的基本方程

不计体力时，直角坐标系下对弹性问题的平衡方程、几何方程及物理方程，分别为

$$\sigma_{ij,j} = 0 \tag{2.4.1}$$

$$\varepsilon_{ij,j} = \frac{1}{2}(\boldsymbol{u}_{i,j} + \boldsymbol{u}_{j,i}) \tag{2.4.2}$$

$$\boldsymbol{\sigma}_{ij} = \lambda \varepsilon_{kk} \boldsymbol{\delta}_{ij} + 2\mu \varepsilon_{ij} \tag{2.4.3}$$

式中，$\boldsymbol{\sigma}_{ij}$、ε_{ij}、$\boldsymbol{u}_i$ 分别为应力张量、应变张量、弹性体位移张量；$\boldsymbol{\delta}_{ij}$ 为 Kronecker 符号；$\lambda = \dfrac{\mu E}{(1+\mu)(1-2\mu)}$，$E$ 为弹性模量，μ 为泊松比。

2. 单层体系的传递关系

定义如下变量：

$$\begin{cases} B = \dfrac{\partial u_x}{\partial x} + \dfrac{\partial u_y}{\partial y} \\[2mm] C = \sigma_z \\[2mm] P = \dfrac{\partial \tau_{xz}}{\partial x} + \dfrac{\partial \tau_{yz}}{\partial y} \\[2mm] W = u_z \end{cases} \tag{2.4.4}$$

综合式 (2.4.1) ～ 式 (2.4.3) 及式 (2.4.4) 可得到

$$\begin{cases} \dfrac{\partial B}{\partial z} = \dfrac{2(1+\mu)}{E}P - \dfrac{\partial^2 W}{\partial x^2} - \dfrac{\partial^2 W}{\partial y^2} \\[3mm] \dfrac{\partial C}{\partial z} = -P \\[3mm] \dfrac{\partial P}{\partial z} = -\dfrac{\mu}{1-\mu}\left(\dfrac{\partial^2 C}{\partial x^2} + \dfrac{\partial^2 C}{\partial y^2}\right) - \dfrac{E}{1-\mu^2}\left(\dfrac{\partial B}{\partial x^2} + \dfrac{\partial B}{\partial y^2}\right) \\[3mm] \dfrac{\partial W}{\partial z} = \dfrac{(1-2\mu)(1+\mu)}{(1-\mu)E}C - \dfrac{\mu}{1-\mu}B \end{cases} \tag{2.4.5}$$

定义二维 Fourier 变换对，如下所示：

$$\begin{cases} \hat{f}(\xi,\varsigma,t) = \displaystyle\int_{-\infty}^{\infty}\int_{-\infty}^{\infty} f(\xi,\varsigma,t)\mathrm{e}^{\mathrm{i}(\xi x+\varsigma y)}\mathrm{d}x\mathrm{d}y \\[3mm] f(x,y,t) = (2\pi)^{-2}\displaystyle\int_{-\infty}^{\infty}\int_{-\infty}^{\infty} \hat{f}(\xi,\varsigma,t)\mathrm{e}^{-\mathrm{i}(\xi x+\varsigma y)}\mathrm{d}\xi\mathrm{d}\varsigma \end{cases} \tag{2.4.6}$$

式中，ξ，ς 为复变量。

对式 (2.4.5) 进行二维 Fourier 变换，得到

$$
\begin{cases}
\dfrac{\partial \hat{B}}{\partial z} = \dfrac{2(1+\mu)}{E}\hat{P} + (\xi^2 + \varsigma^2)\hat{W} \\[3mm]
\dfrac{\partial \hat{C}}{\partial z} = -\hat{P} \\[3mm]
\dfrac{\partial \hat{P}}{\partial z} = \left[\dfrac{E}{1-\mu^2}(\xi^2 + \varsigma^2)\right]\hat{B} + \dfrac{\mu}{1-\mu}(\xi^2 + \varsigma^2)\hat{C} \\[3mm]
\dfrac{\partial \hat{W}}{\partial z} = \dfrac{(1-2\mu)(1+\mu)}{(1-\mu)E}\hat{C} - \dfrac{\mu}{1-\mu}\hat{B}
\end{cases}
\tag{2.4.7}
$$

将式 (2.4.7) 写成矩阵形式为

$$
\frac{\mathrm{d}}{\mathrm{d}z}\hat{\boldsymbol{X}} = \boldsymbol{A}_n \hat{\boldsymbol{X}}
\tag{2.4.8}
$$

式中，$\hat{\boldsymbol{X}} = \begin{bmatrix} \hat{B} & \hat{C} & \hat{P} & \hat{W} \end{bmatrix}^{\mathrm{T}}$，

$$
\boldsymbol{A}_n = \begin{bmatrix}
0 & 0 & \dfrac{2(1+\mu)}{E} & \xi^2 + \varsigma^2 \\[3mm]
0 & 0 & -1 & 0 \\[3mm]
\dfrac{E(\xi^2 + \varsigma^2)}{1-\mu^2} & \dfrac{\mu(\xi^2 + \varsigma^2)}{1-\mu} & 0 & 0 \\[3mm]
-\dfrac{\mu}{1-\mu} & \dfrac{(1-2\mu)(1+\mu)}{(1-\mu)E} & 0 & 0
\end{bmatrix}
$$

2.4.2　传递矩阵求解方法

式 (2.4.8) 解的形式为 [122]

$$
\hat{\boldsymbol{X}}_z = \mathrm{e}^{\boldsymbol{A}_n z}\hat{\boldsymbol{X}}_0
\tag{2.4.9}
$$

式中，$\mathrm{e}^{\boldsymbol{A}_n z}$ 为指数传递矩阵。

$\mathrm{e}^{\boldsymbol{A}_n z}$ 可用下式求出：

$$
\boldsymbol{T}_n = \mathrm{e}^{\boldsymbol{A}_n z} = \boldsymbol{L}^{-1}\left\{[p\boldsymbol{I} - \boldsymbol{A}_n]^{-1}\right\}
\tag{2.4.10}
$$

式中，p 为对 z 进行 Laplace 变换后的复变量，由上式可求得场坪各层的传递矩阵 $\boldsymbol{T}_n$。

假设层间状态完全连续，通过逐层传递，可得到多层黏弹性体系的传递关系：

$$\hat{\boldsymbol{X}}_z(\xi, \varsigma, h_N) = \prod_{n=1}^{N} \boldsymbol{T}_n(\xi, \varsigma, h_n) \hat{\boldsymbol{X}}_0(\xi, \varsigma, 0) \tag{2.4.11}$$

式中，h_n 为第 n 层的厚度。

令 $\boldsymbol{DK} = \prod\limits_{n=1}^{N} \boldsymbol{T}_n(s, \xi, \varsigma, h_n)$，则

$$\begin{bmatrix} \hat{B}(\xi,\varsigma,h_N) \\ \hat{C}(\xi,\varsigma,h_N) \\ \hat{P}(\xi,\varsigma,h_N) \\ \hat{W}(\xi,\varsigma,h_N) \end{bmatrix} = \begin{bmatrix} DK_{11} & DK_{12} & DK_{13} & DK_{14} \\ DK_{21} & DK_{22} & DK_{23} & DK_{24} \\ DK_{31} & DK_{32} & DK_{33} & DK_{34} \\ DK_{41} & DK_{42} & DK_{43} & DK_{44} \end{bmatrix} \begin{bmatrix} \hat{B}(\xi,\varsigma,0) \\ \hat{C}(\xi,\varsigma,0) \\ \hat{P}(\xi,\varsigma,0) \\ \hat{W}(\xi,\varsigma,0) \end{bmatrix} \tag{2.4.12}$$

2.4.3 场坪垂向刚度求解

场坪表面的圆形均布载荷可表示为

$$F(x,y,t) = f(t) \times H\left[r^2 - (x^2 + y^2)\right] \tag{2.4.13}$$

式中，$f(t)$ 为载荷平均集度；r 为载荷圆形分布区域半径；$H(x,y)$ 为 Heaviside 阶跃函数。

式 (2.4.13) 场坪表面处的应力边界条件为

$$\begin{bmatrix} \hat{C}(\xi,\varsigma,0) \\ \hat{P}(\xi,\varsigma,0) \end{bmatrix} = \begin{bmatrix} \hat{F}(\xi,\varsigma) \\ 0 \end{bmatrix}$$

假设土基厚度为无穷大，根据圣维南原理，当 $h_N = \infty$ 时，

$$\begin{bmatrix} \hat{C}(\xi,\varsigma,h_N) \\ \hat{P}(\xi,\varsigma,h_N) \end{bmatrix} = \begin{bmatrix} 0 \\ 0 \end{bmatrix}$$

由边界条件及式 (2.4.12)，可得到

$$\begin{bmatrix} \hat{B}(\xi,\varsigma,0) \\ \hat{W}(\xi,\varsigma,0) \end{bmatrix} = -\hat{F}(\xi,\varsigma,0) \begin{bmatrix} DK_{21} & DK_{24} \\ DK_{31} & DK_{34} \end{bmatrix}^{-1} \begin{bmatrix} DK_{22} \\ DK_{32} \end{bmatrix} \tag{2.4.14}$$

由上式经二维 Fourier 变换后的场坪垂向位移为

$$\hat{W}(\xi,\varsigma,0) = \hat{F}(\xi,\varsigma,0)\frac{DK_{21}DK_{32} - DK_{22}DK_{31}}{DK_{24}DK_{31} - DK_{21}DK_{34}} \qquad (2.4.15)$$

由式 (2.4.15) 经二维 Fourier 变换后的场坪垂向刚度为

$$\hat{K} = \frac{\hat{F}(\xi,\varsigma,0)}{\hat{W}(\xi,\varsigma,0)} = \frac{DK_{24}DK_{31} - DK_{21}DK_{34}}{DK_{21}DK_{32} - DK_{22}DK_{31}} \qquad (2.4.16)$$

对上式进行二维 Fourier 逆变换，就可求出场坪的垂向刚度。

2.5　基于多层弹性体系的场坪动力响应分析

本节以第 4 章构建的水泥混凝土塑性损伤本构模型为基础，建立有限元精细模型，分析发射载荷作用下典型场坪的动力响应；同时基于 2.4 节建立的场坪等效力学模型求解场坪表面的下沉量，通过对比证明两种模型的等价性。典型水泥混凝土结构计算参数的取值见表 2.5.1，其中水泥混凝土的弹性模量，抗拉、抗压强度以及损伤因子见 4.6 节，发射装置有限元模型见 5.4 节，发射载荷时程规律见图 5.4.3。

表 2.5.1　典型水泥路面结构计算参数

路面序号	层号	结构层材料名称	弹性模量/MPa	密度/(kg/m³)	泊松比 μ	厚度/cm
水泥路面结构 (1)	1	PCC	见 4.6 节	2500	0.25	30
	2	水稳碎石	1500	2200	0.20	20
	3	石灰土	1300	1750	0.20	30
	4	土基 (压实土)	30	1800	0.35	400
水泥路面结构 (2)	1	PCC	见 4.6 节	2500	0.25	26
	2	水稳碎石砂砾	1500	2200	0.20	20
	3	石灰土	1300	1750	0.20	20
	4	土基 (压实土)	30	1800	0.35	400
水泥路面结构 (3)	1	PCC	见 4.6 节	2500	0.25	22
	2	水稳砂砾	1500	2200	0.20	20
	3	土基 (压实土)	30	1800	0.35	400
水泥路面结构 (4)	1	PCC	见 4.6 节	2500	0.25	18
	2	石灰土	1300	1750	0.20	18
	3	土基 (压实土)	30	1800	0.35	400

考虑到影响发射装备响应最直观、最重要的因素为路面下沉量，因此，本书主要对比两种模型下的路表弯沉。图 2.5.1～图 2.5.4 给出了典型水泥混凝土场坪

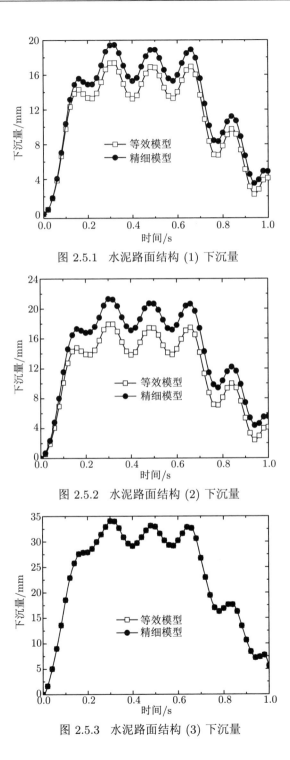

图 2.5.1 水泥路面结构 (1) 下沉量

图 2.5.2 水泥路面结构 (2) 下沉量

图 2.5.3 水泥路面结构 (3) 下沉量

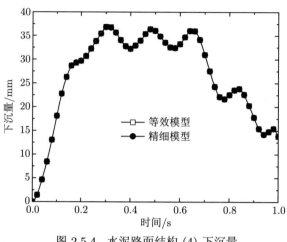

图 2.5.4　水泥路面结构 (4) 下沉量

在发射载荷作用下力作用面中心处的下沉量时程曲线。由图可知，场坪等效力学模型与有限元精细模型求解出的场坪下沉量变化规律一致性很好，相对误差较小，说明等效力学模型完全可以代替有限元精细模型进行场坪动力响应的分析。

第 3 章　沥青混凝土场坪动力响应力学模型

　　第 2 章采用黏弹性地基上的多层矩形板理论，讨论了水泥混凝土场坪动力响应问题，基于层状弹性体系力学建立了水泥混凝土的等效力学模型，本章将形成沥青混凝土场坪的等效力学模型，并提出其垂向等效刚度计算方法。由于沥青混凝土为黏弹性材料，其承载能力一般较弱，因此，沥青混凝土场坪面层在圆形均布动载荷下易出现局部弯沉现象，故不能采用黏弹性地基上的 Kirchhoff 薄板理论精确求解发射载荷下沥青混凝土场坪的动力响应。

　　首先，本章采用广义 Maxwell 黏弹性模型，结合时–温等效原理，研究四边简支黏弹性多层板的动力响应，以此为例说明温度变化引起黏弹性材料力学特性改变对板动力响应特性的影响。然后，基于多层黏弹性理论体系，同时考虑温度对沥青混合料力学性能的影响，采用传递矩阵方法求解直角坐标系下的多层黏弹性半空间问题，推导了场坪垂向等效刚度的求解公式，建立了沥青混凝土场坪的等效力学模型。最后，分别采用有限元精细模型和等效力学模型计算了场坪的下沉量，两种结果一致性较好，证明等效力学模型求解精度与有限元方法相当。

3.1　黏弹性本构模型理论

　　黏弹性材料的力学响应取决于松弛函数和蠕变柔量[147]。在黏弹性力学中，材料的黏弹性性质可以用模型来加以描述，不同的模型具有不同的松弛函数和蠕变柔量。这些力学模型可由离散的弹性元件与黏性元件以不同方式组合而成。

3.1.1　黏弹性模型的基本元件

1. 弹性元件

弹性元件如图 3.1.1 所示，其应力–应变关系服从胡克定律：

$$\sigma = E\varepsilon \ \text{或} \ \tau = G\gamma \tag{3.1.1}$$

式中，σ、τ、ε、γ 分别表示正应力、剪应力、正应变和剪应变；E、G 分别为弹性模量和剪切模量。弹性元件的应力应变关系不随时间变化，呈现出瞬时弹性变形和瞬时回复的特性，如图 3.1.2 所示。

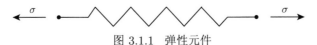

图 3.1.1　弹性元件

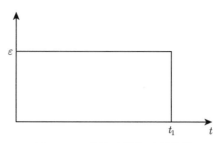

图 3.1.2　弹性元件的时程特性

2. 黏性元件

黏性元件如图 3.1.3 所示，其应力–应变关系服从牛顿黏性定律，即应力与应变的速率成正比：

$$\sigma = \eta\varepsilon \ \text{或} \ \tau = \eta_1\gamma \tag{3.1.2}$$

式中，η、η_1 均为黏性系数。

图 3.1.3　黏性元件

黏性元件在应力 $\sigma = \sigma_0 H(t)$ 作用下的应变响应为 $\varepsilon = \sigma_0 t/\eta$，呈稳态流动，如图 3.1.4 所示。在应变 $\varepsilon = \varepsilon_0 H(t)$ 的作用下，不难由式 (3.1.2) 得到其应力响应 $\sigma = \eta\varepsilon_0\delta(t)$，即黏性元件受阶跃应变的作用时，其应力响应无限大，然后瞬时为零，因此，瞬时荷载是不可能使黏性元件产生有限应变的。

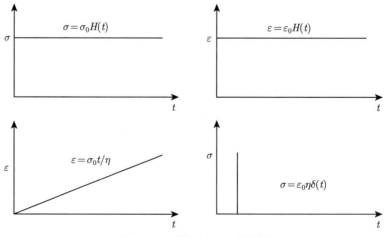

图 3.1.4　黏性元件的时程特性

3.1.2 基本模型

最简单的黏弹性模型由一个弹性元件和一个黏性元件串联或并联而成，分别称之为 Maxwell 模型和 Kelvin 模型。

1. Maxwell 模型

Maxwell 模型由一个弹性元件和一个黏性元件串联而成，如图 3.1.5 所示。设在应力 σ 作用下，弹性元件和黏性元件的应变分别为 ε_1 和 ε_2，则总应变为 $\varepsilon = \varepsilon_1 + \varepsilon_2$，利用式 (3.1.1) 和式 (3.1.2) 得到

$$\varepsilon = \frac{\sigma}{E} + \frac{\sigma}{\eta} \tag{3.1.3a}$$

上式也可表示为

$$\sigma + \rho_1 \sigma = q_1 \varepsilon \tag{3.1.3b}$$

式中，$\rho_1 = \eta/E$，$q_1 = \eta$。

图 3.1.5　Maxwell 模型

式 (3.1.3a) 及式 (3.1.3b) 构成 Maxwell 模型的本构方程，下面分析其蠕变特性和应力松弛特性。

1) 蠕变特性

在恒定应力 σ_0 的作用下，总应变为弹性应变和黏性应变之和，可写为

$$\varepsilon = \frac{\sigma_0}{E} + \frac{\sigma_0}{\eta} t \tag{3.1.4}$$

由上式可得蠕变模量

$$J(t) = \frac{1}{E} + \frac{t}{\eta} \tag{3.1.5}$$

根据式 (3.1.4) 及式 (3.1.5) 可绘制 Maxwell 模型的蠕变曲线，如图 3.1.6 所示。

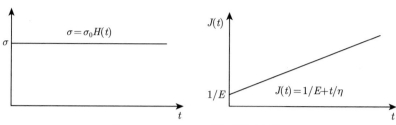

图 3.1.6　Maxwell 模型的蠕变特性

2) 应力松弛特性

在恒定应变 ε_0 作用下，式 (3.1.3b) 等号右端为 0，故解一阶齐次常系数微分方程可得

$$\sigma = c\mathrm{e}^{-t/\rho_1} \tag{3.1.6}$$

由初始条件 $\sigma(0) = E\varepsilon_0\mathrm{e}^{-t/\rho_1}$，得到

$$\sigma = E\varepsilon_0\mathrm{e}^{-t/\rho_1} \tag{3.1.7}$$

松弛函数可写为

$$G(t) = E\mathrm{e}^{-t/\rho_1} \tag{3.1.8}$$

式中，$\rho_1 = \eta/E$ 为应力松弛时间，表示材料按照初始时刻的应力松弛速率松弛至应力为零时所需的时间，松弛时间越长，说明材料应力松弛过程越缓慢，松弛曲线如图 3.1.7 所示。由式 (3.1.8) 可知，当 t 趋于无穷时，松弛模量为零，可见 Maxwell 模型为黏弹性流体模型。

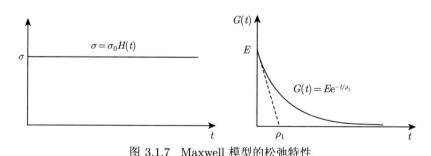

图 3.1.7　Maxwell 模型的松弛特性

2. Kelvin 模型

Kelvin 模型由弹性元件与黏性元件并联而成，如图 3.1.8 所示。模型的总应变分别与两元件的应变相等，总应力为两元件应力之和。由式 (3.1.1) 和式 (3.1.2)

可得 Kelvin 模型的本构方程为

$$\sigma = E\varepsilon + \eta\varepsilon \tag{3.1.9a}$$

$$\sigma = q_0\varepsilon + q_1\varepsilon \tag{3.1.9b}$$

式中，$q_0 = E$，$q_1 = \eta$。上面两式构成了 Kelvin 模型的本构方程，下面分析其蠕变特性与应力松弛特性。

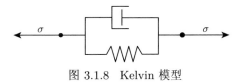

图 3.1.8 Kelvin 模型

1) 蠕变特性

由于 $t = 0$ 时，在恒定应力 σ_0 作用下，黏性元件不能产生有限应变，根据式 (3.1.9a) 得到

$$\varepsilon(t) = \frac{\sigma_0}{E}(1 - \mathrm{e}^{-t/\tau_d}) \tag{3.1.10}$$

式中，τ_d 为延迟时间，表示材料按照初始应变速率达到最大变形所需时间，$\tau_d = \eta/E$。

由上式也可得到 Kelvin 模型的蠕变函数为

$$J(t) = \frac{1}{E}(1 - \mathrm{e}^{-t/\tau_d}) \tag{3.1.11}$$

2) 应力松弛特性

在恒定应变 ε_0 作用下，式 (3.1.9a) 等号右端为 0，可得

$$\sigma = E\varepsilon_0 H(t) + \eta\varepsilon_0\delta(t) \tag{3.1.12}$$

由于黏性元件在常应变下不产生拉力，因此，式 (3.1.12) 不能表征材料的应力松弛行为，而由图 3.1.9 可知，$t = 0$ 时刻，应变速率趋于无穷大，黏性元件将产生应力脉冲，故 Kelvin 模型不适用于表示黏弹性材料的应力松弛过程。

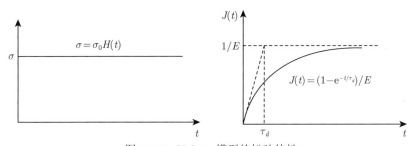

图 3.1.9 Kelvin 模型的松弛特性

3.1.3　多层黏弹性矩形板的动力响应

1. 热黏弹性本构及温度效应

1) 热黏弹性本构模型

二维状态下，变温黏弹性本构为 [148,149]

$$
\begin{bmatrix} \sigma_x(t) \\ \sigma_y(t) \\ \sigma_{xy}(t) \end{bmatrix} = \frac{1}{1-\mu^2} \begin{bmatrix} K(t) & \mu K(t) & 0 \\ \mu K(t) & K(t) & 0 \\ 0 & 0 & \dfrac{(1-\mu)K(t)}{2} \end{bmatrix} \otimes d \begin{bmatrix} \varepsilon_x - \alpha\Delta T(t) \\ \varepsilon_y - \alpha\Delta T(t) \\ \gamma_{xy} \end{bmatrix}
$$

$$(3.1.13)$$

式中，$K(t)$ 为松弛模量；μ 为泊松比；α 为线膨胀系数；$T(t)$ 为平面温度场；$\otimes$ 为 Stieltjes 卷积运算符号。

对式 (3.1.13) 进行 Laplace 变换，并利用 Stieltjes 卷积的性质，可得

$$
\begin{bmatrix} \sigma_x(t) \\ \sigma_y(t) \\ \sigma_{xy}(t) \end{bmatrix} = \frac{s\overline{K}(s)}{1-\mu^2} \begin{bmatrix} 1 & \mu & 0 \\ \mu & 1 & 0 \\ 0 & 0 & \dfrac{(1-\mu)}{2} \end{bmatrix} \cdot \begin{bmatrix} \bar{\varepsilon}_x - \alpha\Delta\overline{T}(s) \\ \bar{\varepsilon}_y - \alpha\Delta\overline{T}(s) \\ \bar{\gamma}_{xy} \end{bmatrix} \qquad (3.1.14)
$$

2) 变温条件下的应力松弛模量

由 M 个 Maxwell 体并联组成的广义黏弹性模型，可以解释复杂的应力松弛现象，如图 3.1.10 所示。

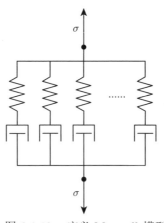

图 3.1.10　广义 Maxwell 模型

参考温度下的松弛模量可表示为

$$K(T_R, t) = \sum_{m=1}^{M} K_m(T_R) e^{-t/\tau_m} \qquad (3.1.15)$$

式中,T_R 为参考温度;$K_m(T_R)$ 为第 m 个 Maxwell 单元的弹性模量;$\tau_m = \eta_m/K_m$ 为松弛时间,$\eta_m(T)$ 为第 m 个 Maxwell 单元的黏性常数。

根据时–温等效原理,某一温度条件下的应力松弛过程,可以用不同温度条件下的模量–时间曲线拟合而得。时–温等效可表示为

$$K(T, t) = K(T_R, t/\lambda_T) \qquad (3.1.16)$$

式中,λ_T 为位移因子。

可用以下公式确定位移因子 λ_T:

$$\lambda_T = \exp\left[\delta H\left(1/T - 1/T_R\right)/R\right] \qquad (3.1.17)$$

式中,δH 为材料活化能;R 为摩尔气体常数。

由时–温等效原理得到

$$K(z, t) = \sum_{m=1}^{M} K_m(T_R) e^{-t/(\tau_m \lambda_T)} \qquad (3.1.18)$$

3) 温度场模型

本节研究对象温度场沿 x、y 方向均匀分布,于是可假设变温速率为

$$\Delta T(z) = \Delta T_0 \exp\left[-(z + 0.5H)/H\right]$$

其中,ΔT_0 为多层板上表面变温速率;H 为板总厚。

若板的初始温度为 T_{ini},则板内任一点的温度为

$$T(z) = T_{\text{ini}} + \Delta T_0 \exp\left[-(z + 0.5H)/H\right] \cdot t \qquad (3.1.19)$$

将式 (3.1.19) 代入式 (3.1.17),则位移因子可写成

$$\lambda_T(z, t) = \exp\left[\delta H\left(\frac{1}{T_{\text{ini}} + \Delta T_0 \exp\left(-z/H - 0.5\right)t} - \frac{1}{T_R}\right)\bigg/R\right] \qquad (3.1.20)$$

2. 多层板的内力平衡方程

圆形均布载荷作用下多层矩形板模型如图 3.1.11 所示，由于板的厚宽比很小，故认为多层板在动载荷作用下的变形满足 Kirchhoff 薄板假设。

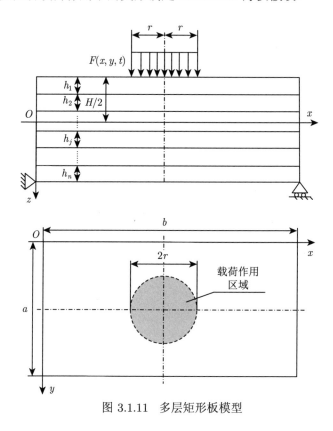

图 3.1.11　多层矩形板模型

根据薄板理论假定，可得应变分量为

$$\begin{cases} \varepsilon_x = -z\dfrac{\partial^2 W}{\partial x^2} \\[2mm] \varepsilon_y = -z\dfrac{\partial^2 W}{\partial y^2} \\[2mm] \gamma_{xy} = -2z\dfrac{\partial^2 W}{\partial x \partial y} \end{cases} \tag{3.1.21}$$

从多层板中取底边为 $\mathrm{d}x$、$\mathrm{d}y$，高为 H 的微小六面体作为研究对象，分别对

x 轴、y 轴取矩, 由力矩平衡方程以及 z 方向的力平衡方程得到

$$\begin{cases} \dfrac{\partial M_x(x,y,t)}{\partial x} + \dfrac{\partial M_{yx}(x,y,t)}{\partial y} = Q_x(x,y,t) \\[3mm] \dfrac{\partial M_y(x,y,t)}{\partial y} + \dfrac{\partial M_{xy}(x,y,t)}{\partial x} = Q_y(x,y,t) \\[3mm] \dfrac{\partial Q_x(x,y,t)}{\partial x} + \dfrac{\partial Q_y(x,y,t)}{\partial y} + F(x,y,t) - m_b \dfrac{\partial W^2(x,y,t)}{\partial^2 t} = 0 \end{cases} \tag{3.1.22}$$

式中, $F(x,y,t)$ 为外载荷; $Q_x(x,y,t)$、$Q_y(x,y,t)$ 为剪力, 并且有

$$[M_x, M_y, M_{xy}] = \int_{-H/2}^{H/2} [\sigma_x, \sigma_y, \sigma_{xy}] z\mathrm{d}z, \quad m_b = \sum_{n=1}^{N} \rho_n h_n$$

上面两式中, ρ_n 为第 n 层板的密度; h_n 为第 n 层板板厚; N 为板层数。

分别对式 (3.1.22) 中的第一式、第二式求 x、y 偏导并代入第三式, 可得到 z 方向的力平衡方程为

$$\frac{\partial^2 M_x(x,y,t)}{\partial x^2} + 2\frac{\partial^2 M_{xy}(x,y,t)}{\partial x \partial y} + \frac{\partial^2 M_y(x,y,t)}{\partial y^2} + F(x,y,t) - m_b \frac{\partial^2 W(x,y,t)}{\partial t^2} = 0$$
$$\tag{3.1.23}$$

将式 (3.1.21) 进行 Laplace 变换并代入式 (3.1.14), 然后代入 Laplace 变换后的式 (3.1.23), 同时根据温度沿 x、y 方向均匀分布的假设, 对 $\Delta T(t)$ 求偏导后, 相应的偏导数为 0, 于是可得到

$$\left(\frac{\partial^4 \overline{W}}{\partial x^4} + 2\frac{\partial^4 \overline{W}}{\partial x^2 \partial y^2} + \frac{\partial^4 \overline{W}}{\partial y^4} \right) \int_{-H/2}^{H/2} D(s) z^2 \mathrm{d}z + s^2 m_b \overline{W} = \overline{F} \tag{3.1.24}$$

式中,

$$\int_{-H/2}^{H/2} D(s) z^2 \mathrm{d}z = \int_{-H/2}^{-H/2+h_1} \frac{\overline{K}_1(z,s)}{1-\mu_1^2} z^2 \mathrm{d}z + \int_{-H/2+h_1}^{-H/2+h_1+h_2} \frac{\overline{K}_2(z,s)}{1-\mu_2^2} z^2 \mathrm{d}z + \cdots$$
$$+ \int_{-H/2+h_1+h_2+\cdots+h_{n-1}}^{H/2} \frac{\overline{K}_n(z,s)}{1-\mu_n^2} z^2 \mathrm{d}z$$

式中, $\overline{K}_n(z,s)$ 为 Laplace 变换后第 n 层板的松弛模量; μ_n 为第 n 层板的泊松比。

3. 平衡方程求解

1) 边界条件及载荷模型

假设多层板四边简支，则边界条件可表示为

$$
\begin{cases}
W(x,y,t) = \dfrac{\partial^2 W(x,y,t)}{\partial x^2} = 0, & x = 0, a \\[3mm]
W(x,y,t) = \dfrac{\partial^2 W(x,y,t)}{\partial y^2} = 0, & y = 0, b
\end{cases}
\tag{3.1.25}
$$

圆形均布动载荷表达式如下所示：

$$
F(x,y,t) = f(t) \times H\left\{ r^2 - \left[(x-x_0)^2 + (y-y_0)^2 \right] \right\}
\tag{3.1.26}
$$

式中，$f(t)$ 为载荷平均集度，本书取承载板上载荷平均集度变化规律为 $f(t) = 0.1 \times \sin(4\pi t)$，单位为 MPa；$r$ 为载荷圆形分布区域半径；(x_0, y_0) 为圆心坐标；$H(x,y)$ 为 Heaviside 阶跃函数。

2) 方程求解

采用三角级数形式表示板的挠度，如下 [146]：

$$
W(x,y,t) = \sum_{l=1}^{\infty} \sum_{m=1}^{\infty} q_{lm}(t) \cdot \sin(\alpha_l x) \cdot \sin(\beta_m y)
\tag{3.1.27}
$$

式中，$q_{lm}(t)$ 为每项的展开系数；$\alpha_l = \dfrac{l\pi}{a}$；$\beta_m = \dfrac{m\pi}{b}$。

把载荷函数展开成三角级数：

$$
F(x,y,t) = \sum_{l=1}^{\infty} \sum_{m=1}^{\infty} f_{lm}(t) \cdot \sin(\alpha_l x) \cdot \sin(\beta_m y)
\tag{3.1.28}
$$

根据三角函数的正交性，求得

$$
f_{lm}(x,y,t) = \frac{4}{ab} \int_0^a \int_0^b F(x,y,t) \cdot \sin(\alpha_l x) \cdot \sin(\beta_m y) \mathrm{d}x \mathrm{d}y
$$

把式 (3.1.26) 代入上式，经过整理得到

$$
f_{lm}(x,y,t) = \frac{4f(t)}{ab} \cdot G_{lm}
\tag{3.1.29}
$$

式中，

$$
G_{lm} = \iint\limits_{A} \sin(\alpha_l x) \cdot \sin(\beta_m y) \mathrm{d}x \mathrm{d}y
\tag{3.1.30}
$$

其中，A 为载荷作用面围成的封闭区域。

将式 (3.1.27)、式 (3.1.28) 经 Laplace 变换后代入式 (3.1.24)，经过整理后得到

$$\left[(\alpha_l^2 + \beta_m^2)^2 \int_{-H/2}^{H/2} D(s)z^2\mathrm{d}z + s^2m_b\right]\bar{q}_{lm}(s) = \bar{f}_{lm}(s) \tag{3.1.31}$$

即

$$\bar{q}_{lm}(s) = \frac{4G_{lm}\bar{f}(s)}{ab\left[(\alpha_l^2 + \beta_m^2)^2 \int_{-H/2}^{H/2} D(s)z^2\mathrm{d}z + s^2m_b\right]} \tag{3.1.32}$$

对上式进行 Laplace 逆变换并代入式 (3.1.27)，即可得到板的横向位移，如下式所示：

$$W(x,y,t) = \sum_{l=1}^{\infty} \sum_{m=1}^{\infty} \left\{ \frac{4\sin(\alpha_l x)\sin(\beta_m y)G_{lm}}{ab\,(\alpha_l^2 + \beta_m^2)^2} \times \boldsymbol{L}^{-1}\left[\frac{\bar{f}(s)}{\int_{-H/2}^{H/2} D(s)z^2\mathrm{d}z + s^2m_b}\right]\right\} \tag{3.1.33}$$

4. 算例及参数影响分析

1) Laplace 积分变换及其逆变换的处理

本书中需进行 Laplace 变换的参数较多且表达式烦琐，故采用拉盖尔–高斯积分公式 [150] 进行数值求解。

由于式 (3.1.33) 比较复杂，很难得到 Laplace 逆变换的解析解，因此，需要用数值的方法进行求解。本书采用具有高精度的 Durbin 方法 [151]，则 t_j 时刻的横向位移 $W(x,y,t_j)$ 可表示为

$$W(x,y,t_j)$$
$$= \frac{2\mathrm{e}^{cj\Delta t}}{T_\Sigma}\left\{-0.5\mathrm{Re}[\overline{W}(c)] + \mathrm{Re}\left[\sum_{k=0}^{L-1}(A(k)+\mathrm{i}B(k))\cdot\left(\cos\frac{2\pi}{U} + \mathrm{i}\sin\frac{2\pi}{U}\right)^{jk}\right]\right\} \tag{3.1.34}$$

式中，$t_j = j\Delta t = j\dfrac{T_\Sigma}{N}, j = 0,1,2,\cdots,U-1$；$T_\Sigma$ 为总的计算时间；U 为计算步数；

$$A(k) = \sum_{p=0}^{L}\mathrm{Re}\left[\overline{W}(c+\mathrm{i}(k+pU))\frac{2\pi}{T_\Sigma}\right]; \quad B(k) = \sum_{p=0}^{L}\mathrm{Im}\left[\overline{W}(c+\mathrm{i}(k+pU))\frac{2\pi}{T_\Sigma}\right].$$

由文献 [151] 知，对于 $L \times U$=50~5000 时，cT_Σ=5~10 时的计算结果较好。

2) 算例及结果分析

首先,在 MATLAB 软件中编写温度场模型;然后,求解位移因子及温度相关的松弛模量,并采用拉盖尔–高斯积分公式进行 Laplace 变换;最后,将 Laplace 变换后的相关参数代入式 (3.1.33),采用 Durbin 方法进行逆变换,可得到时域下板的横向位移。

以双层矩形板为例分析变温速率、初始温度对挠度的影响,除上述 2 个参数外,其余参数取值如表 3.1.1 所示。

表 3.1.1　参数取值

参数符号	参数名称	取值
ρ_1、ρ_2	上、下板密度/(kg/m^3)	2200、2000
h_1、h_2	上、下板厚度/m	0.02、0.03
E_1、E_2	上、下板弹性模量/MPa	见表 3.1.2
μ_1、μ_2	上、下板泊松比	0.25、0.25
a、b	板长、板宽/m	0.5、0.5
(x_0, y_0)	载荷作用面圆心坐标	(0.25, 0.25)
r_0	载荷作用面半径/m	0.1
T_R	参考温度/K	268
δH	材料活化能/(J/mol)	167200
R	摩尔气体常数/(J/(mol·K))	8.314

Maxwell 模型中的参数取值,见表 3.1.2。

表 3.1.2　Maxwell 模型的参数取值

第一层板		第二层板	
E_1/MPa	τ_1/s	E_2/MPa	τ_2/s
659.95	4215497	494.9625	3161623
10406.02	32.12	7804.515	24.09
2534.92	986.37	1901.19	739.7775
431.99	145124	323.9925	108843.5
4148.2	191.58	3111.15	143.685
1612.87	7569.68	1209.653	5677.26

变温速率为 0℃/s 时,不同初始温度下板的挠度变化如图 3.1.12 所示。对比不同初始温度下板挠度的变化幅值,可知:

(1) 由本章中式 (3.1.18) 可知,松弛模量大小不仅受温度影响,而且与时间相关。从式中可以看出随着时间的增加,松弛模量不断减小,同时由热黏弹性本构方程 (3.1.13) 知,刚度矩阵各元素亦减小,从而引起多层板的承载能力降低,造成振幅的增加。因此,应力松弛模量越大,则板的振动幅度越小;松弛模量越小,多层板的刚度越小,承载能力越低。

(2) 考虑到载荷变化规律为正弦曲线, 多层板应首先达到向下的振动峰值后, 经过约半个周期才能产生此振动周期内向上的振动峰值。由于时间的推移, 此时板的刚度已经小于上个峰值时的刚度, 故随着时间的增加, 板上下振动的幅度不相等。

(3) 由于温度越高, 材料的黏性特性越明显, 刚度越低, 因此, 初始温度较高时板振动幅度较大, 并且不同温度下振动峰值到达时间不相同, 温度较高时稍微滞后。

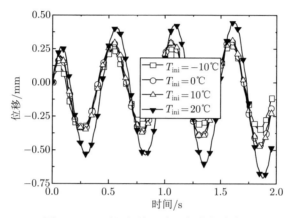

图 3.1.12 不同初始温度下板的挠度变化

初始温度为 10℃ 时, 不同变温速率下板的挠度变化如图 3.1.13 所示。分析不同变温速率下板挠度的变化曲线, 可以看出:

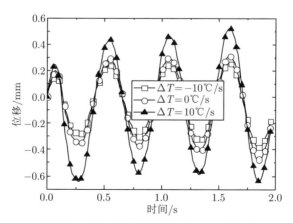

图 3.1.13 不同变温速率下板的挠度变化

(1) 变温速率越大, 板的挠度变化幅值越大。

(2) 由式 (3.1.17) 及式 (3.1.18) 可知，相同幅度的变温速率下，温度升高造成的松弛模量减小量大于降温引起的松弛模量增加量。因此，就同幅度的变温速率导致的板刚度变化量而言，升温要大于降温，即相同的变温幅度下，温度升高对挠度的影响大于降温过程。

3.2　沥青场坪力学模型

3.2.1　黏弹性算子

黏弹性材料的积分型本构方程为 [147]

$$\sigma(T,t) = \int_0^t K(T, t-\tau)\frac{\mathrm{d}\varepsilon(T,\tau)}{\mathrm{d}\tau}\mathrm{d}\tau \tag{3.2.1}$$

式中，$K(T,t)$ 为松弛模量。

采用卷积形式表示，式 (3.2.1) 可写成

$$\sigma(T,t) = K(T,t) * \mathrm{d}\varepsilon(T,t) \tag{3.2.2}$$

定义如下形式的 Laplace 变换对：

$$\begin{cases} \bar{f}(x,y,s) = \int_0^\infty f(x,y,t)\mathrm{e}^{-st}\mathrm{d}t \\ f(x,y,t) = (2\pi\mathrm{i})^{-1}\int_{\beta-\mathrm{i}\infty}^{\beta+\mathrm{i}\infty} \bar{f}(x,y,s)\mathrm{e}^{st}\mathrm{d}s \end{cases} \tag{3.2.3}$$

式中，s 为复变量。

对式 (3.2.1) 进行 Laplace 变换，并利用 Stieltjes 卷积的性质，式 (3.2.2) 可表示为

$$\bar{\sigma}(T,s) = s\bar{K}(T,s)\bar{\varepsilon}(T,s) \tag{3.2.4}$$

由式 (3.2.4) 可得 Laplace 变换后的黏弹性算子为

$$\overline{E}(T,s) = \frac{\bar{\sigma}(T,s)}{\bar{\varepsilon}(T,s)} = s\overline{K}(T,s) \tag{3.2.5}$$

由 M 个 Maxwell 体并联组成的广义模型、松弛模量表达式及时–温等效原理知，$K(T,t) = \sum_{m=1}^{M} K_m(T_0)\mathrm{e}^{-t/(\tau_m \alpha_T)}$，对 $K(T,t)$ 进行 Laplace 变换得到 $\overline{K}(T,s) =$

$\displaystyle\sum_{m=1}^{M} \frac{K_m(T_0)}{s + 1/(\tau_m\alpha_T)}$。由式 (3.2.5) 经 Laplace 变换后的黏弹性算子为

$$\bar{E}(T,s) = s\sum_{m=1}^{M} \frac{K_m(T_0)}{s + 1/(\tau_m\alpha_T)} \tag{3.2.6}$$

3.2.2 黏弹性体系的传递关系

本节在直角坐标系中对多层黏弹性体的轴对称问题进行分析，假设 x、y 方向场坪尺寸足够大，如图 3.2.1 所示。

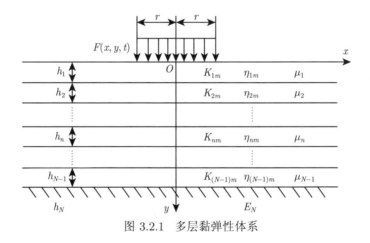

图 3.2.1 多层黏弹性体系

1. 黏弹性问题的基本方程

不计体力时，直角坐标系下黏弹性问题的基本方程包括动力平衡方程、几何方程及物理方程，分别对上述 3 个方程进行 Laplace 变换，可得

(1) 动力平衡方程

$$\bar{\boldsymbol{\sigma}}_{ij,j} = s^2\rho\bar{\boldsymbol{u}}_i \tag{3.2.7}$$

(2) 几何方程

$$\bar{\boldsymbol{\varepsilon}}_{ij,j} = \frac{1}{2}(\bar{\boldsymbol{u}}_{i,j} + \bar{\boldsymbol{u}}_{j,i}) \tag{3.2.8}$$

(3) 物理方程

$$\bar{\boldsymbol{\sigma}}_{ij} = \bar{\lambda}\bar{\boldsymbol{\varepsilon}}_{kk}\boldsymbol{\delta}_{ij} + 2\mu\bar{\boldsymbol{\varepsilon}}_{ij} \tag{3.2.9}$$

式中，$\bar{\sigma}_{ij}$、$\bar{\varepsilon}_{ij}$、$\bar{u}_i$ 分别为 Laplace 变换后的应力张量、应变张量、黏弹性体位移张量；$\boldsymbol{\delta}_{ij}$ 为 Kronecker 符号；$\bar{\lambda}(T,s) = \dfrac{\mu \bar{E}(T,s)}{(1+\mu)(1-2\mu)}$，$\mu$ 为泊松比。

2. 单层体系的传递关系

定义如下变量：

$$\begin{cases} B = \dfrac{\partial u_x}{\partial x} + \dfrac{\partial u_y}{\partial y} \\[2mm] C = \sigma_z \\[2mm] D = \dfrac{\partial \tau_{xz}}{\partial x} + \dfrac{\partial \tau_{yz}}{\partial y} \\[2mm] W = u_z \end{cases} \tag{3.2.10}$$

由式 (3.2.7) ~ 式 (3.2.9) 及式 (3.2.10) 整理得

$$\begin{cases} \dfrac{\partial \overline{B}}{\partial z} = \dfrac{2(1+\mu)}{\overline{E}(s)} \overline{D} - \dfrac{\partial^2 \overline{W}}{\partial x^2} - \dfrac{\partial^2 \overline{W}}{\partial y^2} \\[3mm] \dfrac{\partial \overline{C}}{\partial z} = \rho s^2 \overline{W} - \overline{D} \\[3mm] \dfrac{\partial \overline{D}}{\partial z} = \rho s^2 \overline{B} - \dfrac{\mu}{1-\mu} \left(\dfrac{\partial^2 \overline{C}}{\partial x^2} + \dfrac{\partial^2 \overline{C}}{\partial y^2} \right) - \dfrac{\overline{E}(s)}{1-\mu^2} \left(\dfrac{\partial^2 \overline{B}}{\partial x^2} + \dfrac{\partial^2 \overline{B}}{\partial y^2} \right) \\[3mm] \dfrac{\partial \overline{W}}{\partial z} = \dfrac{(1-2\mu)(1+\mu)}{(1-\mu)\overline{E}(s)} \overline{C} - \dfrac{\mu}{1-\mu} \overline{B} \end{cases} \tag{3.2.11}$$

定义二维 Fourier 变换对，如下所示：

$$\begin{cases} \hat{f}(\xi,\varsigma,t) = \displaystyle\int_{-\infty}^{\infty} \int_{-\infty}^{\infty} f(\xi,\varsigma,t) e^{i(\xi x + \varsigma y)} \mathrm{d}x \mathrm{d}y \\[3mm] f(x,y,t) = (2\pi)^{-2} \displaystyle\int_{-\infty}^{\infty} \int_{-\infty}^{\infty} \hat{f}(\xi,\varsigma,t) e^{-i(\xi x + \varsigma y)} \mathrm{d}\xi \mathrm{d}\varsigma \end{cases} \tag{3.2.12}$$

式中，ξ，ς 为复变量。

对式 (3.2.11) 进行二维 Fourier 变换，得到

$$
\begin{cases}
\dfrac{\partial \hat{\bar{B}}}{\partial z} = \dfrac{2(1+\mu)}{\bar{E}(s)}\hat{\bar{D}} + (\xi^2 + \varsigma^2)\hat{\bar{W}} \\[3mm]
\dfrac{\partial \hat{\bar{C}}}{\partial z} = \rho s^2 \hat{\bar{W}} - \hat{\bar{D}} \\[3mm]
\dfrac{\partial \hat{\bar{D}}}{\partial z} = \left[\rho s^2 + \dfrac{\bar{E}(s)}{1-\mu^2}(\xi^2 + \varsigma^2)\right]\hat{\bar{B}} + \dfrac{\mu}{1-\mu}(\xi^2 + \varsigma^2)\hat{\bar{C}} \\[3mm]
\dfrac{\partial \hat{\bar{W}}}{\partial z} = \dfrac{(1-2\mu)(1+\mu)}{(1-\mu)\bar{E}(s)}\hat{\bar{C}} - \dfrac{\mu}{1-\mu}\hat{\bar{B}}
\end{cases}
\tag{3.2.13}
$$

将式 (3.2.13) 写成矩阵形式:

$$
\frac{\mathrm{d}}{\mathrm{d}z}\hat{\bar{\boldsymbol{X}}} = \boldsymbol{A}_n \hat{\bar{\boldsymbol{X}}}
\tag{3.2.14}
$$

式中, $\hat{\bar{\boldsymbol{X}}} = \begin{bmatrix} \hat{\bar{B}} & \hat{\bar{C}} & \hat{\bar{D}} & \hat{\bar{W}} \end{bmatrix}^{\mathrm{T}}$,

$$
\boldsymbol{A}_n = \begin{bmatrix}
0 & 0 & \dfrac{2(1+\mu)}{\bar{E}(s)} & \xi^2 + \varsigma^2 \\[3mm]
0 & 0 & -1 & \rho s^2 \\[3mm]
\rho s^2 + \dfrac{\bar{E}(s)(\xi^2 + \varsigma^2)}{1-\mu^2} & \dfrac{\mu(\xi^2 + \varsigma^2)}{1-\mu} & 0 & 0 \\[3mm]
-\dfrac{\mu}{1-\mu} & \dfrac{(1-2\mu)(1+\mu)}{(1-\mu)\bar{E}(s)} & 0 & 0
\end{bmatrix}
$$

式 (3.2.14) 给出了单层状态变量的传递关系。

3.2.3 多层黏弹性体系传递矩阵求解

根据文献 [122], 式 (3.2.14) 解的形式为

$$
\hat{\bar{\boldsymbol{X}}}_z = \mathrm{e}^{\boldsymbol{A}_n z}\hat{\bar{\boldsymbol{X}}}_0
\tag{3.2.15}
$$

式中, $\mathrm{e}^{\boldsymbol{A}_n z}$ 为指数传递矩阵, 上式给出了 $z = 0$ 处经 Laplace 变换以及二维 Fourier 变换的位移和应力边界向量与任意深度 z 处向量之间的关系。

$\mathrm{e}^{\boldsymbol{A}_n z}$ 可用下式求出:

$$
\boldsymbol{T}_n = \mathrm{e}^{\boldsymbol{A}_n z} = \boldsymbol{L}^{-1}\left\{[p\boldsymbol{I} - \boldsymbol{A}_n]^{-1}\right\}
\tag{3.2.16}
$$

式中，p 为对 z 进行 Laplace 变换后的复变量，由上式可求得场坪各层的传递矩阵 $\boldsymbol{T}_n$。

定义：$L = \xi^2 + \varsigma^2$，$P = \dfrac{z\sqrt{2\rho s^2(1 + \mu) + \bar{E}(s)L}}{\sqrt{\bar{E}(s)}}$，

$Q = \dfrac{z\sqrt{\rho s^2(1 - \mu - 2\mu^2) + \bar{E}(s)(1 - \mu)L}}{\sqrt{\bar{E}(s)(1 - \mu)}}$，经过整理，得到传递矩阵 $\boldsymbol{T}_n$ 各元素如下所示：

$$T_{n11} = \frac{\left[\rho s^2(1 + \mu) + \bar{E}(s)L\right]\cosh(P) - \bar{E}(s)L\cosh(Q)}{\rho s^2(1 + \mu)^2\sqrt{2\rho s^2(1 + \mu) + \bar{E}(s)L}}$$

$$T_{n12} = \frac{\left[\rho s^2\bar{E}(s)(1 + \mu) + \bar{E}(s)^2 L\right]\left[\cosh(P) - \cosh(Q)\right]}{\rho s^2(1 + \mu)^2}$$

$$T_{n13} = \frac{\sqrt{\bar{E}(s)}}{\rho s^2(1 + \mu)^2}\left\{\frac{\left[\rho s^2(1 + \mu) + \bar{E}(s)L\right]^2\sinh(P)}{\sqrt{2\rho s^2(1 + \mu) + \bar{E}(s)L}}\right.$$

$$\left. - \sqrt{\rho s^2(1 - \mu - 2\mu^2) + \bar{E}(s)(1 - \mu)L} \times \frac{\bar{E}(s)L\sinh(Q)}{\sqrt{1 - \mu}}\right\}$$

$$T_{n14} = \left\{\sqrt{\bar{E}(s)}\left[(1 - \mu)\left(\rho s^2(1 + \mu) + \bar{E}(s)L\right)\sinh(P)\right]\right.$$

$$+ \sqrt{(1 - \mu)}\sqrt{2\rho s^2(1 + \mu) + \bar{E}(s)L}$$

$$\left. \times \sqrt{\rho s^2(1 - \mu - 2\mu^2) + \bar{E}(s)(1 - \mu)L}\sinh(Q)\right\}$$

$$\left/ \left(\rho s^2(1 + \mu^2)\sqrt{2\rho s^2(1 + \mu) + \bar{E}(s)L}\right)\right.$$

$$T_{n21} = \frac{L\left[\cosh(P) - \cosh(Q)\right]}{\rho s^2}$$

$$T_{n22} = \frac{\left[\rho s^2(1 + \mu) + \bar{E}(s)L\right]\cosh(Q) - \bar{E}(s)L\cosh(P)}{\rho s^2(1 + \mu)}$$

$$T_{n23} = \left\{\sqrt{\bar{E}(s)}L\left[(1 - \mu)\left(\rho s^2(1 + \mu) + \bar{E}(s)L\right)\sinh(P)\right.\right.$$

$$- \sqrt{(1 - \mu)}\sqrt{2\rho s^2(1 + \mu) + \bar{E}(s)L}$$

$$\times \sqrt{\rho s^2(1 - \mu - 2\mu^2) + \bar{E}(s)(1 - \mu)L} \sinh(Q) \Bigr] \Bigr\}$$

$$\Big/ \left[\rho s^2(1 - \mu^2)\sqrt{2\rho s^2(1 + \mu) + \bar{E}(s)L}\right]$$

$$T_{n24} = \Bigl\{ -\sqrt{\bar{E}(s)}\sqrt{\bar{E}(s)(1 - \mu)L}\sinh(P) + \sqrt{2\rho s^2(1 + \mu) + \bar{E}(s)L}$$

$$\times \sqrt{\rho s^2(1 - \mu - 2\mu^2) + \bar{E}(s)(1 - \mu)L}\sinh(Q) \Bigr\}$$

$$\Big/ \left[\rho s^2 \sqrt{\bar{E}(s)(1 - \mu)}\sqrt{2\rho s^2(1 + \mu) + \bar{E}(s)L}\right]$$

$$T_{n31} = \frac{\sqrt{2\rho s^2(1 + \mu) + \bar{E}(s)L}\sinh(P)}{\rho s^2\sqrt{\bar{E}(s)}}$$

$$- \frac{\sqrt{\bar{E}(s)}\sqrt{(1 - \mu)}L\sinh(Q)}{\rho s^2\sqrt{\rho s^2(1 - \mu - 2\mu^2) + \bar{E}(s)(1 - \mu)L}}$$

$$T_{n32} = \frac{\sqrt{\bar{E}(s)}}{\rho s^2(1 + \mu)}\Bigl\{ -\sqrt{2\rho s^2(1 + \mu) + \bar{E}(s)L}\sinh(P)$$

$$+ \frac{\sqrt{(1 - \mu)}\left[\rho s^2(1 + \mu) + \bar{E}(s)L\right]\sinh(Q)}{\sqrt{\rho s^2(1 - \mu - 2\mu^2) + \bar{E}(s)(1 - \mu)L}} \Bigr\}$$

$$T_{n33} = \frac{\left[\rho s^2(1 + \mu) + \bar{E}(s)L\right]\cosh(P) - \bar{E}(s)L\cosh(Q)}{\rho s^2(1 + \mu)}$$

$$T_{n34} = \frac{-\cosh(P) + \cosh(Q)}{\rho s^2}$$

$$T_{n41} = \frac{\sqrt{\bar{E}(s)}L}{\rho s^2(1 + \mu)}\Bigl\{ \sqrt{2\rho s^2(1 + \mu) + \bar{E}(s)L}\sinh(P)$$

$$- \frac{\sqrt{(1 - \mu)}\left[\rho s^2(1 + \mu) + \bar{E}(s)L\right]\sinh(Q)}{\sqrt{\rho s^2(1 - \mu - 2\mu^2) + \bar{E}(s)(1 - \mu)L}} \Bigr\}$$

$$T_{n42} = \frac{\bar{E}(s)}{\rho s^2(1 + \mu)}\Bigl\{ -\sqrt{\bar{E}(s)L}\sqrt{2\rho s^2(1 + \mu) + \bar{E}(s)L}\sinh(P)$$

$$+ \frac{\left[\rho s^2(1 + \mu) + \bar{E}(s)L\right]^2}{\sqrt{\rho s^2(1 - \mu - 2\mu^2) + \bar{E}(s)(1 - \mu)L}}$$

$$\times \frac{\sqrt{(1-\mu)}\sinh{(Q)}}{\sqrt{\bar{E}(s)}}$$

$$T_{n43} = \frac{\bar{E}(s)L\left[\rho s^2(1+\mu)+\bar{E}(s)L\right]\left[\cosh{(P)}-\cosh{(Q)}\right]}{\rho s^2(1+\mu)^2}$$

$$T_{n44} = \frac{-\bar{E}(s)L\cosh{(P)}+\left[\rho s^2(1+\mu)+\bar{E}(s)L\right]\cosh{(Q)}}{\rho s^2(1+\mu)}$$

假设层间状态完全连续，通过逐层传递，可得到多层黏弹性体系的传递关系为

$$\hat{\bar{\boldsymbol{X}}}_z(s,\xi,\varsigma,h_N) = \prod_{n=1}^{N}\boldsymbol{T}_n(s,\xi,\varsigma,h_n)\hat{\bar{\boldsymbol{X}}}_0(s,\xi,\varsigma,0) \tag{3.2.17}$$

式中，h_n 为第 n 层的厚度。

令 $\boldsymbol{D} = \prod\limits_{n=1}^{N}\boldsymbol{T}_n(s,\xi,\varsigma,h_n)$，则

$$\begin{bmatrix} \hat{\bar{B}}(s,\xi,\varsigma,h_N) \\ \hat{\bar{C}}(s,\xi,\varsigma,h_N) \\ \hat{\bar{D}}(s,\xi,\varsigma,h_N) \\ \hat{\bar{W}}(s,\xi,\varsigma,h_N) \end{bmatrix} = \begin{bmatrix} D_{11} & D_{12} & D_{13} & D_{14} \\ D_{21} & D_{22} & D_{23} & D_{24} \\ D_{31} & D_{32} & D_{33} & D_{34} \\ D_{41} & D_{42} & D_{43} & D_{44} \end{bmatrix} \begin{bmatrix} \hat{\bar{B}}(s,\xi,\varsigma,0) \\ \hat{\bar{C}}(s,\xi,\varsigma,0) \\ \hat{\bar{D}}(s,\xi,\varsigma,0) \\ \hat{\bar{W}}(s,\xi,\varsigma,0) \end{bmatrix} \tag{3.2.18}$$

3.2.4　场坪表面下沉量计算

场坪表面的圆形均布动载荷可表示为

$$F(x,y,t) = f(t) \times H\left[r^2-(x^2+y^2)\right] \tag{3.2.19}$$

式中，$f(t)$ 为载荷平均集度；r 为载荷圆形分布区域半径；$H(x,y)$ 为 Heaviside 阶跃函数。

由式 (3.2.18) 知场坪表面处的应力边界条件为：$\begin{bmatrix} \hat{\bar{C}}(s,\xi,\varsigma,0) \\ \hat{\bar{D}}(s,\xi,\varsigma,0) \end{bmatrix} = \begin{bmatrix} \hat{\bar{F}}(s,\xi,\varsigma) \\ 0 \end{bmatrix}$。

假设土基厚度为无穷大，根据圣维南原理，当 $h_N = \infty$ 时，$\begin{bmatrix} \hat{\bar{C}}(s,\xi,\varsigma,h_N) \\ \hat{\bar{D}}(s,\xi,\varsigma,h_N) \end{bmatrix} = \begin{bmatrix} 0 \\ 0 \end{bmatrix}$。

由边界条件以及式 (3.2.12) 可得到

$$\left[\begin{array}{c} \hat{\bar{B}}(s,\xi,\varsigma,0) \\ \hat{\bar{W}}(s,\xi,\varsigma,0) \end{array} \right] = -\hat{\bar{F}}(s,\xi,\varsigma,0) \left[\begin{array}{cc} D_{21} & D_{24} \\ D_{31} & D_{34} \end{array} \right]^{-1} \left[\begin{array}{c} D_{22} \\ D_{32} \end{array} \right] \qquad (3.2.20)$$

对上式进行 Laplace 逆变换后，再进行二维 Fourier 逆变换，就可求出场坪表面的垂向位移。根据刚度定义，可确定场坪的等效刚度：

$$\hat{K} = \frac{\hat{\bar{F}}(s,\xi,\varsigma,0)}{\hat{\bar{W}}(s,\xi,\varsigma,0)} = \frac{D_{24}D_{31} - D_{21}D_{34}}{D_{21}D_{32} - D_{22}D_{31}} \qquad (3.2.21)$$

对上式进行 Laplace 逆变换后，再进行二维 Fourier 逆变换，就可求出时域内场坪的垂向等效刚度。

3.2.5 算例及结果分析

取载荷平均集度变化规律为 $f(t) = 0.7 \times \sin(\pi t)$，单位为 MPa·s。视基层与土基为弹性体，以 3 层沥青混凝土场坪 (图 3.2.2) 为例分析温度对路表弯沉的影响，参数取值见表 3.2.1，黏弹性模型参数取值如表 3.2.2 所示。

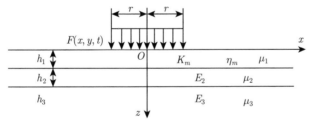

图 3.2.2 三层沥青混凝土场坪

表 3.2.1 参数取值

参数符号	参数名称	取值
ρ_1、ρ_2、ρ_3	面层、基层、土基密度/(kg/m³)	2000、2000、1900
h_1、h_2、h_3	面层、基层、土基厚度/m	0.18、0.35、∞
E_2、E_3	基层、土基弹性模量/MPa	910、100
μ_1、μ_2、μ_3	面层、基层、土基泊松比	0.4、0.25、0.25
r	载荷作用面半径/m	0.1
T_0	参考温度/K	268

表 3.2.2　Maxwell 模型参数 [152]

松弛模量/MPa		松弛时间/s		摩尔气体常数/(J/(mol·K))	活化能/(J/mol)
K_1	659.9	τ_1	4315000		
K_2	10410	τ_2	32.12		
K_3	2535	τ_3	986.4	8.314	167200
K_4	432	τ_4	145100		
K_5	4148	τ_5	191.6		
K_6	1613	τ_6	7570		

取载荷作用时间为 1s，载荷完全卸载后观测场坪表面的弹性恢复情况。采用 Durbin 方法进行 Laplace 逆变换，参考 10 节点的复合二维高斯积分方法处理 Fourier 逆变换 [127]，在 MATLAB 软件中编写计算程序，可得到时域下直角坐标系中场坪表面的下沉量。

图 3.2.3 给出了不同温度时，载荷作用面中心处的下沉量变化曲线。通过这组曲线可以看出，当面层温度从 0℃ 升高至 60℃ 时，沥青混合料黏性越明显，路面面层刚度下降，引起场坪表面下沉量逐渐增大。另外，面层温度为 0℃ 时，载荷卸载后路表弯沉能够马上恢复，说明温度较低时，沥青混合料的黏弹特性可忽略。

黏弹性材料的总应变由弹性应变以及蠕变应变 (非弹性应变) 组成，弹性应变在载荷卸载后可以完全恢复，蠕变应变只能部分恢复，造成场坪永久变形。对比面层温度为 20℃、40℃、60℃ 时场坪的响应情况，由于温度越高，蠕变应变在总应变中的比例越大，因此，载荷卸载后，弹性恢复过程越缓慢，场坪的残余弯沉越大。

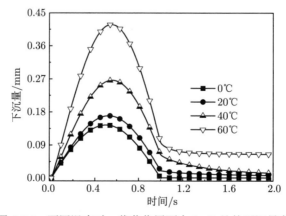

图 3.2.3　不同温度时，载荷作用面中心 O 处的下沉量变化

图 3.2.4 和图 3.2.5 分别给出了面层温度为 0℃、20℃、40℃、60℃ 时不同观测点处场坪表面下沉量的变化情况。从图中可知:

(1) 距载荷作用面越远的观测点,垂向位移越小,载荷卸载后的残余变形亦越小。

(2) 比较不同温度下各个观测点下沉量最大差值可以看出,温度越高,场坪表面的局部弯沉现象越明显。

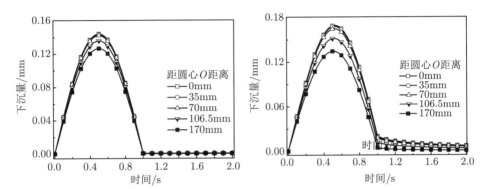

图 3.2.4　面层温度为 0℃、20℃ 时,场坪表面不同观测点的下沉量变化

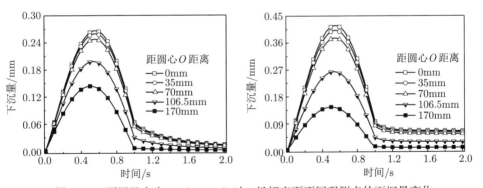

图 3.2.5　面层温度为 40℃、60℃ 时,场坪表面不同观测点的下沉量变化

3.3　发射载荷下沥青混凝土场坪的动力响应

本节以第 5 章构建的沥青混凝土冲击损伤本构模型为基础,建立有限元精细模型,分析发射载荷作用下典型场坪的动力响应;同时基于 3.2 节建立的场坪等效力学模型求解场坪表面的下沉量,对比两种模型的求解精度。典型沥青混凝土结构参数的取值见表 3.3.1,文献 [95] 给出了混凝土 AC-25 的黏弹性参数,本书直接引用,发射装置有限元模型见 5.4 节,发射载荷时程规律见图 5.4.3。

表 3.3.1　典型沥青路面结构计算参数

沥青路面序号	层号	结构层材料名称	弹性模量/MPa		泊松比	厚度/cm	密度/(kg/m³)
			有限元精细模型	等效模型			
高速公路沥青路面结构 (1)	1	AC-13	见表 5.4.1	见表 3.2.1	0.25	4	2400
	2	AC-20	见表 5.4.1	见表 3.3.2	0.25	6	2400
	3	AC-25	见文献 [95]	见文献 [95]	0.25	8	2400
	4	水稳碎石	1500	1500	0.20	36	2200
	5	石灰土	1300	1300	0.20	15	1750
	6	土基 (压实土)	30	30	0.35	400	1800
高速公路沥青路面结构 (2)	1	AC-13	见表 5.4.1	见表 3.2.1	0.25	4	2400
	2	AC-20	见表 5.4.1	见表 3.3.2	0.25	5	2400
	3	AC-25	见文献 [95]	见文献 [95]	0.25	6	2400
	4	水稳碎石	1500	1500	0.20	18	2200
	5	级配碎石	200	200	0.30	36	2200
	6	土基 (压实土)	30	30	0.35	400	1800
高速公路沥青路面结构 (3)	1	AC-13	见表 5.4.1	见表 3.2.1	0.25	4	2400
	2	AC-20	见表 5.4.1	见表 3.3.2	0.25	8	2400
	3	水稳碎石	1500	1500	0.20	18	2200
	4	石灰土	1300	1300	0.20	15	1750
	5	土基 (压实土)	30	30	0.35	400	1800
二级沥青路面结构 (4)	1	AC-13	见表 5.4.1	见表 3.2.1	0.25	4	2400
	2	AC-20	见表 5.4.1	见表 3.3.2	0.25	6	2400
	3	水稳碎石	1500	1500	0.20	18	2200
	4	石灰土	1300	1300	0.20	18	1750
	5	土基 (压实土)	30	30	0.35	400	1800
三级沥青路面结构 (5)	1	AC-13	见表 5.4.1	见表 3.2.1	0.25	5	2400
	2	水稳碎石	1500	1500	0.20	18	2200
	4	石灰土	1300	1300	0.20	18	1750
	5	土基 (压实土)	30	30	0.35	400	1800
四级沥青路面结构 (6)	1	AC-13	见表 5.4.1	见表 3.2.1	0.25	3	2400
	2	石灰土	1300	1300	0.20	18	1750
	3	土基 (压实土)	30	30	0.35	400	1800

　　与水泥混凝土场坪相同，沥青混凝土场坪的路表弯沉也是影响装备响应的最直接因素。因此，本节也对比两种模型下的路表弯沉，以说明两种模型 (有限元精细模型及等效力学模型) 求解精度的差异。图 3.3.1～ 图 3.3.6 给出了典型结构场坪在发射载荷作用下力作用面中心处的下沉量时程曲线。由图可知，场坪等效力学模型与有限元精细模型求解出的场坪下沉量变化规律一致性很好，相对误差小

于 5%，证明了场坪等效力学模型的可信性，说明等效力学模型完全可以代替有限元精细模型分析场坪的动力响应。

表 3.3.2 AC-20 沥青混凝土 Prony 级数的拟合值

松弛模量/MPa		松弛时间/s	
K_1	0.140660	τ_1	4.62649
K_2	0.09268	τ_2	1080.488
K_3	0.15178	τ_3	0.37600
K_4	0.36830	τ_4	44856.874
K_5	0.12399	τ_5	28.63778
K_6	0.12214	τ_6	181.40386

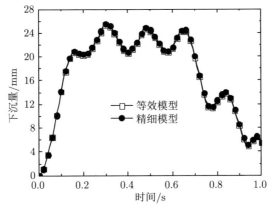

图 3.3.1 沥青场坪结构形式 (1) 下沉量

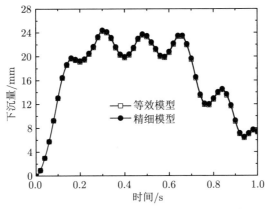

图 3.3.2 沥青场坪结构形式 (2) 下沉量

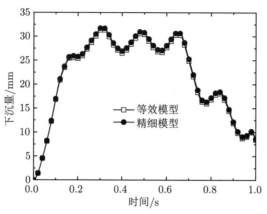

图 3.3.3　沥青场坪结构形式 (3) 下沉量

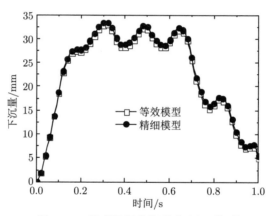

图 3.3.4　沥青场坪结构形式 (4) 下沉量

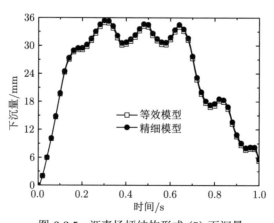

图 3.3.5　沥青场坪结构形式 (5) 下沉量

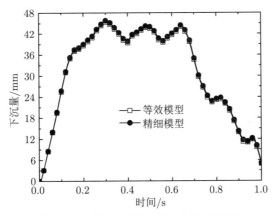

图 3.3.6 沥青场坪结构形式 (6) 下沉量

第 4 章 水泥混凝土断裂损伤耦合本构模型

对水泥混凝土构件及结构在宏观层面上进行研究时，往往采用传统强度理论将水泥混凝土视为各向同性连续介质，忽略了混凝土的非均匀性、初始缺陷及微裂缝的存在。对混凝土构件及结构作宏观受力分析并供结构设计应用时，这种方法在混凝土宏观裂纹形成以前是可行的，但对混凝土破坏机理的进一步研究表明，材料内部的初始裂纹以及初始裂纹在外力作用下的发展，将对混凝土的力学特性产生较大的影响 [153,154]。因此，在研究混凝土构件及结构受力状态下破坏机理时，采用传统强度理论将具有较大的局限性，此时断裂力学和损伤力学具有较大优势。

我国绝大多数公路采用半刚性基层 (多为水泥稳定碎石) 加铺水泥 (或沥青) 混凝土面层的铺设形式。长期研究和经验发现，半刚性基层不仅强度高、板体性好，而且具有较好的稳定性及耐久性。然而半刚性基层的抗拉强度较低，在外界温度的变化以及公路通车使用过程中，半刚性基层容易产生裂缝。在发射瞬态冲击载荷下，发射场坪基层内的初始裂缝将加速发展，并且同时向上、下两个功能层反射，这将引起发射场坪面层和底基层的开裂，从而削弱发射场坪整体的力学强度，进而对发射平台的稳定性造成较大影响。现有的研究多集中于公路交通运输载荷下对半刚性基层力学性能的研究，尚未建立冲击载荷条件下对半刚性基层力学性能的研究方法和理论基础。

本章针对水泥混凝土和水泥稳定碎石材料，提出将混凝土三参数统一强度理论、损伤理论和断裂理论有机结合的断裂损伤耦合本构模型，对混凝土 I 型裂纹尖端的微裂纹生成区边界方程、混凝土裂纹尖端起裂损伤阈值以及裂纹尖端起裂后稳定扩展区的长度进行了推导；研究了混凝土材料从初始微裂纹到宏观裂纹扩展全过程中材料力学特性的变化，并结合塑性损伤本构模型，对混凝土三点弯曲梁裂纹扩展的全过程进行了数值模拟，验证了断裂损伤耦合本构模型的正确性及数值计算方法的可行性。研究结果可为评估发射冲击大载荷下水泥混凝土 (或水泥稳定碎石) 的起裂提供理论判据。

4.1 水泥混凝土断裂损伤耦合模型基本观点

在外载荷作用下，混凝土内部初始裂纹的发展大致可分为裂纹的发生、延伸、扩展直到失稳破坏四个阶段 [153]：

(1) 原始微裂纹阶段：在加载前，由于水泥浆硬化干缩、水分蒸发留下裂纹等原因，在混凝土内部形成原始微裂纹。这些微裂纹大多出现在粗骨料与砂浆结合的接口上，少部分出现在砂浆内部。如果养护适当，在没有出现宏观干缩裂纹的条件下，这些微裂纹是稳定的，并且从统计观点来看是分散均匀的。

(2) 裂纹起裂阶段：在外载荷不太大时，例如单轴应力不超过极限抗压的 30%～40%时，只在构件某些孤立点上产生应变集中。这时混凝土内部的原始裂纹有一部分开始延伸或者扩展，但都很短且数值微小。当这些微裂纹延伸或扩展后，应力集中得到缓和并立即恢复平衡。该阶段的应力–应变关系基本上接近弹性关系，如果外载荷保持不变就不会产生新的微裂纹；当卸载时，有少量裂纹能闭合。

(3) 裂纹稳定扩展阶段：如果外载荷继续增加，则已有的裂纹将进一步延伸和扩展，有的伸入砂浆内部，有些短裂纹会彼此相接而形成长的裂缝，同时，有新的裂缝产生，这一阶段应力–应变关系呈明显的非线性关系。如果停止加载，裂缝的扩展也会停止，不继续发展。因而，此阶段可以称为裂纹稳定扩展阶段。

(4) 裂纹不稳定扩展阶段：当外载荷超过临界应力后，裂纹逐渐连接并贯通，砂浆体内的裂纹急剧增加，发展加快。在该阶段即使外载荷保持不变，裂纹也会自行继续延伸和扩展，并导致最终破坏；在该阶段单轴受压构件的体积不仅不缩小，反而开始膨胀，最终，贯通的裂纹将构件分裂成若干小柱。这时外载荷即使减小，变形也会继续增加。

对混凝土裂纹产生与扩展过程的描述，可通过损伤理论进行一定的阐释，具体为：对于存在初始宏观裂缝的混凝土结构，在较小的外载荷作用下，由于本身材料组成的不均匀性以及存在骨料与水泥砂浆交界面的薄弱环节，将容易形成初始损伤；在外载荷的作用下，初始宏观裂纹尖端的前沿处将形成微裂区而使混凝土构件的损伤增大；当损伤积累到一定程度时，随着外载荷的继续增加，初始裂纹尖端的应力集中将造成损伤的进一步发展，使得初始裂纹向前扩展，最终导致混凝土的断裂破坏。本章在混凝土双 K 断裂模型的基础上 [154–157]，结合损伤力学理论，构建用于分析混凝土从初始损伤直至断裂破坏全过程的混凝土损伤断裂耦合模型，其基本观点为：

(1) 对混凝土内部原始微裂纹阶段的分析得，混凝土结构在加载前，内部存在大量的微裂纹，并且由于对混凝土构件养护程度的不同，将导致构件内部不同程度初始宏观裂纹的产生。当混凝土构件处于受拉状态时，初始宏观裂纹尖端附近的混凝土微裂纹将有所发展，并伴有极小的损伤。在混凝土损伤断裂耦合模型中，该部分损伤将不予考虑。

(2) 当混凝土构件所受拉应力超过应力–应变曲线的比例极限点后，混凝土内部初始宏观裂纹尖端前沿处的微裂纹开始延伸并融合，形成新的微裂纹。因此，在初始宏观裂纹尖端的前沿存在一个损伤集中区，将其称为微裂纹生成区 (micro

crack emerge zone，MCEZ)，其长度为 r_e。随着外载荷的增加，初始宏观裂纹尖端损伤程度变大，MCEZ 的范围不断扩展，MCEZ 内的拉应力逐渐增大至抗拉强度 f_t。当 MCEZ 内的混凝土损伤 D 增长至起裂损伤阈值 D_s 时，MCEZ 发展至饱和状态，其在裂纹尖端方向的长度达到最大值 r_{eu}，此时 MCEZ 尾端的混凝土拉应力达到抗拉强度 f_t，如图 4.1.1 所示。

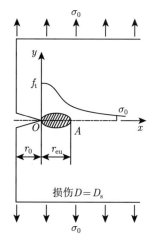

图 4.1.1　微裂纹生成区的发展

(3) 当外载荷继续增大时，初始宏观裂纹尖端前沿的微裂纹进入稳定扩展阶段，并对应于混凝土应力–应变曲线的下降段，此时混凝土传递应力的能力逐步降低。将 MCEZ 尾端所产生的混凝土损伤区域称为微裂纹稳定扩展区 (micro crack stable developing zone，MCSDZ)，如图 4.1.2 所示。断裂损伤耦合模型采用虚拟裂缝模型对 MCSDZ 进行模拟，其基本原理为：当 MCEZ 尾端的混凝土拉应力达到抗拉强度 f_t 后，将产生 MCSDZ 虚拟裂纹，该裂纹并不像真的裂纹一样完全脱开，而是相互之间仍保留 MCEZ 尾端混凝土间的相互应力，将该应力称为闭合力。闭合力的大小随 MCSDZ 虚拟裂纹的张开宽度而减小，闭合减小至零的点即为宏观裂纹的端点。采用虚拟裂缝模型对 MCSDZ 进行模拟时，闭合力的大小可通过混凝土拉伸软化曲线确定，其长度为 r_d，如图 4.1.2 所示。

(4) 随着外载荷的不断加大，混凝土材料的损伤值不断增加，MCSDZ 不断扩展并带动 MCEZ 沿初始宏观裂纹尖端的方向移动，因此 r_d 将不断变大。当 MCSDZ 虚拟裂纹上的闭合力布满混凝土软化曲线全长时，MCSDZ 扩展至饱和状态，r_d 达到最大值 r_{du}，如图 4.1.3 所示。

(5) 当 r_d 达到最大值 r_{du} 时，MCSDZ 虚拟裂纹尾端的张开宽度达到最大，而闭合力减小至零，此时 MCSDZ 尾端发展成宏观裂纹，对应的初始宏观裂纹尖端开始失稳扩展,失稳判据采用双 K 断裂模型中失稳断裂韧度 K_{IC}^{un} [158]。此后 MCEZ 和 MCSDZ 不断向前平移,但长度在裂纹扩展过程中保持不变,如图 4.1.4 所示。

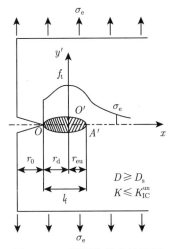

图 4.1.2 微裂纹稳定扩展区

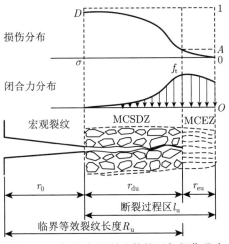

图 4.1.3 初始宏观裂纹的扩展与损伤分布

将初始宏观裂纹长度 r_0 与 MCSDZ 虚拟裂纹长度 r_d 之和称为等效裂纹长度 R,$R = r_0 + r_d$;将包含 MCEZ 和 MCSDZ 的整个损伤区域称为混凝土初始宏观裂纹尖端的断裂过程区,其长度为 $l = r_e + r_d$。将 MCSDZ 虚拟裂纹长度 r_d 到达最大值 r_{du} 时的等效裂纹长度 R 称为临界等效裂纹长度 R_u,$R_u = r_0 + r_{du}$,

此时闭合力仅分布在 MCSDZ 虚拟裂纹区段上；而且，断裂过程区长度 l 也同时达到最大值 l_u，其表达式为 $l_u = r_{eu} + r_{du}$。

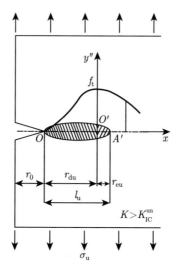

图 4.1.4　微裂纹稳定扩展区的发展

综上所述，混凝土断裂损伤耦合模型的损伤断裂判据可总结为：

当 $0 < D < D_s$ 时，混凝土不起裂；

当 $D = D_s$ 时，微裂纹区饱和，并开始出现等效裂纹；

当 $D > D_s$ 且 $K < K_{IC}^{un}$ 时，等效裂纹处于稳定扩展阶段；

当 $K = K_{IC}^{un}$ 时，初始宏观裂纹开始不稳定扩展；

当 $K > K_{IC}^{un}$ 时，初始宏观裂纹处于不稳定扩展阶段。

综上所述，混凝土断裂损伤耦合模型以起裂损伤阈值 D_s 作为损伤起裂的判据，取代了双 K 断裂模型中的起裂断裂韧度 K_{IC}^{ini}。

对于无初始宏观裂纹的混凝土结构，通过该模型可确定混凝土结构的起裂位置，实现了对混凝土结构的起裂判定；对于有初始宏观裂纹的混凝土结构，可将该模型与混凝土结构在外载荷作用下的损伤分布形式、损伤演化过程相结合，判断混凝土结构的断裂路径。因此，采用混凝土断裂损伤耦合模型，可将有、无初始裂纹的混凝土结构断裂分析进行有效的统一。

4.2　I 型裂纹尖端弹性应力位移场

以 I 型裂纹为例，分析裂纹尖端处的应力场。由于裂纹在结构中是微小的，为简单起见，假设一块在长度与宽度方向均为无限大的平板，在板中间有一条长度

为 $2a$ 的裂纹，如图 4.2.1 所示。设平板在 x 方向和 y 方向均有应力 σ 的作用。为了研究裂纹尖端附近的应力和位移状态，将坐标原点置于裂纹尖端处，r、θ 表示极坐标系。

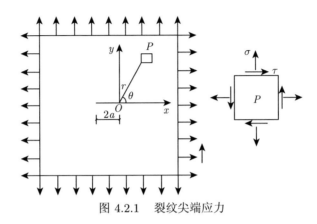

图 4.2.1 裂纹尖端应力

根据弹性理论，可以求出裂纹尖端处附近任意一点 $P(r,\theta)$ 处的应力和位移，其表达式为

$$
\begin{cases}
\sigma_x = \dfrac{K_{\mathrm{I}}}{\sqrt{2\pi r}} \cos\dfrac{\theta}{2} \left(1 - \sin\dfrac{\theta}{2}\sin\dfrac{3}{2}\theta\right) \\[3mm]
\sigma_y = \dfrac{K_{\mathrm{I}}}{\sqrt{2\pi r}} \cos\dfrac{\theta}{2} \left(1 + \sin\dfrac{\theta}{2}\sin\dfrac{3}{2}\theta\right) \\[3mm]
\tau_{xy} = \dfrac{K_{\mathrm{I}}}{\sqrt{2\pi r}} \cos\dfrac{\theta}{2} \left(\sin\dfrac{\theta}{2}\cos\dfrac{3}{2}\theta\right)
\end{cases}
\tag{4.2.1}
$$

式中，$K_{\mathrm{I}} = \sigma\sqrt{\pi a}$，将其用主应力表示为 [153]

$$
\begin{cases}
\sigma_1 = \dfrac{K_{\mathrm{I}}}{\sqrt{2\pi r}} \cos\dfrac{\theta}{2} \left(1 + \sin\dfrac{\theta}{2}\right) \\[3mm]
\sigma_2 = \dfrac{K_{\mathrm{I}}}{\sqrt{2\pi r}} \cos\dfrac{\theta}{2} \left(1 - \sin\dfrac{\theta}{2}\right) \\[3mm]
\sigma_3 = \begin{cases} 0, & \text{平面应力} \\[2mm] \dfrac{2\mu K_{\mathrm{I}}}{\sqrt{2\pi r}} \cos\dfrac{\theta}{2}, & \text{平面应变} \end{cases}
\end{cases}
\tag{4.2.2}
$$

式中，μ 为泊松比。

位移计算公式为

$$
\begin{cases}
u = \dfrac{K_{\mathrm{I}}}{8G} \sqrt{\dfrac{2r}{\pi}} \left[(2K - 1) \cos \dfrac{\theta}{2} - \cos \dfrac{3}{2}\theta \right] \\[3mm]
v = \dfrac{K_{\mathrm{I}}}{8G} \sqrt{\dfrac{2r}{\pi}} \left[(2K + 1) \sin \dfrac{\theta}{2} - \sin \dfrac{3}{2}\theta \right]
\end{cases}
\tag{4.2.3}
$$

式中，

$$
K = \begin{cases}
\dfrac{3 - \mu}{1 + \mu}, & \text{平面应力} \\[3mm]
3 - 4\mu, & \text{平面应变}
\end{cases}
\tag{4.2.4}
$$

G 为剪切弹性模量。

4.3　微裂纹生成区边界方程

运用传统屈服理论对混凝土结构进行强度校核时，忽略了混凝土的多相特性和加载过程中结构的变化，假定混凝土是均匀连续的介质，并用试件反映出来的宏观力学特性，如应力–应变曲线、弹性模量、泊松比以及极限强度，作为该假定的力学特性。所以，混凝土结构的实际应力状态是名义应力状态，由此而产生的误差无法判断。断裂力学实质上是从力学角度研究结构中微小缺陷同结构整体质量间的关系，与传统屈服理论所不同的是，断裂力学承认结构中含有宏观裂纹，而对于远离裂纹尖端的广大区域仍假定为均质连续体，并且断裂力学研究混凝土结构的重点为裂纹点局部区域的应力、位移和裂纹端的材料属性。由上述可知，虽然传统屈服理论与断裂力学二者的基本假定和运用范围有所不同，但是断裂力学在一定程度上是对传统屈服理论的补充与发展，二者相辅相成。对于带有初始宏观裂纹的混凝土结构，由于其裂纹尖端前沿的微裂纹生成区尚未扩展，故可采用传统屈服理论与线弹性断裂理论相结合的方法对其形态的发展进行研究。

本节以 I 型裂纹尖端弹性应力场的解析解为基础，研究了在传统屈服理论下微裂纹生成区的形状和大小，分析了不同传统屈服理论对混凝土材料的使用局限性。在此基础上，将线弹性断裂力学与混凝土三参数统一强度理论相结合，推导并获得了混凝土裂纹尖端前沿微裂纹生成区边界方程，进一步研究了混凝土材料参数对微裂纹生成区形态的影响。

4.3.1　传统屈服强度下微裂纹生成区边界方程

传统的屈服强度包括 Tresca 屈服准则、Mises 屈服准则和 Mohr-Coulomb 屈服准则等 [159]，这些屈服理论都是从不同的假设和力学模型出发，推导出不同的数学表达式，一般只适用于某一类特定的材料。

1. 基于 Tresca 准则的微裂纹生成区大小

Tresca 根据自己的试验结果，认为最大剪应力达到某一数值时材料就发生屈服，即有

$$\tau_{\max} = \tau_0 \tag{4.3.1}$$

式中，τ_0 为材料的剪切屈服应力。

最大剪应力条件要求预先知道最大与最小主应力。假定 $\sigma_1 \geqslant \sigma_2 \geqslant \sigma_3$，则 $\tau_{\max} = \dfrac{1}{2}(\sigma_1 - \sigma_3)$。在简单拉伸的情况下，当 $\sigma_1 = \sigma_0$，$\sigma_2 = \sigma_3 = 0$，则

$$\tau_{\max} = \frac{1}{2}(\sigma_1 - \sigma_3) = \frac{\sigma_0}{2} \tag{4.3.2}$$

式中，σ_0 为简单拉伸屈服应力。

1) 平面应力下微裂纹生成区大小

将式 (4.2.2) 代入式 (4.3.2)，得

$$\sigma_0 = \frac{K_{\mathrm{I}}}{\sqrt{2\pi r}} \cos \frac{\theta}{2} \left(1 + \sin \frac{\theta}{2}\right) \tag{4.3.3}$$

通过数学变换可得 Tresca 屈服准则下，平面应力下微裂纹生成区边界方程为

$$r_{\mathrm{e}}^{\mathrm{T}} = \frac{K_{\mathrm{I}}^2}{2\pi\sigma_0^2} \cos^2 \frac{\theta}{2} \left(1 + \sin \frac{\theta}{2}\right)^2 \tag{4.3.4}$$

当 $\theta = 0$ 时，得到微裂纹生成区在 x 轴上的临界长度为

$$r_{\mathrm{eu}}^{\mathrm{T}} = \frac{K_{\mathrm{I}}^2}{2\pi\sigma_0^2} \tag{4.3.5}$$

2) 平面应变下微裂纹生成区大小

对于平面应变问题，由于 $\sigma_3 \neq 0$，因此需要判断三个主应力之间的大小。令 $\sigma_2 = \sigma_3$，由式 (4.2.2) 得

$$\theta_0 = 2\arcsin(1 - 2v) \tag{4.3.6}$$

(1) 当 $0 \leqslant \theta \leqslant \theta_0$ 时，通过比较得 $\sigma_1 \geqslant \sigma_2 \geqslant \sigma_3$，将式 (4.2.2) 代入式 (4.3.2)，得到此时的微裂纹生成区边界方程为

$$r_{\mathrm{e}}^{\mathrm{T}} = \frac{K_{\mathrm{I}}^2}{2\pi\sigma_0^2} \cos^2 \frac{\theta}{2} \left(1 - 2v + \sin \frac{\theta}{2}\right)^2 \tag{4.3.7}$$

此时在 x 轴上的微裂纹生成区临界长度为

$$r_{\mathrm{eu}}^{\mathrm{T}} = \frac{K_{\mathrm{I}}^2}{2\pi\sigma_0^2}(1-2v)^2 \tag{4.3.8}$$

(2) 当 $\theta_0 \leqslant \theta \leqslant 180°$ 时，通过比较得 $\sigma_1 \geqslant \sigma_3 \geqslant \sigma_2$，将式 (4.2.2) 中的 σ_2、σ_3 互换并代入式 (4.3.2) 中，得到此时微裂纹生成区的边界条件为

$$r_{\mathrm{e}}^{\mathrm{T}} = \frac{2K_{\mathrm{I}}^2}{\pi\sigma_0^2}\cos^2\frac{\theta}{2}\sin^2\frac{\theta}{2} \tag{4.3.9}$$

2. 基于 Mises 准则的微裂纹生成区大小

Tresca 屈服准则没有考虑中间主应力的影响，几何上它是一个不光滑的曲面。Mises 在实验结果的基础上，提出另一种屈服条件：与物体中一点的应力状态对应的畸变能达到某一数值时该点屈服。由畸变能公式得

$$2GU_{\mathrm{od}} = J_2 \tag{4.3.10}$$

故畸变能条件可写为

$$J_2 = \frac{1}{6}\left[(\sigma_1-\sigma_2)^2 + (\sigma_2-\sigma_3)^2 + (\sigma_3-\sigma_1)^2\right] = k^2 \tag{4.3.11}$$

式中，k 为表征材料屈服特征的参数，可由简单拉伸试验确定。此时 $\sigma_1 = \sigma_0$，$\sigma_2 = \sigma_3 = 0$，σ_0 为简单拉伸屈服应力。将其代入式 (4.3.11) 中，可得

$$k = \frac{1}{\sqrt{3}}\sigma_0 \tag{4.3.12}$$

因此，Mises 准则的屈服函数可表示为

$$(\sigma_1-\sigma_2)^2 + (\sigma_2-\sigma_3)^2 + (\sigma_3-\sigma_1)^2 = 2\sigma_0^2 \tag{4.3.13}$$

1) 平面应力下微裂纹生成区大小

将式 (4.2.2) 代入式 (4.3.13)，得

$$\frac{K_{\mathrm{I}}^2}{2\pi r}\cos^2\frac{\theta}{2}\left(1+3\sin^2\frac{\theta}{2}\right) = \sigma_0^2 \tag{4.3.14}$$

通过数学变换可得 Mises 屈服准则下，平面应力下微裂纹生成区边界方程为

$$r_{\mathrm{e}}^{\mathrm{M}} = \frac{K_{\mathrm{I}}^2}{2\pi\sigma_0^2}\cos^2\frac{\theta}{2}\left(1+3\sin^2\frac{\theta}{2}\right) \tag{4.3.15}$$

当 $\theta = 0$ 时，得到微裂纹生成区在 x 轴上的临界长度为

$$r_{\mathrm{eu}}^{\mathrm{M}} = \frac{K_{\mathrm{I}}^2}{2\pi\sigma_0^2} \tag{4.3.16}$$

2) 平面应变下微裂纹生成区大小

对于 Mises 屈服准则下的平面应变问题，当 $\theta_0 \leqslant \theta \leqslant 180°$ 时，$\sigma_1 > \sigma_3 \geqslant \sigma_2$，将式 (4.2.2) 中的 σ_2、σ_3 互换并代入式 (4.3.13)，屈服函数表达式保持不变。因此当 $0 \leqslant \theta \leqslant 180°$ 时，得

$$\frac{K_{\mathrm{I}}^2}{2\pi r}\cos^2\frac{\theta}{2}\left[3\sin^2\frac{\theta}{2} + (4v^2 - 4v + 1)\right] = \sigma_0^2 \tag{4.3.17}$$

通过数学变换可得 Mises 屈服准则下，平面应变下微裂纹生成区边界方程为

$$r_{\mathrm{e}}^{\mathrm{M}} = \frac{K_{\mathrm{I}}^2}{2\pi\sigma_0^2}\cos^2\frac{\theta}{2}\left[3\sin^2\frac{\theta}{2} + (4v^2 - 4v + 1)\right] \tag{4.3.18}$$

在 x 轴上的微裂纹生成区临界长度为

$$r_{\mathrm{eu}}^{\mathrm{M}} = \frac{K_{\mathrm{I}}^2}{2\pi\sigma_0^2}(4v^2 - 4v + 1) \tag{4.3.19}$$

3. 基于 Mohr-Coulomb 准则的微裂纹生成区大小

Mohr-Coulomb 准则考虑了材料抗压、抗拉强度的不同，其破坏条件表达式为

$$|\tau| = c - \sigma\tan\varphi \tag{4.3.20}$$

式中，c 为内聚力；φ 为内摩擦角。

由于极少对混凝土材料测定 c 及 φ，因此常采用混凝土的另外两个指标，抗拉强度 f_{t} 与抗压强度 f_{c} 来表示。如图 4.3.1 所示，上述条件相当于：

$$O'B = O'A \cdot \sin\varphi = \left(c\frac{\cos\varphi}{\sin\varphi} + \frac{\sigma_1 + \sigma_3}{2}\right)\sin\varphi$$

$$\frac{1}{2}(\sigma_1 - \sigma_3) = c\cos\varphi + \frac{1}{2}(\sigma_1 + \sigma_3)\sin\varphi \tag{4.3.21}$$

整理后得

$$\frac{\sigma_1}{f_{\mathrm{t}}} - \frac{\sigma_3}{f_{\mathrm{c}}} = 1 \tag{4.3.22}$$

式中，$f_{\mathrm{c}} = \dfrac{2c\cos\varphi}{1 - \sin\varphi}$；$f_{\mathrm{t}} = \dfrac{2c\cos\varphi}{1 + \sin\varphi}$。

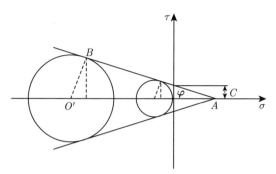

图 4.3.1   Mohr-Coulomb 准则

1) 平面应力下微裂纹生成区大小

将式 (4.2.2) 代入式 (4.3.22) 中，得

$$\sigma_0 = \frac{K_{\mathrm{I}}}{\sqrt{2\pi r}} \cos\frac{\theta}{2} \left(1 + \sin\frac{\theta}{2}\right) \tag{4.3.23}$$

通过数学变换可得 Mohr-Coulomb 屈服准则下，平面应力下微裂纹生成区边界方程为

$$r_{\mathrm{e}}^{\mathrm{MC}} = \frac{K_{\mathrm{I}}^2}{2\pi\sigma_0^2} \cos^2\frac{\theta}{2} \left(1 + \sin\frac{\theta}{2}\right)^2 \tag{4.3.24}$$

当 $\theta = 0$ 时，得到微裂纹生成区在 x 轴上的临界长度为

$$r_{\mathrm{eu}}^{\mathrm{MC}} = \frac{K_{\mathrm{I}}^2}{2\pi\sigma_0^2} \tag{4.3.25}$$

2) 平面应变下微裂纹生成区大小

运用公式 (4.3.6) 计算 θ_0，并判断 3 个主应力之间的大小，分区段讨论平面应变下微裂纹生成区的大小。

(1) 当 $0 \leqslant \theta \leqslant \theta_0$ 时，$\sigma_1 > \sigma_2 \geqslant \sigma_3$，将式 (4.2.2) 代入式 (4.3.22)，得

$$\frac{K_{\mathrm{I}}}{\sqrt{2\pi r}} \cos\frac{\theta}{2} \left(1 - 2\alpha v + \sin\frac{\theta}{2}\right) = f_{\mathrm{t}} \tag{4.3.26}$$

式中，$\alpha = f_{\mathrm{t}}/f_{\mathrm{c}}$，为混凝土材料的拉压强度比。

通过数学变换可得 Mohr-Coulomb 屈服准则下，此时微裂纹生成区边界方程为

$$r_{\mathrm{e}}^{\mathrm{MC}} = \frac{K_{\mathrm{I}}}{2\pi f_{\mathrm{t}}^2} \cos^2\frac{\theta}{2} \left(1 - 2\alpha v + \sin\frac{\theta}{2}\right)^2 \tag{4.3.27}$$

在 x 轴上的微裂纹生成区临界长度为

$$r_{\text{eu}}^{\text{MC}} = \frac{K_{\text{I}}^2}{2\pi f_{\text{t}}^2}(1 - 2\alpha v)^2 \tag{4.3.28}$$

(2) 当 $\theta_0 \leqslant \theta \leqslant 180°$ 时，$\sigma_1 > \sigma_3 \geqslant \sigma_2$，将式 (4.2.2) 中的 σ_2、σ_3 互换并代入式 (4.3.22) 中得

$$\frac{K_{\text{I}}}{\sqrt{2\pi r}}\cos\frac{\theta}{2}\left[1 - \alpha + (1 + \alpha)\sin\frac{\theta}{2}\right] = f_{\text{t}} \tag{4.3.29}$$

通过数学变换可得 Mohr-Coulomb 屈服准则下，此时微裂纹生成区边界方程为

$$r_{\text{e}}^{\text{MC}} = \frac{K_{\text{I}}^2}{2\pi f_{\text{t}}^2}\cos^2\frac{\theta}{2}\left[1 - \alpha + (1 + \alpha)\sin\frac{\theta}{2}\right]^2 \tag{4.3.30}$$

在 x 轴上的微裂纹生成区临界长度为

$$r_{\text{eu}}^{\text{MC}} = \frac{K_{\text{I}}^2}{2\pi f_{\text{t}}^2}(1 - \alpha)^2 \tag{4.3.31}$$

4.3.2 三参数统一强度理论下微裂纹生成区边界方程

1. 混凝土多轴强度的基本特性

混凝土在三轴应力下的强度较为复杂，其随应力状态的改变而具有多变性的特点。一般情况下，混凝土三轴压缩强度 f_{ccc} 大于双轴压缩强度 f_{bc}，而双轴压缩强度 f_{bc} 又大于单轴压缩强度 f_{c}，f_{c} 又远大于它的拉伸强度 f_{t}，即为

$$f_{\text{ccc}} > f_{\text{bc}} > f_{\text{c}} \gg f_{\text{t}}$$

而混凝土强度在其他一拉二压、二拉一压、一压一拉、双轴拉伸等状态下将具有更多的变化。混凝土的强度理论主要研究混凝土强度对应力状态的依赖关系，即不考虑其他各种因素，而集中研究应力状态对混凝土强度的影响。因此，有必要对复杂应力作用下的混凝土强度最基本的力学特性[160] 进行总结。

1) 拉压强度差 (strength difference，SD) 效应

混凝土材料的压缩强度大于拉伸强度，压缩时的应力-应变曲线与拉伸时相似，但到达峰值的强度要高很多。将混凝土的抗压强度远大于抗拉强度的性质，称为混凝土的 SD 效应。

2) 静水应力 (σ_{m}) 效应

静水应力 $\sigma_{\text{m}} = (\sigma_1 + \sigma_2 + \sigma_3)/2$ 对混凝土强度有较大的影响。对试件施加一定的围压，然后保持围压不变，逐步增加轴压，可以得到在这一围压下材料的应

力–应变曲线。同理，可以得出混凝土在不同围压下应力–应变曲线。不同的学者对混凝土的静水应力效应进行了大量的实验 [161−163]，最终均得出随着围压的增大，混凝土的强度极限不断增大的结论。

3) 法向应力 (正应力) 效应

混凝土具有较高的抗压强度，但它的抗剪切能力较差，而这种抗剪强度又与切应力 τ 作用面上的正应力 σ 有关。不同混凝土结构抗剪试验结果表明 [164,165]：无论是混凝土材料内部、新老混凝土结合面、混凝土与岩石结合面，还是碎块体和含砂砾石，它们的抗剪强度在一定压力范围内均与剪切面上作用的正应力成正比。

4) 中间主应力 (σ_2) 效应

对中间主应力效应的研究，在理论和工程实践中均具有重要意义。各国学者在 20 世纪 70 ~ 80 年代进行了大量混凝土真三轴试验，例如法国学者 Launay 和 Gachon 得出最小主应力 σ_3 分别为 0，$0.2f_c$，$0.4f_c$，$0.6f_c$，$0.8f_c$ 和 $\sigma_3 = f_c$ 6 种情况下混凝土强度随中间主应力 σ_2 而变化的曲线；清华大学 [166,167] 得出在 $\sigma_3/\sigma_1 = 0$，$\sigma_3/\sigma_1 = 0.1$，$\sigma_3/\sigma_1 = 0.2$ 和 $\sigma_3/\sigma_1 = 0.3$ 四种状态下混凝土强度随中间主应力 σ_2 变化的曲线。以上试验结果表明，中间主应力 σ_2 值对于混凝土强度有明显的影响。

2. 混凝土三参数统一强度理论下微裂纹生成区大小

在 4.3.1 节中基于传统屈服理论，对混凝土微裂纹生成区的形态与大小进行了研究，由 4.3.2 节的研究可知，Tresca 屈服准则没有考虑混凝土的 SD 效应、静水应力效应以及中间主应力效应，Mises 屈服准则没有考虑混凝土的 SD 效应和静水应力效应；Mohr-Coulomb 屈服准则没有考虑混凝土的静水应力效应和中间主应力效应。

我国学者俞茂宏提出的三参数统一强度理论 [160]，考虑了材料 $f_{bc} \neq f_c \neq f_t$ 时的情况，因此比较适用于混凝土，其定义为当作用于单元体上的两个较大切应力以及相应的正应力函数和静水应力函数达到某一极限时，材料发生破坏。三参数统一强度理论的主应力表达式为

$$F = \frac{1+b}{2}(1+\beta)\sigma_1 - \frac{1-\beta}{2}(b\sigma_2 + \sigma_3) + \frac{a}{3}(\sigma_1 + \sigma_2 + \sigma_3) = C$$

$$\sigma_2 \leqslant \frac{1}{2}(\sigma_1 + \sigma_3) + \frac{\beta}{2}(\sigma_1 - \sigma_3)$$

$$F' = \frac{1+\beta}{2}(\sigma_1 + b\sigma_2) - \frac{1+b}{2}(1-\beta)\sigma_3 + \frac{a}{3}(\sigma_1 + \sigma_2 + \sigma_3) = C \tag{4.3.32}$$

$$\sigma_2' \geqslant \frac{1}{2}(\sigma_1 + \sigma_3) + \frac{\beta}{2}(\sigma_1 - \sigma_3)$$

式中，β 为反映正应力对材料破坏的影响参数；a 为静水应力对材料破坏的影响参数；C 为反映材料强度的参数。三参数统一强度理论中的 3 个材料强度参数表达式为

$$\beta = \frac{f_{bc}f_c + 2f_tf_c - 3f_tf_{bc}}{f_{bc}(f_t + f_c)} = \frac{\overline{\alpha} + 2\alpha - 3\alpha\overline{\alpha}}{\overline{\alpha}(1 + \alpha)}$$

$$a = \frac{3f_t(1 + b)(f_{bc} + f_c)}{f_{bc}(f_t + f_c)} = \frac{3\alpha(1 + b)(\overline{\alpha} - 1)}{\overline{\alpha}(1 + \alpha)} \qquad (4.3.33)$$

$$C = \frac{f_cf_t(1 + b)}{f_t + f_c} = \frac{1 + b}{1 + \alpha}f_t$$

式中，$\alpha = f_t/f_c$；$\overline{\alpha} = f_{bc}/f_c$。

由式 (4.3.32) 知，三参数统一强度理论综合考虑了混凝土材料的 SD 效应、静水应力效应及中间主应力效应，因此，该强度理论具有较广的适用性。

1) 平面应力问题

对于平面应力问题，将 $\sigma_3 = 0$ 代入式 (4.3.32) 中得

$$F = \frac{1 + b}{2}(1 + \beta)\sigma_1 - \frac{1 - \beta}{2}b\sigma_2 + \frac{a}{3}(\sigma_1 + \sigma_2) = C$$

$$\sigma_2 \leqslant \frac{1 + \beta}{2}\sigma_1$$

$$\qquad (4.3.34)$$

$$F' = \frac{1 + \beta}{2}(\sigma_1 + b\sigma_2) + \frac{a}{3}(\sigma_1 + \sigma_2) = C$$

$$\sigma_2' \geqslant \frac{1 + \beta}{2}\sigma_1$$

令式 (4.3.32) 中 $F = F'$，得到三参数统一强度理论平面应力问题交点极坐标角度为

$$\theta_0 = 2\arcsin\frac{1 - \beta}{(1 - \beta) + 2b(1 + \beta)} \qquad (4.3.35)$$

(1) 当 $|\theta| \leqslant \theta_0$ 时，$\sigma_2 \geqslant \frac{1 + \beta}{2}\sigma_1$，将式 (4.2.2) 代入式 (4.3.34) 第三式中，得

$$\frac{K_{\mathrm{I}}}{\sqrt{2\pi r}}\cos\frac{\theta}{2}\left[\frac{(1 + \beta)(1 + b)}{2} + \frac{(1 + \beta)(1 - b)}{2}\sin\frac{\theta}{2} + \frac{2a}{3}\right] = C \qquad (4.3.36)$$

由此得到三参数统一强度理论平面应力问题下，该阶段时微裂纹生成区的边界方程为

$$r_e = \frac{K_{\mathrm{I}}^2}{2\pi C^2}\cos^2\frac{\theta}{2}\left[\frac{(1 + \beta)(1 + b)}{2} + \frac{(1 + \beta)(1 - b)}{2}\sin\frac{\theta}{2} + \frac{2a}{3}\right]^2 \qquad (4.3.37)$$

此时，在 x 轴上的微裂纹生成区临界长度为

$$r_{\mathrm{eu}} = \frac{K_{\mathrm{I}}^2}{2\pi C^2} \left[\frac{(1+\beta)(1+b)}{2} + \frac{2a}{3} \right]^2 \tag{4.3.38}$$

(2) 当 $|\theta| > \theta_0$ 时，$\sigma_2 < \dfrac{1+\beta}{2}\sigma_1$，将式 (4.2.2) 代入式 (4.3.34) 第一式中，得

$$\frac{K_{\mathrm{I}}}{\sqrt{2\pi r}} \cos\frac{\theta}{2} \left(\frac{1+\beta+2b\beta}{2} + \frac{1+2b+\beta}{2}\sin\frac{\theta}{2} + \frac{2a}{3} \right) = C \tag{4.3.39}$$

由此得到三参数统一强度理论平面应力问题下，该阶段时微裂纹生成区的边界方程为

$$r_{\mathrm{e}} = \frac{K_{\mathrm{I}}^2}{2\pi C^2} \cos^2\frac{\theta}{2} \left(\frac{1+\beta+2b\beta}{2} + \frac{1+2b+\beta}{2}\sin\frac{\theta}{2} + \frac{2a}{3} \right)^2 \tag{4.3.40}$$

此时，在 x 轴上的微裂纹生成区临界长度为

$$r_{\mathrm{eu}} = \frac{K_{\mathrm{I}}^2}{2\pi C^2} \left(\frac{1+\beta+2b\beta}{2} + \frac{2a}{3} \right)^2 \tag{4.3.41}$$

2) 平面应变问题

令式 (4.3.32) 中 $F = F'$，得到三参数统一强度理论平面应变问题的交点极坐标角度为

$$\theta_0 = 2\arcsin\left[\frac{1-\beta}{3+\beta}(1-2\mu) \right] \tag{4.3.42}$$

在平面应变问题下推导微裂纹生成区边界方程时，只需要求得 $0 \leqslant \theta \leqslant 180°$ 范围内的数学表达式，其余部分可由 I 型裂纹对称性得到。对于平面应变问题，$\sigma_3 \neq 0$，因此需要比较式 (4.2.2) 中 σ_2 与 σ_3 的大小。令 $\sigma_2 = \sigma_3$，得

$$\theta_1 = 2\arcsin(1-2\mu) \tag{4.3.43}$$

(1) 当 $\theta_1 \leqslant \theta \leqslant 180°$ 时，$\sigma_1 > \sigma_3 \geqslant \sigma_2$，式 (4.3.32) 中不等式判定条件符合 $\sigma_2 \leqslant \dfrac{1}{2}(\sigma_1+\sigma_3) + \dfrac{\beta}{2}(\sigma_1-\sigma_3)$，因此，将式 (4.2.2) 中的 σ_2 与 σ_3 互换并代入式 (4.3.32) 第一式中，得

$$\frac{K_{\mathrm{I}}}{\sqrt{2\pi r}} \cos\frac{\theta}{2}\left\{ \frac{(1+b)(1+\beta)}{2} + \left[1 + \frac{b(1+\beta)}{2} \right]\sin\frac{\theta}{2} \right.$$

$$- 2(1 - \beta)(2b\mu + 1) + \frac{2a}{3}(1 + \mu) \bigg\} = C \tag{4.3.44}$$

由此得到三参数统一强度理论平面应变问题下, 该阶段时微裂纹生成区的边界方程为

$$r_e = \frac{K_I^2}{2\pi C^2} \cos^2 \frac{\theta}{2} \bigg\{ \frac{(1 + b)(1 + \beta)}{2} + \bigg[1 + \frac{b(1 + \beta)}{2} \bigg] \sin \frac{\theta}{2}$$

$$- 2(1 - \beta)(2b\mu + 1) + \frac{2a}{3}(1 + \mu) \bigg\}^2 \tag{4.3.45}$$

此时, 在 x 轴上的微裂纹生成区临界长度为

$$r_{eu} = \frac{K_I^2}{2\pi C^2} \bigg[\frac{(1 + b)(1 + \beta)}{2} - 2(1 - \beta)(2b\mu + 1) + \frac{2a}{3}(1 + \mu) \bigg]^2 \tag{4.3.46}$$

(2) 当 $\theta_0 \leqslant \theta \leqslant \theta_1$ 时, $\sigma_1 > \sigma_2 \geqslant \sigma_3$, 式 (4.3.32) 中不等式判定条件符合 $\sigma_2 \leqslant \frac{1}{2}(\sigma_1 + \sigma_3) + \frac{\beta}{2}(\sigma_1 - \sigma_3)$, 因此, 将式 (4.2.2) 中的 σ_2 与 σ_3 代入式 (4.3.32) 第一式中, 得

$$\frac{K_I}{\sqrt{2\pi r}} \cos \frac{\theta}{2} \bigg[\bigg(\frac{1}{2} - \mu \bigg)(1 - \beta) + \beta(1 + b) + \frac{2a}{3}(1 + \mu) + \frac{1 + 2b + \beta}{2} \sin \frac{\theta}{2} \bigg] = C \tag{4.3.47}$$

由此得到三参数统一强度理论平面应变问题下, 该阶段时微裂纹生成区的边界方程为

$$r_e = \frac{K_I^2}{2\pi C^2} \cos^2 \frac{\theta}{2} \bigg[\bigg(\frac{1}{2} - \mu \bigg)(1 - \beta) + \beta(1 + b) + \frac{2a}{3}(1 + \mu) + \frac{1 + 2b + \beta}{2} \sin \frac{\theta}{2} \bigg]^2 \tag{4.3.48}$$

此时, 在 x 轴上的微裂纹生成区临界长度为

$$r_{eu} = \frac{K_I^2}{2\pi C^2} \bigg[\bigg(\frac{1}{2} - \mu \bigg)(1 - \beta) + \beta(1 + b) + \frac{2a}{3}(1 + \mu) \bigg]^2 \tag{4.3.49}$$

(3) 当 $0 \leqslant \theta \leqslant \theta_0$ 时, $\sigma_1 > \sigma_2 \geqslant \sigma_3$, 式 (4.3.32) 中不等式判定条件符合 $\sigma_2' \geqslant \frac{1}{2}(\sigma_1 + \sigma_3) + \frac{\beta}{2}(\sigma_1 - \sigma_3)$, 因此, 将式 (4.2.2) 中的 σ_2 与 σ_3 代入式 (4.3.32) 第三式中, 得

$$\frac{K_I}{\sqrt{2\pi r}} \cos \frac{\theta}{2} \bigg[(1 + b) \frac{(1 - 2\mu) + \beta(1 + 2\mu)}{2}$$

$$+ \frac{2}{3}a(1+\mu) + \frac{(1-b)(1+\beta)}{2}\sin\frac{\theta}{2}\right] = C \tag{4.3.50}$$

由此得到三参数统一强度理论平面应变问题下，该阶段时微裂纹生成区的边界方程为

$$r_{\mathrm{e}} = \frac{K_{\mathrm{I}}^2}{2\pi C^2}\cos^2\frac{\theta}{2}\left[(1+b)\frac{(1-2\mu)+\beta(1+2\mu)}{2}\right.$$

$$\left. + \frac{2}{3}a(1+\mu) + \frac{(1-b)(1+\beta)}{2}\sin\frac{\theta}{2}\right]^2 \tag{4.3.51}$$

此时，在 x 轴上的微裂纹生成区临界长度为

$$r_{\mathrm{eu}} = \frac{K_{\mathrm{I}}^2}{2\pi C^2}\left[(1+b)\frac{(1-2\mu)+\beta(1+2\mu)}{2} + \frac{2}{3}a(1+\mu)\right]^2 \tag{4.3.52}$$

4.4　起裂损伤阈值的确定

由 4.2 节和 4.3 节的研究可得，对于存在初始宏观裂纹的混凝土结构，其裂纹的扩展首先经历裂纹尖端前沿微裂纹区的生成与发展。在外载荷作用下，微裂纹区的生成与发展将导致混凝土材料出现损伤并使其力学性能逐渐劣化。损伤的产生与发展表现为材料应力–应变曲线在上升段的非线性以及曲线的逐渐软化，因此，可通过建立混凝土损伤本构模型，来描述混凝土应力–应变曲线上升段的非线性以及曲线的逐渐软化行为，进一步判断混凝土材料的损伤状态，并以此为基础来描述微裂纹区的生成与发展。

在混凝土断裂损伤耦合模型中，采用幂函数损伤演化方程描述混凝土单轴受拉时上升段的应力–应变非线性特性[168]，其表达式为

$$D = D_0\left(\frac{\varepsilon}{\varepsilon_0}\right)^m \tag{4.4.1}$$

式中，ε_0 为拉应变峰值；D_0 为应力达到峰值时材料的损伤量；m 为材料参数。

结合应变等价原理可得混凝土单轴受拉时的应力–应变关系表达式为

$$\sigma = \left[1 - D_0\left(\frac{\varepsilon}{\varepsilon_0}\right)^m\right]E\varepsilon \tag{4.4.2}$$

式中，E 为无损材料的弹性模量。

其边界条件为

$$\sigma|_{\varepsilon=\varepsilon_0} = f_t$$

$$\left.\frac{\mathrm{d}\sigma}{\mathrm{d}\varepsilon}\right|_{\varepsilon=\varepsilon_0} = 0 \tag{4.4.3}$$

将式 (4.4.3) 代入式 (4.4.2) 中得

$$D_0 = 1 - \frac{f_t}{E\varepsilon_0} = 1 - \frac{E'}{E}$$

$$m = \frac{1}{D_0} - 1 = \frac{E'}{E - E'} \tag{4.4.4}$$

式中，f_t 为混凝土拉伸极限强度；E' 为受损材料的弹性模量。

在三维应力状态下，假定损伤为各向同性的，当材料满足破坏准则而产生损伤时，采用 Marzas 修正法将一维损伤本构方程推广为三维损伤本构方程[169]。

定义等效应变 ε_e 表达式为

$$\varepsilon_e = \sqrt{\langle\varepsilon_1\rangle^2 + \langle\varepsilon_2\rangle^2 + \langle\varepsilon_3\rangle^2} \tag{4.4.5}$$

式中，ε_1、ε_2、ε_3 为 3 个方向的主应变；$\langle\ \rangle$ 的定义为

$$\langle x\rangle = \begin{cases} x, & x \geqslant 0 \\ 0, & x < 0 \end{cases} \tag{4.4.6}$$

用等效应变 ε_e 代替式 (4.4.1) 中的 ε，得到三维应力状态下混凝土上升段应力–应变曲线非线性段的损伤演化方程为

$$D = D_0 \left(\frac{\varepsilon_e}{\varepsilon_0}\right)^m \tag{4.4.7}$$

此时三维损伤本构应力–应变方程为

$$\begin{Bmatrix} \sigma_x \\ \sigma_y \\ \sigma_z \\ \tau_{xy} \\ \tau_{yz} \\ \tau_{zx} \end{Bmatrix} = \frac{E}{(1+\mu)(1-2\mu)}(1-D)$$

$$
\cdot \begin{vmatrix} 1-\mu & \mu & \mu & 0 & 0 & 0 \\ & 1-\mu & \mu & 0 & 0 & 0 \\ & & 1-\mu & 0 & 0 & 0 \\ & & & \dfrac{1-2\mu}{2} & 0 & 0 \\ & \text{sym} & & & \dfrac{1-2\mu}{2} & 0 \\ & & & & & \dfrac{1-2\mu}{2} \end{vmatrix} \quad (4.4.8)
$$

在混凝土断裂损伤耦合模型中，当 MCEZ 内的混凝土损伤 D 增长至起裂损伤阈值 D_{s} 时，MCEZ 发展至饱和状态，MCEZ 尾端的混凝土内应力达到抗拉强度 f_{t}。因此微裂纹生成区也可通过损伤进行描述，且通过损伤理论描述的微裂纹生成区形态与大小应和通过强度理论描述的微裂纹生成区形态与大小一致。

1. 平面应力问题

在平面应力状态下，3 个主应力可表示为

$$
\begin{cases} \varepsilon_1 = \dfrac{1}{E}(\sigma_1 - \mu\sigma_2) \\[2mm] \varepsilon_2 = \dfrac{1}{E}(\sigma_2 - \mu\sigma_1) \\[2mm] \varepsilon_3 = -\dfrac{\mu}{E}(\sigma_1 + \sigma_2) \end{cases} \quad (4.4.9)
$$

将式 (4.2.2) 代入式 (4.4.9) 中，得到混凝土初始宏观裂纹尖端在平面应力状态下的主应变场表达式为

$$
\begin{cases} \varepsilon_1 = \dfrac{K_{\mathrm{I}}}{E\sqrt{2\pi r}} \cos\dfrac{\theta}{2} \left[(1-\mu) + (1+\mu)\sin\dfrac{\theta}{2} \right] \\[3mm] \varepsilon_2 = \dfrac{K_{\mathrm{I}}}{E\sqrt{2\pi r}} \cos\dfrac{\theta}{2} \left[(1-\mu) - (1+\mu)\sin\dfrac{\theta}{2} \right] \\[3mm] \varepsilon_3 = -2\mu \dfrac{K_{\mathrm{I}}}{E\sqrt{2\pi r}} \cos\dfrac{\theta}{2} \end{cases} \quad (4.4.10)
$$

将式 (4.4.10) 代入式 (4.4.5) 得

$$
\varepsilon_{\mathrm{e}} = \sqrt{\langle \varepsilon_1 \rangle^2 + \langle \varepsilon_2 \rangle^2 + \langle \varepsilon_3 \rangle^2} = \frac{K_{\mathrm{I}}}{E\sqrt{\pi r}} \cos\frac{\theta}{2} \sqrt{(1-\mu)^2 + (1+\mu)^2 \sin^2\frac{\theta}{2}} \quad (4.4.11)
$$

将式 (4.4.11) 代入式 (4.4.7) 中得

$$D = D_0 \left[\frac{K_{\mathrm{I}}}{E\varepsilon_0\sqrt{\pi r}} \cos\frac{\theta}{2} \sqrt{(1-\mu)^2 + (1+\mu)^2 \sin^2\frac{\theta}{2}} \right]^m \tag{4.4.12}$$

将式 (4.4.12) 进行数学变换, 得到平面应力状态下微裂纹生成区的边界方程为

$$r_{\mathrm{e}} = \frac{K_{\mathrm{I}}^2 \cos^2\dfrac{\theta}{2}}{\pi E^2 \varepsilon_0^2} \left[(1-\mu)^2 + (1+\mu)^2 \sin^2\frac{\theta}{2} \right] \left(\frac{D_0}{D} \right)^{\frac{2}{m}} \tag{4.4.13}$$

此时, 在 x 轴上的微裂纹生成区临界长度为

$$r_{\mathrm{eu}} = \frac{K_{\mathrm{I}}^2 (1-\mu)^2}{\pi E^2 \varepsilon_0^2} \left(\frac{D_0}{D} \right)^{\frac{2}{m}} \tag{4.4.14}$$

由于通过损伤理论描述的微裂纹生成区大小形态与通过强度理论描述的微裂纹生成区大小形态一致, 故两者在 x 轴上的微裂纹生成区临界长度相等。因此, 联立式 (4.3.38) 与式 (4.4.14), 可得

$$\left(\frac{D_0}{D_s} \right)^{\frac{1}{m}} = \frac{E\varepsilon_0}{\sqrt{2}C(1-\mu)} \left[\frac{(1+\beta)(1+b)}{2} + \frac{2a}{3} \right] \tag{4.4.15}$$

将 $f_{\mathrm{t}} = (1-D_0)E\varepsilon_0$ 代入式 (4.4.15) 中, 可得平面应力状态下微裂纹生成区饱满状态时的损伤因子, 即起裂损伤阈值的表达式为

$$D_{\mathrm{s}} = D_0 \left\{ \frac{6\sqrt{2}C(1-\mu)(1-D_0)}{f_{\mathrm{t}}[3(1+\beta)(1+b)+4a]} \right\}^m \tag{4.4.16}$$

2. 平面应变问题

在平面应变状态下, 3 个主应力可表示为

$$\begin{cases} \varepsilon_1 = \dfrac{1+\mu}{E}[(1-\mu)\sigma_1 - v\sigma_2] \\[2mm] \varepsilon_1 = \dfrac{1+\mu}{E}[(1-\mu)\sigma_2 - v\sigma_1] \\[2mm] \varepsilon_3 = 0 \end{cases} \tag{4.4.17}$$

将式 (4.2.2) 代入式 (4.4.17) 中, 得到混凝土初始宏观裂纹尖端在平面应变状态下的主应变场表达式为

$$
\begin{cases}
\varepsilon_1 = \dfrac{(1-\mu^2)K_{\mathrm{I}}}{E\sqrt{2\pi r}} \cos\dfrac{\theta}{2} \left[\dfrac{1-2\mu}{1-\mu} + \dfrac{1}{1-\mu}\sin\dfrac{\theta}{2} \right] \\[3mm]
\varepsilon_1 = \dfrac{(1-\mu^2)K_{\mathrm{I}}}{E\sqrt{2\pi r}} \cos\dfrac{\theta}{2} \left[\dfrac{1-2\mu}{1-\mu} + \dfrac{1}{1-\mu}\sin\dfrac{\theta}{2} \right] \\[3mm]
\varepsilon_3 = 0
\end{cases}
\tag{4.4.18}
$$

将式 (4.4.18) 代入式 (4.4.5) 中得

$$
\varepsilon_{\mathrm{e}} = \sqrt{\langle\varepsilon_1\rangle^2 + \langle\varepsilon_2\rangle^2} = \frac{K_{\mathrm{I}}(1-\mu^2)}{E\sqrt{\pi r}} \cos\frac{\theta}{2} \sqrt{\left(\frac{1-2\mu}{1-\mu}\right)^2 + \left(\frac{1}{1-\mu}\sin\frac{\theta}{2}\right)^2}
\tag{4.4.19}
$$

将式 (4.4.19) 代入式 (4.4.7) 中, 并进行数学变换得到平面应变状态下微裂纹生成区的边界方程为

$$
r_{\mathrm{e}} = \left[\frac{(1-\mu^2)K_{\mathrm{I}}}{E\varepsilon_0\sqrt{\pi}}\cos\frac{\theta}{2}\right]^2 \left[\left(\frac{1-2\mu}{1-\mu}\right)^2 + \left(\frac{1}{1-\mu}\sin\frac{\theta}{2}\right)^2\right]\left(\frac{D_0}{D}\right)^{\frac{2}{m}}
\tag{4.4.20}
$$

此时, 在 x 轴上的微裂纹生成区临界长度为

$$
r_{\mathrm{eu}} = \left[\frac{(1+\mu)(1-2\mu)K_{\mathrm{I}}}{E\varepsilon_0\sqrt{\pi}}\right]\left(\frac{D_0}{D}\right)^{\frac{2}{m}}
\tag{4.4.21}
$$

联立式 (4.2.46) 与式 (4.4.21), 可得平面应变状态下, 微裂纹生成区饱满状态时的损伤因子, 即起裂损伤阈值计算表达式为

$$
D_{\mathrm{s}} = D_0 \left[\frac{6\sqrt{2}C}{3(1+b)(1-2\mu)+3\beta(1+b)(1+2\mu)+4a(1+\mu)}\right.
$$
$$
\left.\cdot \frac{(1+v)(1-2\mu)(1-D_0)}{f_{\mathrm{t}}}\right]^m
\tag{4.4.22}
$$

对于混凝土材料, 压缩强度大于拉伸强度, 一般取 $\alpha = f_{\mathrm{t}}/f_{\mathrm{c}} = 0.062 \sim 0.127$, 双轴等压强度大于单轴压缩强度, 一般取 $\overline{\alpha} = f_{\mathrm{bc}}/f_{\mathrm{c}} = 1.15 \sim 1.3$, $b = 0.5 \sim 1$ [160,168]。本章中取 $\alpha = 0.1$、$\overline{\alpha} = 1.2$ 和 $b = 1$, 并代入式 (4.3.33) 中得混凝土三参数统一强度理论中各力学参数值。将各参数值分别代入式 (4.4.16) 和式 (4.4.22) 中, 可分别得到平面应力和平面应变问题下微裂纹生成区的起裂损伤阈值, 如表 4.4.1 所示。

表 4.4.1 微裂纹起裂损伤阈值计算参数及计算结果

α	$\bar{\alpha}$	b	μ	β	a	C	D_0	m	平面应力下 D_s	平面应变下 D_s
0.1	1.2	1	0.2	0.79	0.09	1.82 f_t	0.2	4	0.126	0.1

由表 4.4.1 中的计算结果知:

(1) 平面应力状态下的起裂损伤阈值略大于平面应变状态。这是因为平面应力状态下的微裂纹生成区范围比平面应变状态下的微裂纹生成区范围大，表明在平面应力状态下，初始宏观裂纹尖端的微裂纹区发展更充分，微裂纹的延伸与扩展能力更强，伴随着起裂损伤值更大。

(2) 混凝土微裂纹生成区的起裂损伤阈值 D_s 小于应力达到峰值时的损伤变量 D_0，说明带有初始宏观裂纹的混凝土结构在裂纹尖端应力达到峰值前微裂纹已经起裂，裂纹尖端混凝土将提前进入稳定扩展阶段。这是因为在外载荷作用下，由于初始宏观裂纹的存在，裂纹尖端处的混凝土材料力学性能降低，伴随着起裂损伤阈值的降低。

4.5　断裂过程区长度计算

当初始宏观裂纹尖端前沿的微裂纹区损伤达到起裂损伤阈值 D_s 时，微裂纹进入稳定扩展阶段，此时微裂纹生成区尾端的混凝土因微裂纹的扩展将引起应力松弛。根据 Hillerborg 对虚拟裂纹的定义 [153]，此时在微裂纹扩展区的两侧作用有闭合力，闭合力的分布将根据混凝土的拉伸软化曲线确定。

4.5.1　闭合力分布规律形式的归一化

对于混凝土等准脆性材料在开裂过程中非线性特征的宏观描述方法有两种，即荷载–裂纹口张开位移 (σ-w) 曲线和荷载–裂纹扩展量 (σ-x) 曲线，两者直接存在如下假设 [170]：

(1) 荷载–裂纹口张开位移曲线上的非线性特征由且仅由表面裂纹前的虚拟裂纹扩展引起；

(2) 等效裂纹长度包括自由表面裂纹长度与虚拟裂纹长度两部分；

(3) 裂纹口张开位移与等效裂纹长度成正比；

(4) 闭合力的分布与材料的软化规律存在一一对应的关系。

按假设 (4)，当材料的软化规律确定之后，微裂纹扩展区上的闭合力分布应当唯一地被确定。设混凝土的软化方程为已知函数：

$$\sigma(w) = f_1(w) \tag{4.5.1}$$

设微裂纹扩展区闭合力方程为未知函数：

$$\sigma(x) = f_2(x) \tag{4.5.2}$$

按假设 (3)，有

$$x = g(w) = \lambda w \tag{4.5.3}$$

由于 $\sigma(w)$、$\sigma(x)$ 只是虚拟裂纹段上某点应力的两种不同表达方式，所以有

$$\sigma(x) = \sigma(w) = f_1(w) = f_1\left(\frac{1}{\lambda}x\right) \tag{4.5.4}$$

因此，当软化规律 $f_1(w)$ 已知时，虚拟裂纹段上某点的应力 $\sigma(x)$ 可通过式 (4.5.4) 唯一确定。当微裂纹扩展区长度到达 r_{du} 时，混凝土的裂纹稳定扩展达到临界状态，裂纹的最大开口位移为 w_0，将式 (4.5.1) 和式 (4.5.2) 改写为

$$\sigma(w/w_0) = f_1'(w/w_0) \tag{4.5.5}$$

$$\sigma(x/r_{\mathrm{du}}) = f_2'(x/r_{\mathrm{du}}) \tag{4.5.6}$$

同样地，$\sigma(w/w_0)$、$\sigma(x/r_{\mathrm{du}})$ 也是虚拟裂纹段上某点应力的两种不同表达方式，因此有

$$f_1'(w/w_0) = f_2'(x/r_{\mathrm{du}}) \tag{4.5.7}$$

根据假设 (3)，将式 (4.5.1) 代入式 (4.5.5)，并有 $\lambda w_0 = r_{\mathrm{du}}$，得到

$$f_1' = f_2' \tag{4.5.8}$$

4.5.2　等效裂纹的闭合力分布规律

混凝土因初始裂纹尖端微裂区的存在将引起应力松弛，当微裂区边界到达某一强度极限时，微裂区内部因应变大于极限应变而出现软化。采用幂函数形式对混凝土的软化特性进行描述 [171]，由于混凝土微裂纹生成区的起裂损伤阈值 D_{s} 小于应力达到峰值时的损伤变量 D_0，因此，带有初始宏观裂纹的混凝土结构在裂纹尖端应力达到峰值前微裂纹已经起裂，设此时的峰值应力为 f_{t}'，则混凝土的软化曲线表达式为

$$\sigma = f_{\mathrm{t}}'\left(\frac{\varepsilon}{\varepsilon_0'}\right)^n \tag{4.5.9}$$

将 $f_{\mathrm{t}}' = (1 - D_{\mathrm{s}})E\varepsilon_0'$ 代入式 (4.5.9) 中，可得混凝土微裂纹稳定扩展区 (MCSDZ) 的应力–应变关系表达式为

$$\sigma = (1 - D_{\mathrm{s}})\left(\frac{\varepsilon}{\varepsilon_0'}\right)^{n-1}E\varepsilon \tag{4.5.10}$$

式中, n 为下降段特征下降指数; D_s 为起裂损伤阈值; ε' 为峰值应力 f_t' 对应的峰值应变。

结合应变等价原理, 推导微裂纹稳定扩展区 (MCSDZ) 的损伤演化方程为

$$D = 1 - (1 - D_s) \left(\frac{\varepsilon}{\varepsilon_0'} \right)^{n-1} \tag{4.5.11}$$

由式 (4.4.1) 可得

$$\frac{D_s}{D_0} = \left(\frac{\varepsilon_0'}{\varepsilon_0} \right)^m \tag{4.5.12}$$

将式 (4.5.12) 代入式 (4.4.2) 中, 并令 $\varepsilon_0 = \varepsilon_0'$, 可得

$$f_t' = \left[1 - D_0 \left(\frac{\varepsilon_0'}{\varepsilon_0} \right)^m \right] E \varepsilon_0' = \left[\frac{\varepsilon_0'}{\varepsilon_0} - D_0 \left(\frac{\varepsilon_0'}{\varepsilon_0} \right)^{m+1} \right] E \varepsilon_0'$$

$$= \frac{f_t}{1 - D_0} \left[\frac{\varepsilon_0'}{\varepsilon_0} - D_0 \left(\frac{\varepsilon_0'}{\varepsilon_0} \right)^{m+1} \right] \tag{4.3.13}$$

因此可得

$$\frac{f_t'}{f_t} = \frac{1}{1 - D_0} \left[\frac{\varepsilon_0'}{\varepsilon_0} - D_0 \left(\frac{\varepsilon_0'}{\varepsilon_0} \right)^{m+1} \right] \tag{4.5.14}$$

式中, D_s 与 m 已知, 故微裂纹稳定扩展开始时的峰值应力 f_t' 和峰值应变 ε_0' 均可计算得到。

4.5.3 断裂过程区长度

断裂过程区长度是指包含 MCEZ 和 MCSDZ 的整个损伤区域, 即 $l = r_e + r_d$。其中, r_e 发展到微裂纹生成区饱满后达到 r_{eu} 后保持不变; 当 MCSDZ 虚拟裂纹上的闭合力布满混凝土软化曲线全长时, MCSDZ 扩展至饱和状态, r_d 达到最大值 r_{du} 后保持不变, 此时断裂过程区长度 $l_u = r_{eu} + r_{du}$ 达到最大值。

参照金属材料塑性区的软化扩展计算方法, 推导混凝土断裂过程区长度。混凝土初始宏观裂纹尖端软化前、后的应力分布如图 4.5.1 所示。对式 (4.5.9) 进行函数变换并结合图 4.5.1 可得, 在过程区 l_u 内 I 型裂纹因应变软化裂纹尖端应力表达式为

$$\sigma_y(x) = f_t' \left(\frac{l_u}{x} \right)^{\frac{n}{n+1}} \tag{4.5.15}$$

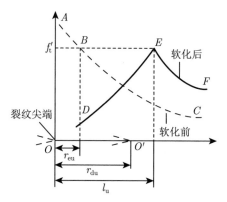

图 4.5.1 初始裂纹尖端软化前、后应力分布

由于考虑应力松弛后，构件承载能力不应发生变化，故图 4.5.1 中，曲线 DEF 以下所围面积应等于 ABC 以下所围面积，而弹性区内应力积分不变，即 EF 以下所围面积与 BC 以下所围面积相等，故 DE 与 AB 以下面积相等。令 DE 以下面积为 A_1，AB 以下面积为 A_2，则有

$$A_1 = \int_0^{l_u} \sigma_y(x)\mathrm{d}x = \int_0^{r_{eu}} \sigma_y \mathrm{d}x = A_2 \tag{4.5.16}$$

根据线弹性断裂力学，式 (4.5.16) 中 σ_y 的表达式为

$$\sigma_y = \frac{K_I}{\sqrt{2\pi x}} \tag{4.5.17}$$

将式 (4.5.15) 和式 (4.5.17) 代入式 (4.5.16) 中得

$$\int_0^{l_u} f'_t \left(\frac{r_{du}}{x}\right)^{\frac{n}{n+1}} \mathrm{d}x = \int_0^{r_{eu}} \frac{K_I}{\sqrt{2\pi x}}\mathrm{d}x \tag{4.5.18}$$

对上式进行积分后得

$$l_u = \frac{2}{n+1} r_{eu} \tag{4.5.19}$$

由式 (4.5.19) 可知，断裂过程区的尺寸与软化指数 n 有关，考虑软化指数随混凝土材质差别而不同，一般软化指数 $n \leqslant -1/3$，若取 $n = -1/3$，代入式 (4.5.19) 中可得 $l_u = 3r_{eu}$。故因应力松弛而引起的断裂过程区特征尺寸是微裂生成区特征尺寸的 3 倍以上。

4.5.4 微裂纹稳定扩展区长度

与金属线弹性断裂力学的塑性区修正方法相同，当微裂纹稳定扩展区长度为 r_{du} 时，等效裂纹长度 $R = r_0 + r_{\mathrm{du}}$。由图 4.5.1 得，此时 E 点在新裂纹尖端 O' 坐标下的最大应力等于软化变形后的峰值应力，即有

$$\sigma_1 = f_{\mathrm{t}}' = \frac{K_{\mathrm{I}}}{\sqrt{2\pi(l_{\mathrm{u}} - r_{\mathrm{du}})}} \tag{4.5.20}$$

由小范围屈服条件得 $r_{\mathrm{du}} \ll r_0$，故有

$$K_{\mathrm{I}}^* = \sigma\sqrt{\pi R} \approx \sigma\sqrt{\pi r_0} \tag{4.5.21}$$

将式 (4.5.19) 代入式 (4.5.20) 中，并结合式 (4.5.21) 可得

$$r_{\mathrm{du}} = l_{\mathrm{u}} - \frac{K_{\mathrm{I}}^2}{2\pi(f_{\mathrm{t}}')^2} = \frac{2}{n+1}r_{\mathrm{e}} - \frac{K_{\mathrm{I}}^2}{2\pi(f_{\mathrm{t}}')^2} = \frac{1-n}{1+n}r_{\mathrm{eu}} \tag{4.5.22}$$

由式 (4.5.22) 可知，微裂纹稳定扩展区尺寸也与软化指数 n 有关，当 $n = -1/3$，代入式 (4.5.22) 中可得 $r_{\mathrm{du}} = 2r_{\mathrm{eu}}$。因此，在外载荷作用下，带有初始宏观裂纹的混凝土微裂纹稳定扩展区尺寸是微裂纹生成区尺寸的 2 倍以上。

4.6 断裂损伤耦合本构的数值模拟与验证

断裂损伤耦合本构模型可从理论上描述有、无初始裂纹的混凝土构件及结构的起裂、失稳断裂状态，通过数值模拟，还可描述裂纹扩展的全过程。本节以断裂损伤耦合本构模型为基础，对数值模拟过程中的裂纹扩展判据进行了定义；以此为基础，对不同构件尺寸、不同初始裂纹长度的三点弯曲梁断裂过程进行了数值模拟，并将数值模拟结果与实验结果进行了对比，验证了数值模拟的正确性和可行性。

4.6.1 断裂损伤耦合本构模型的裂纹扩展判据

如图 4.6.1 所示的三点弯曲梁，在裂纹的发展过程中任意时刻受力简图如图 4.6.1(a) 所示，根据断裂损伤耦合本构模型，构件的等效裂纹不仅受到外载荷 P 的作用，还存在阻止裂纹扩展的闭合力 $\sigma(x)$。根据损伤因子的叠加原理[154]，可得该时刻下裂纹尖端损伤计算表达式为

$$D = D_{\mathrm{p}} + D_{\mathrm{c}} \tag{4.6.1}$$

式中，D 为裂纹尖端损伤因子；D_{p} 为外载荷引起的裂纹尖端损伤因子，如图 4.6.1(b) 所示；D_{c} 为闭合力引起的裂纹尖端损伤因子，如图 4.6.1(c) 所示。

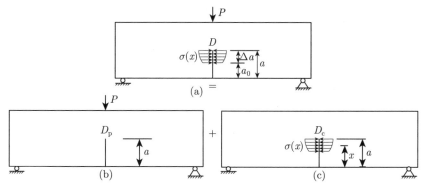

图 4.6.1　裂纹尖端处损伤因子的叠加计算方法

根据 4.5.1 节可知，等效裂纹上的闭合力可由应力–裂纹口张开位移 (σ-w) 曲线和荷载–裂纹扩展量 (σ-x) 曲线表示，因此结合式 (4.5.1)∼ 式 (4.5.8) 并结合式 (4.5.15) 可得，等效裂纹上的闭合力与裂纹张开位移 w 间的指数关系式为

$$\sigma(w) = f_{\mathrm{t}}' \left(1 - \frac{w}{w_0}\right)^{\frac{n}{n+1}} \tag{4.6.2}$$

式中，w_0 为 $\sigma(w)$ 为零时的裂纹尖端张开位移，当 $w \geqslant w_0$ 时，$\sigma(w) = 0$。

根据线性渐进叠加假设 [154]，将裂纹尖端的扩展过程细化，并认为整个断裂过程是由相同材料、相同尺寸、不同预开裂纹长的弹性点组成的外包络线，如图 4.6.2 所示，图中 CMOD 为裂纹口张开位移。其中，起裂损伤因子 D_{s} 作为判断起裂的标准，即为本节所提出的扩展判据，裂纹扩展判据准确表达为

当 $D_{\mathrm{p}} - D_{\mathrm{c}} < D_{\mathrm{s}}$ 时，裂纹不扩展；

当 $D_{\mathrm{p}} - D_{\mathrm{c}} = D_{\mathrm{s}}$ 时，裂纹处于临界状态；

当 $D_{\mathrm{p}} - D_{\mathrm{c}} > D_{\mathrm{s}}$ 时，裂纹开始扩展。

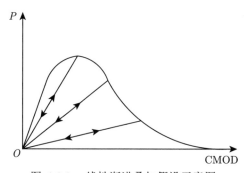

图 4.6.2　线性渐进叠加假设示意图

4.6.2 断裂损伤耦合本构模型的裂纹扩展数值计算方法

根据断裂损伤耦合本构模型的裂纹扩展判据, 仅需求解裂纹尖端微裂纹生成区的局部损伤因子 D, 当损伤达到裂纹扩展的条件后, 给裂纹一微小增量, 重复这一过程, 直到裂纹发展到构件完全破坏。数值计算过程如下:

(1) 假设初始裂纹长度为 r_0, 如图 4.6.3(a) 所示。外载荷从零开始以 ΔP 的增量递增, 直到初始裂纹尖端 $D_p = D_s$, 此时得到的载荷为起裂载荷 P_{ini}, 并令 $\text{load}(1) = P_{ini}$。

(2) 删除原有模型, 裂纹向前扩展 Δa, 如图 4.6.3(b) 所示。重新建模并划分网格, 施加外载荷 $\text{load}(2) = \text{load}(1)$, 计算裂纹扩展长度上的张开位移 w, 并代入式 (4.6.2) 中, 计算内聚力; 在裂纹扩展长度 Δa 上施加内聚力, 并进行运算, 若 $D_p - D_c < D_s$, 增加外载荷 $\text{load}(2) = \text{load}(1) + n\Delta P$, 直到 $D_p - D_c = D_s$, 如图 4.6.3(c) 所示, 裂纹扩展进入下一阶段。

(3) 重复第 (2) 步过程, 直到裂纹扩展至第 i 步时, 外载荷初值 $\text{load}(i) = \text{load}(i-1)$, 计算裂纹张开位移 w 并施加内聚力, 运算如果得到 $D_p - D_c > D_s$, 说明第 i 步的外载荷需要降低, 减小外载荷 $\text{load}(i) = \text{load}(i-1) - n\Delta P$, 直至满足 $D_p - D_c = D_s$, 裂纹进入下一步扩展。此时 $\text{load}(i-1) = P_{max}$, 所对应的等效裂纹长度 R, 即为临界等效裂纹长度 $R_u = r_0 + (i-1)\Delta a$, 并对应双 K 断裂模型中的失稳断裂韧度 K_{IC}^{un}, 如图 4.6.3(d) 所示。

(4) 重复第 (3) 步过程, 直至 $\text{load}(j) = \text{load}(j-1) - \Delta P = 0$ 或裂纹扩展至构件边界, 计算结束。此时裂纹尖端张开位移等于 w_0, 闭合力沿虚拟裂纹面呈全分布状态, 微裂纹稳定扩展区长度达到最大值 r_{du}, 如图 4.6.3(e) 所示。

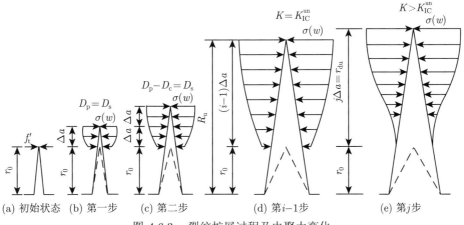

图 4.6.3 裂纹扩展过程及内聚力变化

4.6.3　预置裂纹的三点弯曲梁断裂数值模拟

为验证上述数值计算方法的可行性与正确性, 对文献 [172] 中的不同试件尺寸以及不同初始裂纹长度的三点弯曲梁断裂过程进行了数值模拟, 试件形式、尺寸及材料参数如图 4.6.4、表 4.6.1 和表 4.6.2 所示, 其中预置裂纹缺口宽度 2mm。

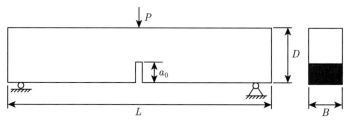

图 4.6.4　带预置裂纹的混凝土三点弯曲梁

表 4.6.1　试件尺寸

试件编号	试件尺寸 $L \times D \times B$/mm	初始裂纹长度 a_0/mm	相对缝深 a_0/D
Se20	$900 \times 200 \times 200$	80	0.4
Se30	$1300 \times 300 \times 200$	120	0.4
Se40	$1700 \times 400 \times 200$	160	0.4
Se50	$2100 \times 500 \times 200$	200	0.4

表 4.6.2　试件材料参数

立方体抗压强度 f_{cu} /MPa	圆柱体抗压强度 f_c/MPa	劈裂抗拉强度 f_t/MPa	弹性模量 E/GPa	泊松比 μ
33.8	25.2	2.37	30.446	0.194

采用塑性损伤模型对实验试件进行本构建模, 其中, 采用王传志等建议的应力–应变表达式 [166] 对混凝土受压应力–应变曲线进行数学拟合, 如式 (4.6.3) 所示。在此基础上引入损伤因子并结合能量等价原理, 推导混凝土的受压损伤演化方程, 如式 (4.6.4) 所示。

$$y(x) = \begin{cases} x(E_0\varepsilon_0/f_c), & x \leqslant 0.3 \\ \alpha_a x + (3-2\alpha_a)x^2 + (\alpha_a-2)x^3, & 0.3 < x \leqslant 1 \\ x/[\alpha_d(x-1)_2 + x]^2, & x > 1 \end{cases} \quad (4.6.3)$$

$$d = \begin{cases} 0, & x \leqslant 0.3 \\ 1 - \sqrt{k_c[\alpha_a + (3-2\alpha_a)x + (\alpha_a-2)x^2]}, & 0.3 < x \leqslant 1 \\ 1 - \sqrt{k_c/[\alpha_d(x-1)^2 + x]}, & x > 1 \end{cases} \quad (4.6.4)$$

式中，$x = \varepsilon/\varepsilon_0$，$y = \sigma/f_c$；$f_c$ 为极限抗压强度；ε_0 为极限抗压应力时对应的应变；α_a 为上升段参数，并且有 $\alpha_a = 2.4 - 0.0125 f_c$；$\alpha_d$ 为下降段参数，并且有 $\alpha_d = 0.157 f_c^{0.785} - 0.905$。

采用多项式表达式 [173] 和幂指数表达式 [174] 分别对混凝土受拉上升段和下降段应力–应变曲线进行数学拟合，如式 (4.6.5) 所示。引入损伤因子并结合应变等价原理，推导混凝土的受拉损伤演化方程，如式 (4.6.6) 所示。

$$y(x) = \begin{cases} 1.4x + 0.2x^2 - 0.6x^3, & x \leqslant 1 \\ x^n, & x > 1, n \leqslant -1/3 \end{cases} \tag{4.6.5}$$

$$d = \begin{cases} 1 - \sqrt{k_t(1.4 + 0.2x - 0.6x^2)}, & x \leqslant 1 \\ 1 - \sqrt{k_t x^{n-1}}, & x > 1, n \leqslant -1/3 \end{cases} \tag{4.6.6}$$

式中，$x = \varepsilon/\varepsilon_{t0}$，$y = \sigma/f_t$，$f_t$ 为极限抗拉强度，ε_{t0} 为极限抗拉时的应变；n 为下降段特征下降指数。

分别通过式 (4.6.3) 和式 (4.6.4) 对混凝土压缩非弹性应变–屈服应力关系曲线和压缩非弹性应变–损伤因子曲线进行拟合，如图 4.6.5 和图 4.6.6 所示；分别通过式 (4.6.5) 和式 (4.6.6) 对混凝土拉伸开裂应变–屈服应力关系曲线和拉伸开裂应变–损伤因子关系曲线进行拟合，如图 4.6.7 和图 4.6.8 所示，最终完成对实验试件的塑性损伤本构模型的建立。

依据 4.6.1 节计算结果，取 $D_s = 0.126$，计算不同试件尺寸、不同初始裂纹长度的三点弯曲梁起裂载荷 P_{ini}、峰值载荷 P_{max}、临界等效裂纹长度 R_u、失稳断裂韧度 $K_{\text{IC}}^{\text{un}}$ 和临界裂纹口张开位移 CMOD_c，并与实验结果进行了对比，如表 4.6.3 及图 4.6.9 所示。其中，失稳断裂韧度可通过式 (4.6.7) 计算得到 [154]。

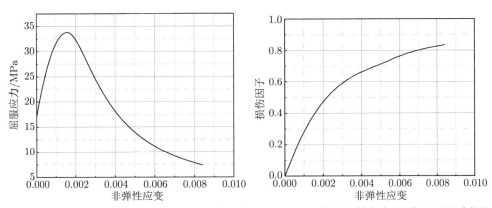

图 4.6.5 压缩非弹性应变–屈服应力关系曲线 图 4.6.6 压缩非弹性应变–损伤因子关系曲线

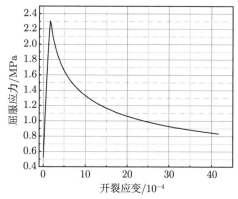

图 4.6.7　拉伸开裂应变–屈服应力关系曲线

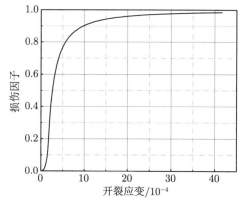

图 4.6.8　拉伸开裂应变–损伤因子关系曲线

$$K_{\mathrm{IC}}^{\mathrm{un}} = \frac{3P_{\max}L}{2D^2B}\sqrt{R_{\mathrm{u}}}\,F\left(\frac{R_{\mathrm{u}}}{D}\right) \tag{4.6.7}$$

式中，$F\left(\dfrac{R_{\mathrm{u}}}{D}\right) = \dfrac{1.99 - \left(\dfrac{R_{\mathrm{u}}}{D}\right)\left(1 - \dfrac{R_{\mathrm{u}}}{D}\right)\left[2.15 - 3.93\dfrac{R_{\mathrm{u}}}{D} + 2.7\left(\dfrac{R_{\mathrm{u}}}{D}\right)^2\right]}{\left(1 + 2\dfrac{R_{\mathrm{u}}}{D}\right)\left(1 - \dfrac{R_{\mathrm{u}}}{D}\right)^{3/2}}$。

由表 4.6.3 和图 4.6.9 得，在达到峰值载荷前，通过数值计算得到的 P-CMOD 曲线、峰值载荷以及所对应的临界裂纹口张开位移与实验结果吻合较好，但下降段与实验结果差距较大，这是因为在文献 [172] 的三点弯曲梁实验中，由于实验机刚度不足，无法得到理想的 P-CMOD 曲线下降段，并造成数值模拟结果与实验结果差异较大。因此，本章提出的断裂损伤耦合本构模型可较为准确地描述混凝土构件的各断裂特征参数，验证了断裂损伤耦合本构模型的正确性以及数值计算方法的可行性。

表 4.6.3　断裂参数计算结果与实验结果对比

试件编号	P_{ini}/kN		$P_{\max}$/kN		R_{u}/mm		CMOD$_{\mathrm{c}}$/μm		$K_{\mathrm{IC}}^{\mathrm{un}}$/(MPa·m$^{1/2}$)	
	实验值	计算值	实验值	计算值	实验值	计算值	实验值	计算值	实验值	计算值
Se20	8.40	8.76	10.98	10.89	102	100	68.56	63.21	1.39	1.46
Se30	9.35	9.00	12.92	12.66	163	160	97.61	74.70	1.54	1.49
Se40	10.35	9.84	15.31	14.73	203	212	96.45	86.61	1.47	1.45
Se50	11.52	11.04	17.72	16.97	268	253	127.80	106.81	1.69	1.43

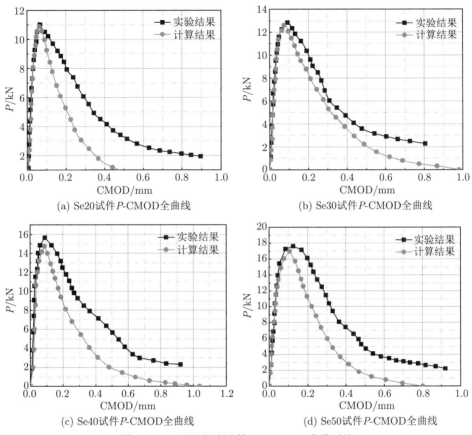

(a) Se20试件P-CMOD全曲线　　　　　　　(b) Se30试件P-CMOD全曲线

(c) Se40试件P-CMOD全曲线　　　　　　　(d) Se50试件P-CMOD全曲线

图 4.6.9　不同实验试件 P-CMOD 曲线对比

第 5 章　沥青混凝土损伤本构模型

公路场坪面层是发射场坪的重要组成部分，弹箭发射过程该功能层与发射装备直接接触，当数百吨发射载荷作用于性能较差的场坪面层时，其损伤特性及动态响应将直接影响前、后支腿和自适应底座的动力学响应，进一步对发射平台的整体稳定性和发射品质造成较大程度的影响。因此，在第 2、3 章发射场坪动力响应力学模型和第 4 章水泥混凝土断裂损伤耦合本构模型的基础上，本章建立沥青混凝土损伤本构模型，将场坪面层沥青混凝土视为发射场坪最主要的功能层材料，针对其本构模型的建立展开论述，重点对其在发射冲击载荷条件下的本构关系进行阐述，为广地域发射场坪面层精确数值模型的建立奠定基础。

沥青混凝土材料是一种带有先天内部缺陷 (损伤) 的复合多相材料，其内部存在许多初始裂纹。断裂力学和损伤力学是研究带缺陷材料的常用方法，然而，采用断裂力学对混凝土材料进行研究时，将混凝土中的大量微小损伤及分布的裂缝简化为一条或者几条裂纹并不是很合适 [175]。损伤力学结合塑性理论而形成的塑性损伤模型可研究带微裂纹材料在受力时损伤的扩展及演化，并且可较好模拟材料由于损伤而引起的不可恢复刚度退化，比较适合运用于对场坪面层材料的模拟。

另外，相对于水泥混凝土材料的准脆性特点，沥青混凝土更多地表现出一种黏弹性性质，且由于内部微裂纹的存在，形变时又呈现出一定的损伤特性。又因为沥青混凝土大多用于道路面层，主要承受轮胎的等幅移动载荷，故一般研究只关注其疲劳损伤特性，而对冲击载荷下沥青混凝土损伤特性的研究较少。

鉴于此，本章一方面运用塑性损伤本构模型对发射场坪面层沥青混凝土材料进行本构建模，在深入分析沥青混凝土单轴压、拉应力–应变全曲线特点的基础上，分别采用不同形式的数学表达式对应力–应变曲线进行数学拟合，同时引入损伤因子并结合 Sidoroff 能量等价原理，完成发射场坪面层塑性损伤本构模型的建立，并分别与沥青混凝土压、拉实验进行对比，验证应力–应变关系数学拟合的准确性及采用塑性损伤本构模型对发射场坪面层材料进行本构建模的有效性；另一方面，针对路面在发射载荷作用下产生中低应变率响应的特点，采用 Cauchy 应变表达的三维简化 ZWT (朱–王–唐) 非线性黏弹性本构模型以及应变率相关的损伤演化模型，建立了一种考虑应变率效应的含损伤演化非线黏弹性本构模型，用于描述沥青混凝土场坪的冲击损伤特性。

5.1 沥青混凝土塑性损伤本构模型

5.1.1 塑性损伤传统本构模型

塑性损伤模型是一种用来模拟分析混凝土和其他准脆性材料的各种结构 (梁、桁架、壳和实体) 在单调、循环或者动载荷作用下力学响应的普适材料分析模型。该模型考虑了材料拉压性能的差异，主要用于模拟低静水压力下由损伤引起的不可恢复材料退化；该模型将损伤指标引入混凝土模型，对混凝土的弹性刚度矩阵加以折减，以模拟混凝土的卸载刚度随损伤增加而降低的特点；采用各向同性弹性损伤结合各向同性拉伸和压缩塑性理论来表征混凝土的非弹性行为；该模型将非关联硬化引入混凝土弹塑性本构模型中，以期更好地模拟混凝土的受压弹塑性行为 [176]。

1. 损伤与刚度退化

塑性损伤模型为连续的、基于塑性的混凝土损伤模型。模型假定混凝土材料主要因拉伸开裂和压缩破碎而破坏。屈服或破坏面的演化由两个硬化变量 ε_t^{pl} 和 ε_c^{pl} 控制，ε_t^{pl} 和 ε_c^{pl} 分别表示拉伸和压缩等效塑性应变。

1) 单轴拉伸和压缩荷载

塑性损伤模型假定混凝土的单轴拉伸和压缩性状由损伤塑性描述，如图 5.1.1 和图 5.1.2 所示 [177]。

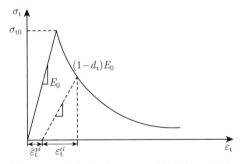
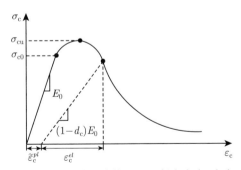

图 5.1.1　单轴拉伸作用下混凝土应力–应变　　图 5.1.2　单轴压缩作用下混凝土应力–应变

由图 5.1.1 和图 5.1.2 知：单轴拉伸时，应力–应变关系在达到破坏应力 σ_{t0} 前为线弹性；混凝土材料达到破坏应力 σ_{t0} 时，产生微裂纹；超过破坏应力 σ_{t0} 后，因微裂纹群的出现使混凝土材料宏观力学性能软化，这将引起混凝土结构应变的局部化。单轴压缩时，材料在到达初始屈服应力值 σ_{c0} 之前为线弹性，屈服后混凝土材料进入硬化段，超过极限应力 σ_{cu} 后混凝土材料进入应变软化阶段。塑性损伤模型对混凝土材料在单轴拉、压载荷下应力–应变关系表示方法虽然进行了一定的简化，但抓住了混凝土的主要变形特征。

单轴应力–应变关系曲线可以转化为应力与塑性应变关系曲线，其表达式为

$$\sigma_t = \sigma_t(\tilde{\varepsilon}_t^{pl}, \dot{\tilde{\varepsilon}}_t^{pl}, \theta, f_i)$$
$$\sigma_c = \sigma_c(\tilde{\varepsilon}_c^{pl}, \dot{\tilde{\varepsilon}}_c^{pl}, \theta, f_i) \tag{5.1.1}$$

式中，下标 t 和 c 分别表示拉伸和压缩；$\tilde{\varepsilon}_t^{pl}$ 和 $\tilde{\varepsilon}_c^{pl}$ 分别表示等效塑性拉伸应变与等效塑性压缩应变；$\dot{\tilde{\varepsilon}}_t^{pl}$ 和 $\dot{\tilde{\varepsilon}}_c^{pl}$ 分别表示等效塑性拉伸应变率与等效塑性压缩应变率；θ 表示温度；f_i $(i = 1, 2, 3, \cdots)$ 为其他预定义的场变量。

当混凝土试件从应力–应变关系曲线的软化段上卸载时，卸载段被弱化，即曲线斜率减小，这表明材料的弹性刚度发生了损伤 (或弱化)。弹性刚度的损伤可通过两个损伤变量 d_t 和 d_c 表示，这两个损伤变量为塑性应变、温度和场变量的函数，其表达式为

$$d_t = d_t(\tilde{\varepsilon}_t^{pl}, \theta, f_i), \ 0 \leqslant d_t \leqslant 1$$
$$d_c = d_c(\tilde{\varepsilon}_c^{pl}, \theta, f_i), \ 0 \leqslant d_c \leqslant 1 \tag{5.1.2}$$

式中，损伤因子的取值范围从 0 (表示无损材料) 至 1 (表示完全损伤材料)。

当材料的初始弹性模量为 E_0 时，单轴拉伸和压缩荷载作用下的应力–应变关系分别为

$$\sigma_t = (1 - d_t)E_0(\varepsilon_t - \tilde{\varepsilon}_t^{pl})$$
$$\sigma_c = (1 - d_c)E_0(\varepsilon_c - \tilde{\varepsilon}_c^{pl}) \tag{5.1.3}$$

"有效"拉伸应力和"有效"压缩应力分别为

$$\overline{\sigma_t} = \frac{\sigma_t}{(1 - d_t)}E_0(\varepsilon_t - \tilde{\varepsilon}_t^{pl})$$
$$\overline{\sigma_c} = \frac{\sigma_c}{(1 - d_c)}E_0(\varepsilon_c - \tilde{\varepsilon}_c^{pl}) \tag{5.1.4}$$

2) 单轴循环载荷

混凝土在单轴周期载荷作用下的损伤力学性状较为复杂，涉及先期形成的微裂纹的张开和闭合 [178] 以及它们之间的相互作用。在单轴循环载荷下，荷载改变方向后，弹性刚度将得到部分恢复，当荷载由拉伸变为压缩时，这种效应更加明显。塑性损伤模型假定损伤后弹性模量可表示为无损伤弹性模量与损伤因子 d 的关系式：

$$E = (1 - d)E_0 \tag{5.1.5}$$

式中，E_0 为材料初始 (无损) 模量。

在循环荷载作用过程中，涉及混凝土裂纹张开和闭合的交替。例如，因为拉伸出现微裂纹而存在拉伸损伤的混凝土，在重新受到压力作用时，原微裂纹会自动闭合，弹性模量不变，不存在损伤。另一方面，一旦出现压碎微裂纹，当荷载由压缩变为拉伸时，拉伸刚度将不能恢复。为了考虑由于裂纹张开和闭合交替引起的损伤弱化，引入 s_t、s_c 两个系数，则材料的损伤关系为

$$(1 - d) = (1 - s_t d_c)(1 - s_c d_t) \tag{5.1.6}$$

式中，s_t、s_c 为与应力方向有关的刚度恢复应力状态函数，其定义为

$$\begin{aligned} s_t &= 1 - w_t r^*(\sigma_{11}), & 0 \leqslant w_t \leqslant 1 \\ s_c &= 1 - w_c(1 - r^*(\sigma_{11})), & 0 \leqslant w_c \leqslant 1 \end{aligned} \tag{5.1.7}$$

式中，

$$r^*(\sigma_{11}) = \begin{cases} 1, & \sigma_{11} > 0 \\ 0, & \sigma_{11} < 0 \end{cases} \tag{5.1.8}$$

3) 多轴应力状态

三维多轴状态下的应力–应变可通过损伤弹性方程表示为

$$\boldsymbol{\sigma} = (1 - d)\boldsymbol{D}_0^{el} : (\boldsymbol{\varepsilon} - \boldsymbol{\varepsilon}^{pl}) \tag{5.1.9}$$

式中，$\boldsymbol{D}_0^{el}$ 为初始 (无损) 弹性矩阵。

通过多轴应力权重因子 $r(\tilde{\sigma})$ 代替单轴阶梯函数 $r^*(\sigma_{11})$，将单轴损伤因子 d 转化为适用于多轴应力条件，$r(\tilde{\sigma})$ 表达为

$$r(\tilde{\sigma}) = \frac{\displaystyle\sum_{i=1}^{3} \langle \hat{\sigma}_i \rangle}{\displaystyle\sum_{i=1}^{3} |\hat{\sigma}_i|}, \ 0 \leqslant r(\tilde{\sigma}) \leqslant 1 \tag{5.1.10}$$

式中，$\hat{\sigma}_i(i = 1, 2, 3)$ 为主应力分量；$\langle \hat{\sigma}_i \rangle = (|\hat{\sigma}_i| + \hat{\sigma}_i)/2$。

2. 屈服条件

屈服面方程由 Lubliner 等 [15] 提出，并由 Lee 和 Fenves[17] 针对混凝土拉伸和压缩情况下强度不同进行修正，并采用有效应力表达，其形式为

$$F = \frac{1}{1 - \alpha} \left[\bar{q} - 3\alpha\bar{p} + \beta(\tilde{\varepsilon}^{pl}) \left(\hat{\bar{\sigma}}_{\max} \right) - \gamma(-\hat{\bar{\sigma}}_{\max}) \right] - \bar{\sigma}_c(\tilde{\varepsilon}_c^{pl}) = 0 \tag{5.1.11}$$

$$\beta(\tilde{\varepsilon}^{pl}) = \frac{\bar{\sigma}_{\mathrm{c}}(\tilde{\varepsilon}_{\mathrm{c}}^{pl})}{\bar{\sigma}_{\mathrm{t}}(\tilde{\varepsilon}_{\mathrm{t}}^{pl})}(1-\alpha) - (1+\alpha) \tag{5.1.12}$$

$$\alpha = \frac{\sigma_{\mathrm{b}0} - \sigma_{\mathrm{c}0}}{2\sigma_{\mathrm{b}0} - \sigma_{\mathrm{c}0}} \tag{5.1.13}$$

式中，α 和 γ 是与尺寸无关的材料常数；$\bar{p} = (-1/3)\bar{\sigma}$ 是静水压力，$\bar{\sigma}$ 是有效应力张量；$\bar{q} = \sqrt{3\overline{S}/2}$ 是 Mises 等效有效应力，$\overline{S}$ 为偏应力张量；$\bar{\sigma}_{\max}$ 是 $\bar{\sigma}$ 的最大特征值；$\bar{\sigma}_{\mathrm{c}}$ 为压缩有效应力张量；$\bar{\sigma}_{\mathrm{t}}$ 为拉伸有效应力张量；$\tilde{\varepsilon}^{pl}$ 是等效塑性应变；$\tilde{\varepsilon}_{\mathrm{c}}^{pl}$ 为压缩等效塑性应变；$\tilde{\varepsilon}_{\mathrm{t}}^{pl}$ 为拉伸等效塑性应变；$\sigma_{\mathrm{b}0}$ 为等双轴抗压屈服应力；$\sigma_{\mathrm{c}0}$ 为单轴抗压屈服应力。对于混凝土材料，$\sigma_{\mathrm{b}0}/\sigma_{\mathrm{c}0}$ 比值通常为 1.10~1.16，此时 α 值应在 0.08~0.12 变化。

在三轴压缩状态下，系数 γ 进入屈服函数，此时 $\hat{\bar{\sigma}}_{\max} < 0$。系数 γ 可以通过拉子午线和压子午线的比较来确定。拉子午线是满足条件 $\hat{\bar{\sigma}}_{\max} = \hat{\bar{\sigma}}_1 > \bar{\sigma}_2 = \hat{\bar{\sigma}}_3$ 的应力轨迹，压子午线是满足条件 $\hat{\bar{\sigma}}_{\max} = \hat{\bar{\sigma}}_1 = \bar{\sigma}_2 > \hat{\bar{\sigma}}_3$ 的应力轨迹。其中，$\hat{\bar{\sigma}}_1$、$\hat{\bar{\sigma}}_2$ 和 $\hat{\bar{\sigma}}_3$ 分别为有效应力张量的 3 个主应力。沿拉子午线和压子午线分别有

$$(\hat{\bar{\sigma}}_{\max})_{\mathrm{TM}} = \frac{2}{3}\bar{q} - \bar{p} \tag{5.1.14}$$

$$(\hat{\bar{\sigma}}_{\max})_{\mathrm{CM}} = \frac{1}{3}\bar{q} - \bar{p} \tag{5.1.15}$$

当 $\hat{\bar{\sigma}}_{\max} < 0$ 时，屈服条件为

$$\begin{cases} \left(\dfrac{2}{3}\gamma + 1\right)\bar{q} - (\gamma + 3\alpha)\bar{p} = (1-\alpha)\hat{\bar{\sigma}}_{\mathrm{c}} & (\mathrm{TM}) \\[2mm] \left(\dfrac{1}{3}\gamma + 1\right)\bar{q} - (\gamma + 3\alpha)\bar{p} = (1-\alpha)\hat{\bar{\sigma}}_{\mathrm{c}} & (\mathrm{CM}) \end{cases} \tag{5.1.16}$$

此时，对于任意给定的静水压力值 $\bar{p}$，令 $K_{\mathrm{c}} = \bar{q}_{(\mathrm{TM})}/\bar{q}_{(\mathrm{CM})}$，得

$$K_{\mathrm{c}} = \frac{\gamma + 3}{2\gamma + 3} \tag{5.1.17}$$

当 $\hat{\bar{\sigma}}_{\max} > 0$ 时，屈服条件为

$$\begin{cases} \left(\dfrac{2}{3}\beta + 1\right)\bar{q} - (\beta + 3\alpha)\bar{p} = (1-\alpha)\hat{\bar{\sigma}}_{\mathrm{c}} & (\mathrm{TM}) \\[2mm] \left(\dfrac{1}{3}\beta + 1\right)\bar{q} - (\beta + 3\alpha)\bar{p} = (1-\alpha)\hat{\bar{\sigma}}_{\mathrm{c}} & (\mathrm{CM}) \end{cases} \tag{5.1.18}$$

此时，对于任意给定的静水压力值 $\bar{p}$，令 $K_{\mathrm{t}} = \bar{q}_{(\mathrm{TM})}/\bar{q}_{(\mathrm{CM})}$，得

$$K_{\mathrm{t}} = \frac{\beta + 3}{2\beta + 3} \tag{5.1.19}$$

应力偏平面上对应于不同 K_{c} 值的屈服面如图 5.1.3 所示，对于不同的 K_{c} 值，沿静水轴的偏平面形状和大小不同。在静水压力值较小时，偏平面近似三角形；当静水压力增大时，沿静水轴的偏平面更接近于圆形。平面应力状态的屈服面如图 5.1.4 所示。

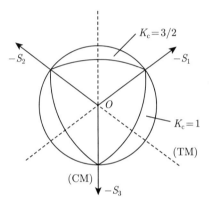

图 5.1.3　应力偏平面上的屈服面

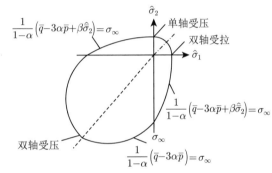

图 5.1.4　平面应力状态的屈服面

3. 流动势函数

混凝土塑性损伤模型采用非相关联流动法则，流动势函数采用 Drucker-Prager 双曲线函数 [176]，其表达式为

$$\dot{\varepsilon}^{pl} = \dot{\lambda} \frac{\partial G(\overline{\sigma})}{\partial \overline{\sigma}} \tag{5.1.20}$$

$$G = \sqrt{(\in \sigma_{\mathrm{t}0} \tan\psi)^2 + \bar{q}^2} - \bar{p} \tan\psi \tag{5.1.21}$$

式中，λ 为塑性因子，并有 $\mathrm{d}\lambda = \mathrm{d}\bar{\varepsilon}/f$，$f = (\sigma_i/\bar{\sigma})(\partial G/\partial\sigma_i)$；$\dot{\varepsilon}^{pl}$ 为等效塑性应变率；$\sigma_{\mathrm{t}0}$ 为破坏时的单轴应力；ψ 为 $\in$ 平面上高围压下的剪胀角；$\in$ 为流动势函数的偏移量参数，给定了函数趋向于渐近线的速率，当该值趋向于零时，流动势渐近于直线。$\in$ 的缺省值为 0.1，它表示在很大的围压范围内材料几乎具有相同的剪胀角，增加 $\in$ 值使流动势面曲率更大，这意味着随着围压的降低，剪胀角迅速增加。

沥青混凝土是一种以沥青胶结料、细集料和矿粉为填充料，大小不一、形状不规则粗集料为骨架结构的颗粒复合材料。从宏观尺度而言，对沥青混凝土结构

进行设计及受力分析时，仍可将其视为弹塑性各向均匀材料；从微观尺度而言，沥青混凝土是由线弹性粗集料和黏弹性沥青砂浆组成的非均匀多相材料。许多学者致力于沥青混凝土的微观力学研究，这对于分析研究混凝土变形、断裂的内部原因和破坏机理是非常重要的。但是从结构工程的角度来看，做结构分析和结构设计时，应从宏观的层面上将混凝土看作均匀的各向同性材料，重点从宏观层面上对混凝土的强度理论及本构关系进行研究。

混凝土材料在压、拉时的应力–应变 (σ-ε) 全曲线关系，反映了沥青混凝土最基本的力学特性，是研究发射场坪面层结构强度和变形程度的主要依据之一。受压、受拉应力–应变全曲线关系 (包括曲线上升段及下降段) 不仅是建立塑性损伤本构模型的必要条件，而且是分析发射场坪面层沉降和损伤等动态响应的重要基础。因此，通过实验测定混凝土材料的受压、受拉应力–应变全曲线，并对该曲线进行数学拟合，进一步推导损伤演化方程成为建立发射场坪面层塑性损伤本构模型的重点。

5.1.2　沥青混凝土受压应力–应变关系

由实验获得的沥青混凝土受压应力–应变全曲线 [179] 如图 5.1.5 所示。可将图示沥青混凝土受压应力–应变过程分为反弯段 OA、线性段 AE、双曲线段 EBD 及软化段 DCF。其中，E 点为沥青混凝土受压弹性极限点，D 点为沥青混凝土受压峰值应力点。

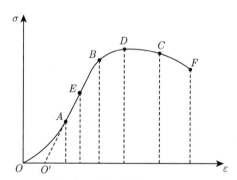

图 5.1.5　沥青混凝土典型单轴受压应力–应变全曲线

沥青混凝土经压实后，内部有一定的孔隙率，初期受压时孔隙易被压缩，应变增长快而应力增长慢，当材料达到一定的密实度后，应力增长快而应变增长慢，故形成反弯曲线；反弯段后，应力–应变同步增长形成线性段，这是沥青混凝土在一定的沥青含量、温度和实验条件下的特殊反应；线性段以后应力–应变关系曲线呈双曲线，应力到达最大值 D 点后，应力–应变呈应变软化型发展直至破坏。

采用分段函数的形式分别表达沥青混凝土受压应力–应变的上升段和下降段，

以此比较合理、准确地对实验曲线进行拟合，并反映出沥青混凝土受压应力–应变曲线的全部特征。在对沥青混凝土受压应力–应变全曲线的上升段和下降段表达式的拟合过程中，应注意两点问题：

(1) 反弯段的存在，使得沥青混凝土受压应力–应变曲线表达式变得更为复杂，为便于设计计算中对沥青混凝土应力–应变关系的应用，可将实验曲线做简化处理。对于反弯段的简化，王为标和吴利言[179] 建议将线性段 AE 向下延伸与横轴交于 O' 点，并将 O' 点作为计算原点，形成线性段加双曲线段的受压应力–应变关系，从而忽略了 OO' 段的应变值。该处理方法可使修正后的曲线大部分与实验曲线吻合，并且在实验时可以对试件不加预压，使得应变值较实际实验值偏小并作为安全储备。

(2) 对沥青混凝土受压应力–应变曲线上升段与下降段表达式的拟合过程中，如使用过镇海等建议的混凝土受压应力–应变数学形式[180]，在曲线经过峰值点后，将会出现负应力的情况，出现该现象的原因为下降段参数 α_d 在材料峰值应力较小的情况下为负，不符合沥青混凝土受压实验所得应力–应变曲线的特征。经计算，使用过镇海数学表达式对混凝土受压应力–应变全曲线进行拟合的条件为混凝土的单轴抗压强度大于 9.24MPa。

为了表述沥青混凝土典型单轴受压应力–应变全曲线的所有几何特征，通过比较各种形式的单轴受压应力–应变曲线表达式的优缺点，选取在峰值点连续的两个方程分别对沥青混凝土受压应力–应变曲线上升段和下降段进行数学描述。

首先，采用 Hongnestad 方程[181] 模拟沥青混凝土受压应力–应变曲线的双曲线段，其表达式为

$$\sigma = \sigma_0 \left[2 \left(\frac{\varepsilon}{\varepsilon_0} \right) - \left(\frac{\varepsilon}{\varepsilon_0} \right)^2 \right] \tag{5.1.22}$$

式中，σ_0 为沥青混凝土受压极限应力；ε_0 为极限应力对应的应变。

其次，采用改进后的 Saenz 单轴方程[182,183] 模拟沥青混凝土受压应力–应变曲线下降段，其表达式为

$$\sigma = \frac{\varepsilon}{A + B\varepsilon + C\varepsilon^2 + D\varepsilon^3} \tag{5.1.23}$$

式中，A、B、C、D 4 个参数可由 5 个控制方程确定，其控制方程表达式为

$$\begin{cases} \varepsilon = 0, & \sigma = 0 \\ \varepsilon = 0, & \mathrm{d}\sigma/\mathrm{d}\varepsilon = E_0 \\ \varepsilon = \varepsilon_0, & \sigma = \sigma_0 \\ \varepsilon = \varepsilon_0, & \mathrm{d}\sigma/\mathrm{d}\varepsilon = 0 \\ \varepsilon = \varepsilon_u, & \sigma = \sigma_u \end{cases} \tag{5.1.24}$$

式中，ε_u 为断裂应变；σ_u 为断裂应力。

　　混凝土在开始受压时存在线性段，故控制方程第二条 $\mathrm{d}\sigma/\mathrm{d}\varepsilon$ 应等于线性段初始弹性模量 E_0，控制方程第一条自然满足，将余下 3 个条件代入式 (5.1.23) 中得到

$$\sigma = \frac{E_0\varepsilon}{1 + \left(R + \dfrac{E_0}{E_\mathrm{s}} - 2\right)\left(\dfrac{\varepsilon}{\varepsilon_0}\right) - (2R-1)\left(\dfrac{\varepsilon}{\varepsilon_0}\right)^2 + R\left(\dfrac{\varepsilon}{\varepsilon_0}\right)^3} \tag{5.1.25}$$

式中，R 的表达式为

$$R = \frac{\dfrac{E_0}{E_\mathrm{s}}\left(\dfrac{\sigma_0}{\sigma_\mathrm{u}} - 1\right)}{\left(\dfrac{\varepsilon_\mathrm{u}}{\varepsilon_0} - 1\right)^2} - \frac{1}{\left(\dfrac{\varepsilon_\mathrm{u}}{\varepsilon_0}\right)} \tag{5.1.26}$$

式中，E_s 为曲线峰值点切线模量。

　　将式 (5.1.25) 与式 (5.1.26) 联立并代入 σ_0、ε_0，得到 R 值大小。将 R 代入式 (5.1.25) 中并定义无量纲量 $x = \varepsilon/\varepsilon_0$，$y = \sigma/\sigma_0$，得到沥青混凝土受压应力–应变全曲线数学表达式为

$$y(x) = \begin{cases} x(E_0\varepsilon_0/f_\mathrm{c}), & x \leqslant 0.5 \\ 2x - x^2, & 0.5 < x \leqslant 1 \\ 2x/[1 + (R + E_0/E_\mathrm{s} - 2)x - (2R-1)x^2 + Rx^3], & x > 1 \end{cases} \tag{5.1.27}$$

5.1.3　沥青混凝土受拉应力–应变关系

　　由实验获得的沥青混凝土受拉应力–应变全曲线 [184] 如图 5.1.6 所示。由图可得，沥青混凝土受拉时应力–应变全曲线是单峰的光滑曲线，且存在线性段、双曲线段和下降段。

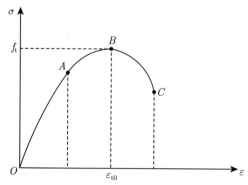

图 5.1.6　沥青混凝土典型单轴受拉应力–应变全曲线

为描述沥青混凝土典型单轴受拉应力–应变全曲线的所有几何特征，选取过镇海和张秀琴建议的混凝土受拉应力–应变表达式[174,185]对曲线进行数学拟合。该表达式以分段函数的形式分别表达了混凝土受拉应力–应变曲线的上升段和下降段。其中，上升段采用多项式的形式，下降段采用有理分式的形式，以此比较合理、准确地对实验曲线进行拟合，反映沥青混凝土受拉应力–应变曲线的全部特征。其表达式为

$$y(x) = \begin{cases} x(E_0\varepsilon_{t0}/f_c), & x \leqslant 0.6 \\ 1.2x - 0.2x^6, & 0.6 < x \leqslant 1 \\ x/[\alpha_t(x-1)^{1.7} + x], & x > 1 \end{cases} \qquad (5.1.28)$$

式中，$x = \varepsilon/\varepsilon_{t0}$，$y = \sigma/f_t$，$f_t$ 为极限抗拉强度，ε_{t0} 为极限抗拉应力时对应的应变；α_t 为沥青混凝土单轴受拉应力–应变曲线下降段参数，并且有 $\alpha_t = 0.312f_t^2$。

5.1.4 等效性假设

无损材料和损伤材料之间既有联系又有区别，可通过等效性假设对两者间的关系进行研究。等效性假设的思想较简单，即先假设某个物理量在无损材料和损伤材料中相同，而后用此物理量定量地表示损伤变量和其他不同的物理量。等效性假设形式的不同使得损伤演化形式和损伤本构关系产生不同，其中，损伤理论中的基本等效性假定有应力、应变等价原理和能量等价原理[186]。

1. 应力、应变等价原理

应变等价原理假定名义应力 σ 作用在受损材料上的应变等价于有效应力 $\tilde{\sigma}$ 作用在无损材料上的应变，即

$$\varepsilon = \frac{\sigma}{\tilde{E}} = \frac{\tilde{\sigma}}{E} = \frac{\sigma}{(1-D)E} \qquad (5.1.29)$$

受损材料的弹性模量为 $\tilde{E} = (1-D)E$，称为有效弹性模量。

应力等价原理假定名义应变 ε 作用在受损材料上的应力等价于有效应变 $\tilde{\varepsilon}$ 作用在相应的无损材料上引起的应力，其表达式为

$$\tilde{\sigma}(\tilde{\varepsilon}, 0) = \sigma(\varepsilon, D), \tilde{\varepsilon} = \varepsilon(1-D) \qquad (5.1.30)$$

2. 能量等价原理

为了分析各向异性弹性损伤，西多霍夫 (Sidoroff) 提出能量等价原理。该原理指出，只要用有效应力张量 $\tilde{\sigma}$ 代替 Cauchy 应力张量 σ，有损材料的弹性余能和无损材料的弹性余能在形式上相同。假设无损材料为各向同性，则无损材料弹性余能为

$$\psi^e(\sigma, 0) = \frac{1}{2}\sigma^T : \Lambda_0 : \sigma \qquad (5.1.31)$$

式中，$\boldsymbol{\Lambda}_0 = \boldsymbol{E}^{-1}$，为无损材料的初始柔度张量，其中

$$\boldsymbol{E}^{-1} = \begin{bmatrix} \dfrac{1}{E} & -\dfrac{\mu}{E} & -\dfrac{\mu}{E} & 0 & 0 & 0 \\[2mm] & \dfrac{1}{E} & -\dfrac{\mu}{E} & 0 & 0 & 0 \\[2mm] & & \dfrac{1}{E} & 0 & 0 & 0 \\[2mm] & & & \dfrac{2(1+\mu)}{E} & 0 & 0 \\[2mm] & \text{sym} & & & \dfrac{2(1+\mu)}{E} & 0 \\[2mm] & & & & & \dfrac{2(1+\mu)}{E} \end{bmatrix}$$

由能量等价假设，可得有损材料弹性余能为 [153]

$$\psi^e(\tilde{\sigma}, D) = \frac{1}{2}\tilde{\boldsymbol{\sigma}} : \boldsymbol{\Lambda}_0 : \tilde{\boldsymbol{\sigma}} = \frac{1}{2}\boldsymbol{\sigma}^{\mathrm{T}} : \boldsymbol{M}^{\mathrm{T}}(D) : \boldsymbol{\Lambda}_0 : \boldsymbol{M}(D) : \boldsymbol{\sigma} = \frac{1}{2}\boldsymbol{\sigma}^{\mathrm{T}} : \boldsymbol{\Lambda} : \boldsymbol{\sigma} \tag{5.1.32}$$

式中，$\boldsymbol{\Lambda} = \tilde{\boldsymbol{E}}^{-1}(D) = \boldsymbol{M}^{\mathrm{T}}(D) : \boldsymbol{\Lambda}_0 : \boldsymbol{M}(D) = \boldsymbol{M}^{\mathrm{T}}(D) : \boldsymbol{E}^{-1} : \boldsymbol{M}(D)$，为受损材料的柔度张量，其中

$$\tilde{\boldsymbol{E}}^{-1}(D) = \frac{1}{E} \begin{bmatrix} \dfrac{1}{(1-D_1)^2} & -\dfrac{\mu}{(1-D_1)(1-D_2)} & -\dfrac{\mu}{(1-D_1)(1-D_3)} \\[3mm] -\dfrac{\mu}{(1-D_2)(1-D_1)} & \dfrac{1}{(1-D_2)^2} & -\dfrac{\mu}{(1-D_2)(1-D_3)} \\[3mm] -\dfrac{\mu}{(1-D_3)(1-D_1)} & -\dfrac{\mu}{(1-D_3)(1-D_2)} & \dfrac{1}{(1-D_3)^2} \\[3mm] 0 & 0 & 0 \\[2mm] 0 & 0 & 0 \\[2mm] 0 & 0 & 0 \end{bmatrix}$$

$$\begin{bmatrix} 0 & 0 & 0 \\[2mm] 0 & 0 & 0 \\[2mm] 0 & 0 & 0 \\[2mm] \dfrac{2(1+\mu)}{E(1-D_1)(1-D_2)} & 0 & 0 \\[3mm] 0 & \dfrac{2(1+\mu)}{E(1-D_2)(1-D_3)} & 0 \\[3mm] 0 & 0 & \dfrac{2(1+\mu)}{E(1-D_1)(1-D_3)} \end{bmatrix}$$

对于各向同性材料的一维问题，其能量等价原理可表示为

$$\psi_0^e(\sigma, 0) = \psi^e(\tilde{\sigma}, D) \tag{5.1.33}$$

无损材料的弹性余能表达式为

$$\psi_0^e = \frac{\sigma^2}{2E_0} \tag{5.1.34}$$

等效有损伤材料的弹性余能表达式为

$$\psi^e = \frac{\tilde{\sigma}^2}{2E} \tag{5.1.35}$$

由式 (5.1.34) 和式 (5.1.35) 相比得

$$\frac{\sigma^2}{\tilde{\sigma}^2} = \frac{E}{E_0} \tag{5.1.36}$$

根据有效应力表达式 $\tilde{\sigma} = (1 - D)^{-1}\sigma$，可以推导得到

$$E = (1 - D)^2 E_0 \tag{5.1.37}$$

5.1.5 损伤演化方程的推导

混凝土材料力学性能的下降是损伤及损伤积累的结果，以 5.1.3 节中所描述的沥青混凝土单轴拉伸应力-应变曲线为例，在材料的弹性极限应力前 (大约为峰值应力的 60%～70%)，应力-应变曲线呈线性关系 (或近似线性关系)，在此阶段材料体内的裂纹主要是沿着砂浆与骨料之间的界面裂纹；当材料处于弹性极限应力以后、峰值应力之前，应力-应变曲线已偏离直线，表明材料的弹性模量发生了变化，砂浆中的裂纹急剧增加，并与附近的界面裂纹连接形成宏观裂纹，其方向主要是平行于外载荷方向；峰值应力后，裂纹延伸发展并相互连通，材料的承载能力降低，应力-应变曲线出现下降段，材料开始"软化"。较为具体地，沥青混凝土材料损伤过程可分为以下几个阶段。

1) 弹性损伤阶段

沥青混凝土材料的应力-应变全曲线首先出现一段上升的斜直线 (或接近直线)，这一阶段初始微裂纹或裂缝在应力集中作用下有所扩张或微小的延伸，可能出现少量新的微细裂纹。如果在该阶段进行卸载，应力、应变基本沿原直线返回，损伤在这一阶段可以恢复。因此，弹性阶段的损伤演化基本不予以考虑。

2) 损伤发展阶段

混凝土材料的应力–应变全曲线上升段的上半部分，曲线斜率不断变化，混凝土的承载能力仍在增大，但材料内部损伤不断发展，并且出现新的不可忽略的裂纹。该阶段的损伤包括可恢复的弹性损伤及不可恢复的弹塑性损伤。

3) 峰值损伤

当混凝土材料内部的损伤发展到一定程度时，由于有效面积的减小，承载能力将逐渐减小，该承载能力的临界点所对应的应力就是混凝土材料的极限应力 σ_f，与之对应的损伤值称为损伤阈值 D_f，损伤阈值的出现表明损伤已有一定的积累。

4) 损伤快速持续积累阶段

达到极限应力 σ_f 后，应力–应变全曲线进入"软化"下降段，此时混凝土的应力在逐渐下降，而应变却在不断增加。从损伤的角度来看，当混凝土的损伤发展到一定的程度时，承载能力将下降，随着损伤的积累，应力逐渐下降；同时由于损伤造成的材料性能劣化使其应变加大，随着损伤的持续积累，材料性能不断劣化，应变将继续增大。应力–应变曲线下降段的前半段应力下降较快，应变虽有增长，但增长速率不大，这是因为混凝土的损伤值超过损伤阈值后，材料性能劣化速率加快，大量新裂纹产生，原先已有的裂纹快速发展并有部分裂纹融合，导致承载能力的快速下降。

5) 损伤平缓持续积累阶段

应力–应变曲线下降段的后半段应力下降平缓，但应变持续增大，且速率越来越大。因此曲线发展较长，表明损伤已趋于平缓。

6) 极限损伤

在应力–应变曲线下降段的末端，混凝土结构整体失去承载能力，末端点的应变即为极限应变 ε_u，对应的损伤为最终损伤 D_u。按损伤理论，最终损伤即为完全损伤，且有 $D_u = 1$。

通过上述分析可知，沥青混凝土材料损伤的形成、积累直至完全损伤在应力–应变全曲线中将得到完整的反映，两者具有较高的耦合度。因此，沥青混凝土材料的塑性损伤分析，是以拉伸和压缩实验为基础的、以受拉和受压全曲线为研究对象的、以受拉和受压全曲线表达式及受拉和受压损伤演化方程为研究途径的宏观研究方法。

采用上述塑性损伤的研究方法，以混凝土材料单轴拉伸、压缩应力–应变全曲线数学表达式为基础，结合 Sidoroff 能量等价原理，分别推导沥青混凝土单轴拉伸、压缩损伤演化方程，完成发射场坪面层塑性损伤本构模型的建立。损伤演化方程表达式为：

(1) 沥青混凝土单轴压缩损伤演化方程。以式 (5.1.27) 沥青混凝土单轴压缩应力–应变全曲线数学方程为基础，结合式 (5.1.37) Sidoroff 能量等价原理，推导

沥青混凝土单轴压缩损伤演化方程为

$$d = \begin{cases} 0, & x \leqslant 0.5 \\ 1 - \sqrt{k_c(2-x)}, & 0.5 < x \leqslant 1 \\ 1 - \sqrt{2k_c/[1 + (R + E_0/E_s - 2)x - (2R-1)x^2 + Rx^3]}, & x > 1 \end{cases}$$

$$(5.1.38)$$

(2) 沥青混凝土单轴拉伸损伤演化方程。以式 (5.1.28) 沥青混凝土单轴拉伸应力–应变全曲线数学方程为基础，结合式 (5.1.37) Sidoroff 能量等价原理，推导沥青混凝土单轴拉伸损伤演化方程为

$$d = \begin{cases} 0, & x \leqslant 0.6 \\ 1 - \sqrt{k_t(1.2 - 0.2x^5)}, & 0.6 < x \leqslant 1 \\ 1 - \sqrt{k_t/[\alpha_t(x-1)^{1.7} + x]}, & x > 1 \end{cases} \qquad (5.1.39)$$

5.2 沥青混凝土塑性损伤本构模型验证

采用有限元法建立沥青混凝土数值模型，模拟沥青混凝土材料在单应变率静态加载状态下的受压、受拉非线性力学特性，并与沥青混凝土压、拉实验结果对比，旨在验证采用塑性损伤本构进行数值计算的有效性。

5.2.1 沥青混凝土静态受压模型验证

1. 实验参数及结果

以文献 [179] 中沥青混凝土三轴压缩实验为对比对象，其实验试件材料为克拉玛依 70$^{\#}$，沥青含量 6%；实验试件为圆柱体，直径 100mm，高 200mm。在进行三轴压缩实验时，以等应变率方式控制加载，轴向变形速率 0.05mm/min，围压 $\sigma_3 = 0.1$MPa，获得了沥青混凝土试件三轴受压应力–应变全曲线，如图 5.2.1 所示。

2. 数值模型及结果对比分析

沥青混凝土数值模型采用圆柱体，直径 100mm，高 200mm，模型尺寸与实验试件相同。数值模型中沥青混凝土本构采用塑性损伤模型进行模拟，其材料参数通过沥青混凝土三轴压缩实验结果得到 [179]，如表 5.2.1 所示；沥青混凝土压缩非弹性应变–屈服应力关系通过式 (5.1.27) 拟合并计算得到，如图 5.2.2 所示；沥青混凝土压缩非弹性应变–损伤因子关系通过式 (5.1.38) 拟合并计算得到，如图 5.2.3 所示。

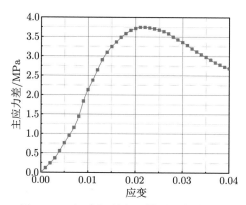

图 5.2.1　沥青混凝土三轴受压实验结果

表 5.2.1　沥青混凝土三轴压缩数值模型参数

抗压强度 f_c/MPa	初始弹性模量 E_0/MPa	峰值切线模量 E_s/MPa	峰值应变 ε_0	k_c	R
3.71	307.8	153.9	0.0215	0.58	0.21

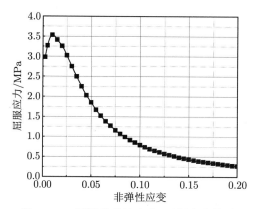

图 5.2.2　压缩非弹性应变-屈服应力关系

　　数值计算过程分三步实现：首先对模型实现自重应力平衡，然后施加围压，最后以等应变率轴向位移加载的方式对数值模型进行加载。数值计算过程重点考察主应力差对轴向应变的影响，仿真与实验结果对比如图 5.2.4 所示。

　　对比图 5.2.4 中的数值计算结果与实验结果可知，沥青混凝土三轴受压时，轴向应变在 2.1% 时开始屈服，屈服应力为 3.63MPa。数值计算和实验结果规律一致，结果数据吻合较好，验证了采用塑性损伤本构模型的数值计算方法能较好地模拟沥青混凝土材料受压时的非线性力学特性，数值计算中对沥青混凝土单轴受压时应力-应变关系方程的构建也较为合理。

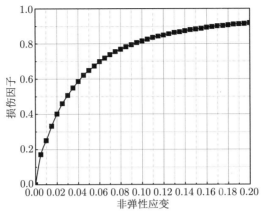

图 5.2.3 压缩非弹性应变–损伤因子关系

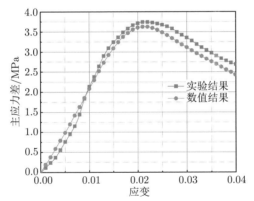

图 5.2.4 主应力差–轴向应变数值计算与实验结果对比

5.2.2 沥青混凝土静态受拉模型验证

1. 实验参数及结果

以文献 [184] 中沥青混凝土单轴拉伸实验为对比对象,其实验试件材料为克拉玛依 $90^\#$,沥青含量为 5.5%;实验中试件为圆柱体,直径 70mm,高度 140mm;在进行单轴拉伸实验时,以等应变率方式控制加载,轴向应变加载速率为 5mm/min,获得了沥青混凝土试件单轴拉伸应力–应变全曲线,如图 5.2.5 所示。

2. 数值模型及结果对比分析

沥青混凝土数值模型采用圆柱体,直径 70mm,高 140mm,模型尺寸与实验试件相同。数值模型中沥青混凝土本构采用塑性损伤模型进行模拟,其材料参数通过沥青混凝土单轴拉伸实验结果得到 [184],如表 5.2.2 所示;沥青混凝土拉伸开裂应变–屈服应力关系通过式 (5.1.28) 拟合并计算得到, 如图 5.2.6 所示; 沥青混凝土拉伸行为的开裂应变–损伤因子关系通过式 (5.1.39) 拟合并计算得到, 如图 5.2.7 所示。

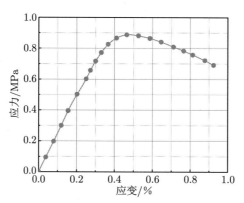

图 5.2.5   沥青混凝土单轴拉伸实验结果

表 5.2.2   沥青混凝土单轴拉伸数值模型参数

抗拉强度 f_t/MPa	初始弹性模量 E_0/MPa	峰值应变 ε_{t0}	下降段参数 α_t	k_t
0.86	256.9	0.0051	0.23	0.66

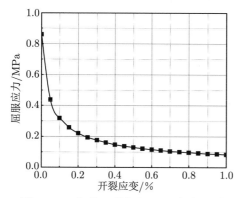

图 5.2.6   拉伸开裂应变–屈服应力关系

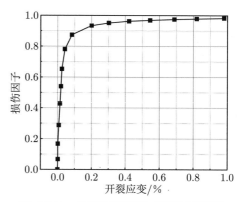

图 5.2.7   拉伸开裂应变–损伤因子关系

数值计算过程分两步实现: 首先对模型实现自重应力平衡, 然后以等应变率轴向位移加载的方式对数值模型进行加载。数值计算过程重点考察应力对轴向应变的影响, 数值计算与实验结果对比如图 5.2.8 所示。

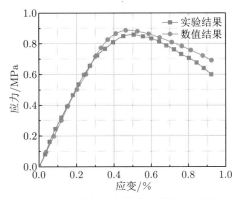

图 5.2.8   应力–轴向应变数值计算与实验结果对比

对比图 5.2.8 中的数值计算结果与实验结果可知，沥青混凝土单轴受拉时，轴向应变在 0.46% 时开始屈服，屈服应力为 0.89MPa。数值计算和实验结果规律一致，数据吻合较好，验证了采用塑性损伤本构模型的数值计算方法能较好地模拟沥青混凝土材料受拉时的非线性力学特性，数值计算中对沥青混凝土单轴受拉时应力–应变关系方程的选取也较为合理。

5.3   沥青混凝土冲击损伤本构模型

相对于水泥混凝土材料的准脆性特点，沥青混凝土更多地表现出一种黏弹性性质，但由于内部微裂纹的存在，形变时又呈现出一定的损伤特性。因为沥青混凝土大多用于道路面层，主要承受轮胎的等幅移动载荷，故一般只研究其疲劳损伤特性，而冲击损伤研究较少。本节针对路面在发射载荷作用下产生中低应变率响应的特点，采用 Cauchy 应变表达的三维简化 ZWT (朱–王–唐) 非线性黏弹性本构模型以及应变率相关的损伤演化模型，并将 Kirchhoff 应力转化为 Cauchy 应力，编写用户材料子程序嵌入有限元软件中，推导了恒应变率条件下含损伤的简化 ZWT 本构表达式，建立了一种考虑应变率效应的含损伤演化非线黏弹性本构模型，用于描述沥青混凝土的冲击损伤特性。

5.3.1   朱–王–唐非线性黏弹性本构模型

唐志平等 [187] 提出了如下等温非线性黏弹性本构模型 (朱–王–唐本构模型)，即 ZWT 本构模型。

$$\begin{cases} \sigma = f_e(\varepsilon) + E_1 \int_0^t \dot{\varepsilon} \exp\left(-\frac{t-\tau}{\theta_1}\right) \mathrm{d}\tau + E_2 \int_0^t \dot{\varepsilon} \exp\left(-\frac{t-\tau}{\theta_2}\right) \mathrm{d}\tau \\ f_e(\varepsilon) = E_0 \varepsilon + \alpha \varepsilon^2 + \beta \varepsilon^3 \end{cases} \quad (5.3.1)$$

式中，$f_e(\varepsilon)$ 描述非线弹性响应；E_0、α、β 为对应的非线弹性常数；t 为物理时间；E_1、E_2、θ_1、θ_2 分别为对应低、高频 Maxwell 单元的弹性常数和松弛时间。

陈江瑛和王礼立[188] 指出在中低应变率响应条件下，具有松弛时间的高频 Maxwell 单元从加载一开始很快就完全松弛，于是式 (5.3.1) 可简化为

$$
\begin{cases}
\sigma = f_e(\varepsilon) + E_1 \displaystyle\int_0^t \dot\varepsilon \exp\left(-\frac{t-\tau}{\theta}\right)\mathrm{d}\tau \\[2mm]
f_e(\varepsilon) = E_0\varepsilon + \alpha\varepsilon^2 + \beta\varepsilon^3
\end{cases}
\tag{5.3.2}
$$

对于恒应变率加载条件 $\dot\varepsilon = \varepsilon/t$，即 $t = \varepsilon/\dot\varepsilon$，代入上式，并简化得

$$
\begin{cases}
\sigma = f_e(\varepsilon) + E_1 \times \theta \times \dot\varepsilon \times \left[1 - \exp\left(-\dfrac{\varepsilon}{\theta \times \dot\varepsilon}\right)\right] \\[3mm]
f_e(\varepsilon) = E_0\varepsilon + \alpha\varepsilon^2 + \beta\varepsilon^3
\end{cases}
\tag{5.3.3}
$$

1. ZWT 本构模型的增量形式

考虑到有限变形，文献 [189], [190] 采用第二 Kirchhoff 应力和 Green 应变，将 ZWT 模型扩展到三维形式，如下所示：

$$
\begin{cases}
S_{ij}(E_{ij}) = f_e(E_{ij}) + \displaystyle\int_0^t E_1\,[A]\,\frac{\partial E_{kl}}{\partial\tau}\exp\left(-\frac{t-\tau}{\theta}\right)\mathrm{d}\tau \\[3mm]
\qquad\qquad + E_2\displaystyle\int_0^t \frac{\partial E_{kl}}{\partial\tau}\exp\left(-\frac{t-\tau}{\theta_2}\right)\mathrm{d}\tau \\[3mm]
f_e(E_{ij}) = E_0\,[A]\,E_{kl} + \alpha E_{ij}^2 + \beta E_{ij}^3
\end{cases}
\tag{5.3.4}
$$

式中，S_{ij} 为第二 Kirchhoff 应力张量；E_{ij} 为 Green 应变张量。

在小变形情况下，Green 应变可近似等于 Cauchy 应变，即

$$
E_{ij} = \varepsilon_{ij}
\tag{5.3.5}
$$

式中，ε_{ij} 为 Cauchy 应变张量。

根据式 (5.3.2) 以及式 (5.3.5)，式 (5.3.4) 可写为

$$
\begin{cases}
S_{ij}(\varepsilon_{ij}) = f_e(\varepsilon_{ij}) + E_1 \displaystyle\int_0^t [A]\,\frac{\partial\varepsilon_{kl}}{\partial\tau}\exp\left(-\frac{t-\tau}{\theta}\right)\mathrm{d}\tau \\[3mm]
f_e(\varepsilon_{ij}) = E_0\,[A]\,\varepsilon_{kl} + \alpha\varepsilon_{ij}^2 + \beta\varepsilon_{ij}^3
\end{cases}
\tag{5.3.6}
$$

式中，$[A]$ 的表达式如下 [189,190]：

$$[A] = \frac{1}{(1+\mu)(1-2\mu)} \times \begin{bmatrix} 1-\mu & \mu & \mu & 0 & 0 & 0 \\ & 1-\mu & \mu & 0 & 0 & 0 \\ & & 1-\mu & 0 & 0 & 0 \\ & & & \dfrac{(1-2\mu)}{2} & 0 & 0 \\ & \text{sym} & & & \dfrac{(1-2\mu)}{2} & 0 \\ & & & & & \dfrac{(1-2\mu)}{2} \end{bmatrix} \tag{5.3.7}$$

式中，μ 为泊松比。

对 $f_{\mathrm{e}}(\varepsilon_{ij})$ 进行差分可得其增量形式 [189,190]，如下所示：

$$\Delta f_{\mathrm{e}}^{(t+\Delta t)} = \left[E_0 + 2\alpha\varepsilon_{ij}^{(t+\Delta t)} + 3\left(\beta\varepsilon_{ij}^{(t+\Delta t)}\right)^2 \right] \times [A]\,\Delta\varepsilon_{kl}^{(t+\Delta t)} \tag{5.3.8}$$

令

$$S_{ij,(t)}^{v} = E_1 \int_0^t [A]\frac{\partial\varepsilon_{kl}}{\partial\tau}\exp\left(-\frac{t-\tau}{\theta}\right)\mathrm{d}\tau \tag{5.3.9}$$

则 $\Delta S_{ij,(t+\Delta t)}^{v} = S_{ij,(t+\Delta t)}^{v} - S_{ij,(t)}^{v}$。

假设 $\dfrac{\partial\varepsilon_{kl}}{\partial\tau} = \dfrac{\partial\varepsilon_{kl}}{\partial t} = \dfrac{\Delta\varepsilon_{kl}}{\Delta\tau}$，可得

$$\Delta S_{ij,(t+\Delta t)}^{v} = \left[1 - \exp\left(\frac{-\Delta t}{\theta}\right)\right] \times \frac{E_1\theta}{\Delta t} \times [A]\,\Delta\varepsilon_{kl}^{(t+\Delta t)} - \left[1 - \exp\left(\frac{-\Delta t}{\theta}\right)\right]$$

$$\times \left[E_1 \int_0^t [A]\frac{\partial\varepsilon_{kl}^{(t+\Delta t)}}{\partial\tau}\exp\left(-\frac{t-\tau}{\theta}\right)\mathrm{d}\tau\right] \tag{5.3.10}$$

式 (5.3.10) 中存在积分项，不利于编程计算。假设时间间隔足够小，积分项可化为如下形式：

$$E_1 \int_0^t [A]\frac{\partial\varepsilon_{kl}^{(t+\Delta t)}}{\partial\tau}\exp\left(-\frac{t-\tau}{\theta}\right)\mathrm{d}\tau = E_1\theta\left[1 - \exp\left(\frac{-t}{\theta}\right)\right] \times [A]\frac{\Delta\varepsilon_{kl}^{(t+\Delta t)}}{\Delta t} \tag{5.3.11}$$

将式 (5.3.11) 代入式 (5.3.10)，进一步简化得到

$$\Delta S_{ij,(t+\Delta t)}^{v} = E_1\theta \times [A]\frac{\Delta\varepsilon_{kl}^{(t+\Delta t)}}{\Delta t} \times \left[1 - \exp\left(\frac{-\Delta t}{\theta}\right)\right] \times \exp\left(\frac{-t}{\theta}\right) \tag{5.3.12}$$

由式 (5.3.8) 及式 (5.3.12) 可求出 $\Delta S_{ij}^{(t+\Delta t)}$，如下所示：

$$\Delta S_{ij}^{(t+\Delta t)} = E_0\,[A]\,\Delta\varepsilon_{kl}^{(t+\Delta t)} + \left[2\alpha\varepsilon_{ij}^{(t+\Delta t)} + 3\beta\left(\varepsilon_{ij}^{(t+\Delta t)}\right)^2\right] \times [A]\,\Delta\varepsilon_{kl}^{(t+\Delta t)}$$

$$+\, E_1\theta \times [A]\,\frac{\Delta\varepsilon_{kl}^{(t+\Delta t)}}{\Delta t} \times \left[1 - \exp\left(\frac{-\Delta t}{\theta}\right)\right] \times \exp\left(\frac{-t}{\theta}\right) \quad (5.3.13)$$

式中，$\varepsilon_{ij}^{(t+\Delta t)} = \varepsilon_{ij}^{(t)} + \Delta\varepsilon_{ij}^{(t+\Delta t)}$。

2. Kirchhoff 应力与 Cauchy 应力的转化

Kirchhoff 应力也称为 "伪应力"，计算时采用参考构型。Cauchy 应力为 "真实应力"，其采用当前构型进行度量，更具物理意义，Kirchhoff 应力与 Cauchy 应力的关系为 [191]

$$\boldsymbol{\sigma}_{ij}^{(t+\Delta t)} = (\rho/\rho_0)\,\boldsymbol{F}_{ik}^{(t+\Delta t)}\boldsymbol{S}_{kl}^{(t+\Delta t)}\boldsymbol{F}_{lj}^{(t+\Delta t)\mathrm{T}} \quad (5.3.14)$$

其中，$\boldsymbol{\sigma}_{ij}$ 为 Cauchy 应力张量；$\boldsymbol{F}$ 为变形梯度张量；ρ 为当前构型密度；ρ_0 为参考构型密度，本书假设面层材料是不可压缩的，取密度比 $\rho/\rho_0 = 1$。

5.3.2　损伤因子及其增量形式

王礼立等 [192] 推导了基于热激活机制的损伤演化模型，考虑到损伤因子与应变关系的非线性，其表达形式如下所示：

$$D = K_D\dot{\varepsilon}^{(a-1)}\left(\varepsilon - \varepsilon_{\mathrm{th}}\right)^b, \quad \varepsilon > \varepsilon_{\mathrm{th}} \quad (5.3.15)$$

式中，K_D，a，b 为材料参数；$\varepsilon_{\mathrm{th}}$ 为应变门槛值，即应变大于某个值时才产生损伤。

Bodin 等 [193] 在研究沥青混凝土损伤时，指出应变门槛值可取 0，于是式 (5.3.15) 可化为

$$D = K_D\dot{\varepsilon}^{(a-1)}\varepsilon^b \quad (5.3.16)$$

则含损伤的本构模型为

$$\begin{cases} \sigma_{\mathrm{d}} = \left(1 - K_D\dot{\varepsilon}^{(a-1)}\varepsilon^b\right)\left[f_{\mathrm{e}}(\varepsilon) + E_1\displaystyle\int_0^t \dot{\varepsilon}\exp\left(-\frac{t-\tau}{\theta}\right)\mathrm{d}\tau\right] \\ f_{\mathrm{e}}(\varepsilon) = E_0\varepsilon + \alpha\varepsilon^2 + \beta\varepsilon^3 \end{cases} \quad (5.3.17)$$

由式 (5.3.3) 及式 (5.3.17) 得到恒应变率加载条件下含损伤本构模型为

$$\begin{cases} \sigma_{\mathrm{d}} = \left(1 - K_D\dot{\varepsilon}^{(a-1)}\varepsilon^b\right)\left\{f_{\mathrm{e}}(\varepsilon) + E_1\theta\dot{\varepsilon}\left[1 - \exp\left(-\frac{\varepsilon}{\theta\dot{\varepsilon}}\right)\right]\right\} \\ f_{\mathrm{e}}(\varepsilon) = E_0\varepsilon + \alpha\varepsilon^2 + \beta\varepsilon^3 \end{cases} \quad (5.3.18)$$

1. 等效应变

多轴应力状态下，需要将多轴应力状态的应变退化为等效应变求解损伤变量。曾国伟等 [194] 假设沥青混合料为各向同性材料，且认为在三维应力状态下损伤演化也是各向同性的，文献 [195] 采用如下式所示的等效应变：

$$\varepsilon_{\text{eq}}^{(t)} = \sqrt{\frac{3}{2} \varepsilon_{ij}^{(t)} \varepsilon_{ij}^{(t)}} \tag{5.3.19}$$

结合式 $\varepsilon_{ij}^{(t+\Delta t)} = \varepsilon_{ij}^{(t)} + \Delta \varepsilon_{ij}^{(t+\Delta t)}$，可求出 $\varepsilon_{\text{eq}}^{(t+\Delta t)}$。

等效应变率由下式求出：

$$\dot{\varepsilon}_{\text{eq}}^{(t)} = \sqrt{\frac{3}{2} \dot{\varepsilon}_{ij}^{(t)} \dot{\varepsilon}_{ij}^{(t)}} \tag{5.3.20}$$

取足够短的时间间隔，则 $\dot{\varepsilon}_{ij}^{(t)} = \dot{\varepsilon}_{ij}^{(t+\Delta t)} = \Delta \varepsilon_{ij}^{(t+\Delta t)} / \Delta t$，故有

$$\dot{\varepsilon}_{\text{eq}}^{(t)} = \dot{\varepsilon}_{\text{eq}}^{(t+\Delta t)} \tag{5.3.21}$$

2. 含损伤因子的应力张量增量形式

一般认为损伤是不可恢复的，则损伤因子的增量可表示为

$$\Delta D^{(t+\Delta t)} = K_D \left[\left(\dot{\varepsilon}_{\text{eq}}^{(t+\Delta t)} \right)^{a-1} \left(\varepsilon_{\text{eq}}^{(t+\Delta t)} \right)^b - \left(\dot{\varepsilon}_{\text{eq}}^{(t)} \right)^{a-1} \times \left(\varepsilon_{\text{eq}}^{(t)} \right)^b \right] \times H \left(\Delta \varepsilon_{\text{eq}}^{(t+\Delta t)} \right)$$

式中，$H(\Delta \varepsilon_{\text{eq}}^{(t+\Delta t)})$ 为 Heaviside 单位阶梯函数，自变量不小于 0 时，函数值为 1；若变量取值小于 0，函数值为 0。

由式 (5.3.21) 可将上式化为

$$\Delta D^{(t+\Delta t)} = K_D \left(\dot{\varepsilon}_{\text{eq}}^{(t+\Delta t)} \right)^{a-1} \left[\left(\varepsilon_{\text{eq}}^{(t+\Delta t)} \right)^b - \left(\varepsilon_{\text{eq}}^{(t)} \right)^b \right] \times H \left(\Delta \varepsilon_{\text{eq}}^{(t+\Delta t)} \right) \tag{5.3.22}$$

损伤因子的增量表达式为

$$D^{(t+\Delta t)} = D^{(t)} + \Delta D^{(t+\Delta t)} \tag{5.3.23}$$

在此应该指出的是：进行有限元分析时，为了保证计算的收敛性，若损伤因子大于或等于 1，单元已无承载能力，则令此单元失效，不再参与计算。

含损伤应力张量的表达式如下所示：

$$S_{ij,d}^{(t)} = \left(1 - D^{(t)} \right) S_{ij}^{(t)} \tag{5.3.24}$$

含损伤应力张量的增量为

$$
\begin{aligned}
\Delta S_{ij,d}^{(t+\Delta t)} &= S_{ij,d}^{(t+\Delta t)} - S_{ij,d}^{(t)} = \left(1 - D^{(t+\Delta t)}\right) S_{ij}^{(t+\Delta t)} - \left(1 - D^{(t)}\right) S_{ij}^{(t)} \\
&= \left(1 - D^{(t+\Delta t)}\right) \left(S_{ij}^{(t)} + \Delta S_{ij}^{(t+\Delta t)}\right) - \left(1 - D^{(t)}\right) S_{ij}^{(t)} \\
&= \left(1 - D^{(t+\Delta t)}\right) \Delta S_{ij}^{(t+\Delta t)} - \Delta D^{(t+\Delta t)} S_{ij}^{(t)}
\end{aligned}
\tag{5.3.25}
$$

利用式 (5.3.14) 将 $S_{ij,d}^{(t+\Delta t)}$ 转化成 Cauchy 应力，如下所示:

$$
\begin{aligned}
\sigma_{ij,d}^{(t+\Delta t)} &= F_{ik}^{(t+\Delta t)} S_{kl,d}^{(t+\Delta t)} F_{lj}^{(t+\Delta t)\mathrm{T}} = F_{ik}^{(t+\Delta t)} \left(S_{kl,d}^{(t)} + \Delta S_{kl,d}^{(t+\Delta t)}\right) F_{lj}^{(t+\Delta t)\mathrm{T}} \\
&= F_{ik}^{(t+\Delta t)} S_{kl,d}^{(t)} F_{lj}^{(t+\Delta t)\mathrm{T}} + \left(1 - D^{(t+\Delta t)}\right) \\
&\quad \times \left(F_{ik}^{(t+\Delta t)} \Delta S_{kl}^{(t+\Delta t)} F_{lj}^{(t+\Delta t)\mathrm{T}}\right) - \Delta D^{(t+\Delta t)} \\
&\quad \times \left(F_{ik}^{(t+\Delta t)} S_{kl}^{(t)} F_{lj}^{(t+\Delta t)\mathrm{T}}\right)
\end{aligned}
\tag{5.3.26}
$$

5.3.3 本构模型子程序开发

由于 ABAQUS 现有材料库中没有沥青混凝土冲击损伤本构模型的相应模块，因此，采用 ABAQUS 提供的用户材料本构子程序——Fortran 语言接口定义材料属性，使用者能定义所需的模型。对于材料本构模型，主要有 UMAT(隐式算法) 和 VUMAT (显式算法) 两种用户子程序，考虑到本构模型主要描述材料的冲击动态特性，本章采用 VUMAT 子程序构建本构模型。

利用 ABAQUS/Explicit 提供的用户子程序接口 VUMAT，将上述率相关本构模型移植到 ABAQUS 软件中，以便于分析具体工程实际问题。该程序提供了每个增量步的应变增量、增量步开始时积分点的应力状态以及依赖于解的状态变量 (用于存储等效应变、等效应力等)，为用户子程序的开发提供了方便。这里给出率相关本构关系有限元计算实现步骤。

(1) 从 ABAQUS 主程序中提取本次增量步的应变增量 $\Delta \varepsilon$；增量步开始时的空间变形梯度 $\boldsymbol{F}_{\mathrm{old}}$、拉伸张量 $\boldsymbol{U}_{\mathrm{old}}$ 以及初始应力 $\boldsymbol{\sigma}_0$；增量步结束时的空间变形梯度 $\boldsymbol{F}_{\mathrm{new}}$、拉伸张量 $\boldsymbol{U}_{\mathrm{new}}$ 以及本次增量步的时间 Δt，将这些已知变量代入 VUMAT 子程序。

(2) 更新应变 $\boldsymbol{\varepsilon}_{(t+\Delta t)} = \boldsymbol{\varepsilon}_{(t)} + \Delta \boldsymbol{\varepsilon}_{(t+\Delta t)}$，计算等效应变。

(3) 计算 Kirchhoff 应力增量 $\Delta \boldsymbol{S}_{(t+\Delta t)}$，更新不含损伤的第二 Kirchhoff 应力 $\boldsymbol{S}_{(t+\Delta t)}$。

(4) 根据等效应变 $\varepsilon_{\mathrm{eq}}^{(t+\Delta t)}$，判断是否产生损伤增量 $\Delta D^{(t+\Delta t)}$，计算损伤 $D^{(t+\Delta t)}$。

(5) 计算含损伤的 Kirchhoff 应力 $\boldsymbol{S}_{d,(t+\Delta t)}$。

(6) 计算含损伤的 Cauchy 应力 $\boldsymbol{\sigma}_{d,(t+\Delta t)} = \boldsymbol{F}_{\text{new}}\boldsymbol{S}_{d,(t+\Delta t)}\boldsymbol{F}_{\text{new}}^{\text{T}}$。

(7) 结束，将结果返回 ABAQUS 主程序继续计算。

5.4　沥青混凝土场坪面层冲击损伤分析

5.4.1　发射动力装置建模

　　本章描述的冷发射装备通过发射动力装置生成弹射动力，发射动力装置构成如图 5.4.1 所示。初容室内的燃气发生器产生高压气体，推动弹箭运动；同时自适应橡胶底座在内部高压气体的作用下，壁面 S 弯结构展开产生垂向和径向的膨胀，以一定离地高度 H 撞击发射场坪表面，将大部分发射载荷释放至路面，并对发射筒底部产生向上或向下的附加载荷；场坪在发射载荷下的动力响应又会使发射装备姿态波动，影响到弹箭出筒姿态。经过合理简化，建立有限元模型，如图 5.4.2 所示。弹箭发射过程中初容室内压力变化规律如图 5.4.3 所示，此曲线经过一定处理，反映了初容室压力变化的主要特征。

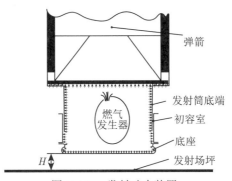

图 5.4.1　发射动力装置

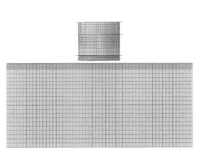

图 5.4.2　有限元模型

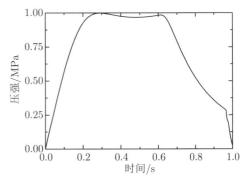

图 5.4.3　压力变化规律

5.4.2　场坪面层损伤分析

1. 本构参数

根据参考文献 [195]~[197] 提供的实验数据，利用式 (5.3.18) 对不同应变率加载条件下的应力–应变曲线进行最小二乘拟合，得到本构参数如表 5.4.1 所示。

表 5.4.1　本构参数

参数	K_D	A	b	E_0/MPa	α/MPa	β/MPa	E_1/MPa	θ/s
上面层	0.21	1.72	0.2	1173	−131120	6.329×10^6	6007	0.04
下面层	0.3	1.3	0.4	500	932673	-1.396×10^8	4853	0.15

实验曲线与拟合结果比较如图 5.4.4 所示，图 5.4.4(a) 中上面层两种曲线的相关系数达到 0.98，图 5.4.4(b) 中下面层以上两种曲线相关系数为 0.96。通过拟合结果可以看出，本章建立的本构模型可以较准确地描述上、下面层两种黏弹性材料的应力–应变关系。

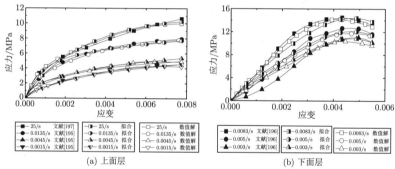

图 5.4.4　不同应变率条件下材料实验曲线、拟合曲线、数值分析结果比较

依据参考文献中的试验条件，建立有限元模型，通过 ABAQUS 软件调用子程序进行有限元分析，图 5.4.4 中给出了不同应变率条件下数值分析的应力–应变关系。比较以上三种曲线，可以看出实验结果、拟合结果和数值分析结果具有良好的一致性。

本节以典型二级沥青混凝土公路为例，分析发射载荷作用下沥青混凝土场坪的面层损伤。沥青混凝土场坪为分层结构，结构形式、各层材料属性及结构参数参考表 5.4.2，考虑到场坪有限元模型范围对求解精度的影响，本书选取较大的建模尺寸，场坪范围为：长 × 宽 × 高 = 6m × 6m × 6m。

表 5.4.2　场坪结构尺寸及材料属性

名称	厚度/cm	密度 $\rho/(kg/m^3)$	弹性模量/MPa	泊松比 μ
上面层	4	2400	见表 5.4.1 (黏弹性)	0.28
下面层	6	2450	见表 5.4.1 (黏弹性)	0.3
基层	20	2200	1800	0.25
底基层	20	2200	1600	0.25
土基	—	1850	36	0.35

2. 结果分析

1) 上面层分析结果

不同离地高度 H，场坪上面层的上、下表面损伤云图如图 5.4.5 所示，上表面中心处损伤变化曲线如图 5.4.6 所示。离地高度为 45mm 时，上表面中心处应变率变化曲线如图 5.4.7 所示。

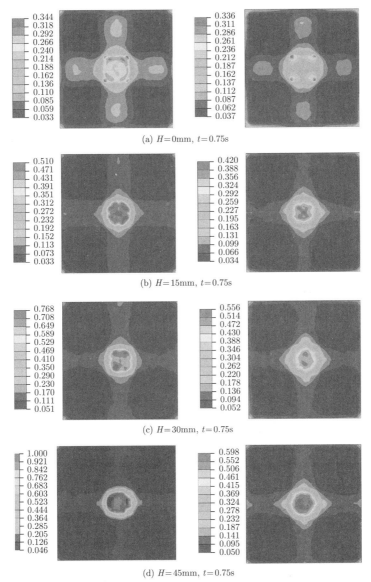

(a) $H=0\text{mm}$, $t=0.75\text{s}$

(b) $H=15\text{mm}$, $t=0.75\text{s}$

(c) $H=30\text{mm}$, $t=0.75\text{s}$

(d) $H=45\text{mm}$, $t=0.75\text{s}$

图 5.4.5 不同离地高度上面层上、下表面冲击损伤 (见彩图)

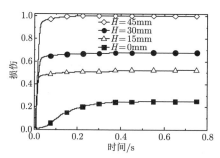

图 5.4.6　　上面层上表面中心处损伤变化

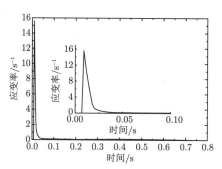

图 5.4.7　$H = 45\text{mm}$ 时, 上表面中心处应变率变化

由于沥青混凝土材料内部存在微裂缝、杂质、孔隙和薄弱界面等缺陷, 底座的倒伞状形变使底座与场坪初始接触面积较小, 接触力很大, 载荷作用下在这些缺陷上产生应力集中, 微裂纹增长迅速, 导致产生的损伤较大并且发展很快, 但损伤区域较小。接触力稳定后, 裂纹增长停滞, 损伤亦停止增长, 但因为缺陷的发展, 损伤区域有所扩大。

具体结合图 5.4.5 ~ 图 5.4.7 可以得出:

(1) 离地高度越大, 损伤越大, 离地高度为 45mm 时, 上面层上表面损伤达到 1, 下表面达到 0.6。

(2) 离地高度为 0mm 时, 底座与上面层接触面轮廓周围损伤较大, 其原因是: 轮廓周围既有拉应变, 又有压应变, 等效应变较大。

(3) 具有一定离地高度时, 压力作用下底座平底处存在倒伞状形变, 于是中间部位最先接触且接触面积较小, 致使接触力较大, 因此, 中间部位较四周有大的损伤, 造成损伤自中心向四周逐渐减小。

(4) 由图 5.4.6 可以看出, $H = 0\text{mm}$ 时, 发射载荷作用下, 损伤平缓增长, 增至 0.4s 后保持恒定; $H > 0\text{mm}$ 时, 由于撞击产生大的应变率以及底座平底处的伞状形变, 很短时间内损伤增长迅速; 因发射载荷增大, 此后至 0.2s 左右损伤有小幅度增长, 0.2~0.75s 发射载荷处于稳定段、卸载段, 损伤基本不变。

(5) 通过图 5.4.7 知：上表面中心处最大应变率为 15.6。由于底座撞击，中心处应变率最大，故发射载荷作用下，上面层产生中低应变率响应。

2) 下面层分析结果

不同离地高度 H，场坪下面层的上、下表面损伤云图如图 5.4.8 所示，上表面中心处损伤变化曲线如图 5.4.9 所示。离地高度为 45mm 时，上表面中心处应变率变化曲线如图 5.4.10 所示。从图 5.4.8 ～ 图 5.4.10 可以得出：

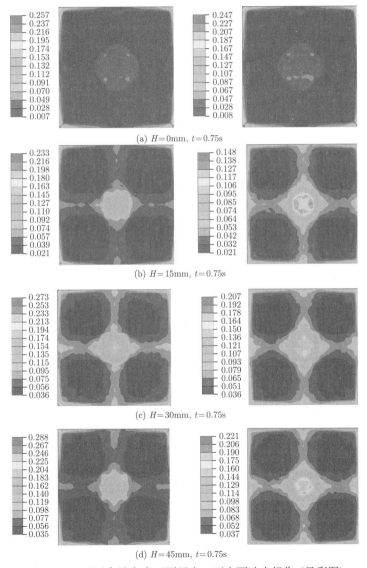

(a) $H=0$mm, $t=0.75$s

(b) $H=15$mm, $t=0.75$s

(c) $H=30$mm, $t=0.75$s

(d) $H=45$mm, $t=0.75$s

图 5.4.8　不同离地高度下面层上、下表面冲击损伤 (见彩图)

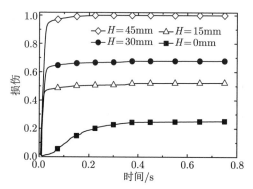

图 5.4.9　下面层上表面中心处损伤变化

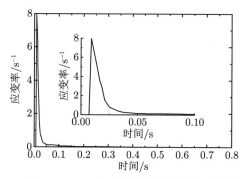

图 5.4.10　$H = 45\text{mm}$ 时，下面层上表面中心处应变率变化

(1) 从图 5.4.8 可知，离地高度为 0mm 时，下面层中心处损伤与其他工况相差较大；$H > 0\text{mm}$ 时，如图 5.4.8(b) ~ (d) 所示，损伤分布规律、大小区别不明显，说明底座撞击对下面层损伤的影响有限。

(2) 如图 5.4.9 所示，底座的撞击作用，使得下面层中心处损伤迅速增大，但由于部分发射载荷已由上面层承受，故未至 0.2s 时损伤已趋于平稳。

(3) 如图 5.4.10 所示，上表面中心处最大应变率为 7.95，故发射载荷致使下面层亦产生中低应变率响应。

3) 场坪表面沉降

底座不同离地高度下力作用面中心处场坪下沉量如图 5.4.11 所示。由于底座为橡胶材料，不同高度下底座与地面的撞击力对场坪表面沉降的影响不大，只是峰值到达时间有所不同，峰值大小及时程规律基本一致。当 $t = 1.0\text{s}$ 时，发射载荷完全卸载，但由于场坪面层的冲击损伤，场坪存在残余形变，表面沉降不能完全恢复。

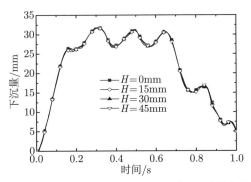

图 5.4.11　不同离地高度下力作用面中心处场坪下沉量

第 6 章　场坪面基层间界面本构模型与损伤特性

装备广地域发射过程中，面基层间界面力学特性不仅直接影响弹箭发射载荷在场坪各功能层内部的传递，形成发射场坪整体应力分布场，而且对场坪面层的损伤甚至断裂产生较大影响。为建立完备的发射场坪数值仿真模型，揭示冲击载荷作用下场坪动态响应和损伤破坏机理，在前 4 章水泥混凝土与沥青混凝土场坪的动力响应力学模型和断裂损伤本构模型基础上，本章建立场坪面基层间界面本构模型，通过数值仿真，揭示面基层间界面损伤特性和动态响应，为建立含场坪效应的发射装备非线性结构动力学方法提供面基层间界面力学模型支撑。

本章以内聚力模型为基础，建立基于 Cohesive 单元的层间界面双线性内聚力数学模型，进而建立含层间界面的发射场坪数值模型；引入初始损伤因子，表征发射场坪层间界面由于初始损伤而引起力学性能的不同，并结合应变等价原理，建立层间界面不同初始状态下的内聚力本构数学模型，并以含层间界面的发射场坪数值模型为基础，完成层间界面不同初始状态下的发射场坪数值模型建立，重点论述了不同初始状态下和发射装备不同触地处，面基层间界面的损伤分布与演化，为广地域发射场坪面基层间界面的数值建模以及动态响应分析提供理论依据。

6.1　层间界面理论模型

6.1.1　内聚力本构模型

内聚力本构模型 [198] 是基于弹塑性断裂力学提出的，该本构模型重点考察了裂纹尖端的塑性区域，并提出在裂纹尖端存在一个微小的内聚力区域 (Cohesive zone)。内聚力区域模型最早由 Dugdale 提出，Dugdale 在对具有穿透裂纹的大型薄板进行拉伸测试实验过程中，观察到裂纹尖端前沿的塑性变形区为一扁平带状区域，并将其简化为如图 6.1.1 左边所示的模型。Dugdale 研究认为，在内聚力区域内垂直于裂纹面上的应力值应等于屈服应力。同时期的学者 Barenblatt 在对完全脆性材料断裂过程的研究中，提出内聚力区域中的应力分布是 x 的函数，其中，x 为内聚力区域中材料点距裂纹尖端的距离，如图 6.1.1 右边所示。图中区域 I 为应力自由区，即完全开裂的裂纹表面区域，区域 II 即为内聚力区。

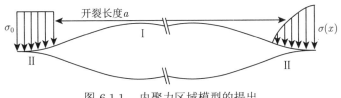

图 6.1.1 内聚力区域模型的提出

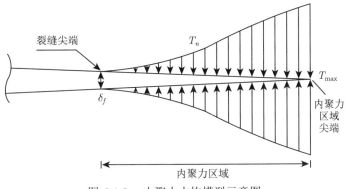

图 6.1.2 内聚力本构模型示意图

事实上，内聚力本构模型是以内聚力区域模型为基础而建立的，如图 6.1.2 所示，内聚力区域为材料裂纹尖端与内聚力区域尖端间的区域，该区域由两个假想面来定义，界面上分布有内聚力，其核心思想为采用假想面上的内聚力与相对位移间的关系来描述材料的非线性本构，即将假想的裂纹面上张力 T 定义为张开位移 δ 的函数，并将其称为内聚力本构的张力位移关系 (traction-separation law)，其数学表达式为

$$T = f(\delta) \tag{6.1.1}$$

开裂形成裂纹面过程中释放的能量，定义为断裂能 G (fracture energy)，其计算表达式为

$$G = \int T \mathrm{d}\delta = \int f(\delta)\mathrm{d}\delta \tag{6.1.2}$$

6.1.2 基于 Cohesive 单元的层间界面理论模型

对于不同的材料以及结构，内聚力本构模型形式也不同，其主要差别在其张力位移关系的不同。因此，对内聚力本构模型及模型参数的研究，其本质在于对张力位移关系法则的研究。内聚力本构模型是一种唯象模型，张力位移关系法则是一种近似量化关系，并无一种通用形式，不同学者采用的张力位移关系法则各不相同，但在两点上具有一致性：① 都含有材料参数 $T_{\max}$；② 完全失效后，内聚力为零，$T(\delta > \delta_f) \equiv 0$。

本节采用内聚力本构模型对发射场坪层间界面进行数学建模，重点阐述张力位移关系法则的选取及主要模型参数的确定，结合损伤判断法则，建立基于 Cohesive 单元的层间界面数学模型。

1. 张力位移关系模型参数及不同关系法则

张力位移关系的一般表现为：在内聚力承载初期，张力 T 值随着假想界面的位移值 δ 的增加而增加，当应力达到最大值 $T_{\max}$ 时，即意味着材料点的应力承载达到了最大值，材料点开始出现初始损伤；随着假想界面位移值 δ 的继续增大，应力开始下降，该阶段为材料点的损伤演化阶段 (或损伤扩展阶段)；当应力减小至零时，材料点完全破坏失效，内聚力区域在该处发生完全开裂并向前扩展，此时该点材料的断裂能达到最大的临界断裂能 G^{c}，对应的位移值为 δ_{f}。

基于以上分析得，内聚力本构模型中张力位移关系参数分为位移型参数和能量型参数。位移型主要参数有：材料模量 E、材料拉伸极限 $T_{\max}$、材料失效位移 δ_{f}；能量型主要参数有：材料拉伸极限 $T_{\max}$、材料拉伸极限时的位移 δ_{0}、临界断裂能 G^{c}。对于两种类型的张力位移关系，主要参数对应张力位移曲线特征点，通过与不同张力位移关系法则的结合，可确定不同形式的张力位移曲线。另外，两种类型的张力位移关系主要参数可相互转化，其转化方式也与张力位移关系法则相关。目前，有限元数值分析应用较多的张力位移关系法则主要有双线型、梯型、多项式型及指数型 [199,200]。

1) 双线型张力位移关系法则

双线型张力位移关系法则 (bilinear traction-separation law) 最初由 Mi 等提出，是一种简单有效的内聚力关系法则。双线型张力位移关系如图 6.1.3 所示。裂纹尖端内聚力区域内，张力在外载荷作用下，最初随着位移的增加呈线性增长，张力达到最大值后，该处材料点发生初始损伤；随着位移的增加，张力值线性下降，材料点承受载荷能力减小，裂纹逐步成形并扩展；当张力完全减小至零，该处裂纹完全扩展，界面在该点处开裂失效。

典型双线型内聚力模型的张力位移关系法则控制方程为

$$T_n = \begin{cases} \dfrac{\sigma_{\max}}{\sigma_n^0}\delta, & \delta \leqslant \delta_n^0 \\[3mm] \sigma_{\max}\dfrac{\delta_n^f - \delta}{\delta_n^f - \delta_n^0}, & \delta > \delta_n^0 \end{cases} \tag{6.1.3}$$

$$T_t = \begin{cases} \dfrac{\tau_{\max}}{\sigma_t^0}\delta, & \delta \leqslant \delta_t^0 \\[3mm] \sigma_{\max}\dfrac{\delta_n^f - \delta}{\delta_t^f - \delta_t^0}, & \delta > \delta_t^0 \end{cases} \tag{6.1.4}$$

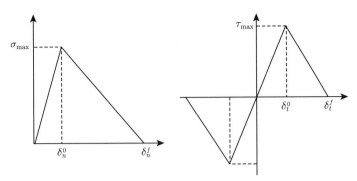

图 6.1.3 双线型张力位移关系

式中，T_n 为法向张力值；T_t 为切向张力值；$\sigma_{\max}$ 为法向张力最大值；$\tau_{\max}$ 为切向张力最大值；δ_n^0 为法向张力最大值 $\sigma_{\max}$ 对应的裂纹张开位移值；δ_t^0 为切向张力最大值 $\tau_{\max}$ 对应的裂纹张开位移值；δ_n^f 为法向最终开裂位移；δ_t^f 为切向最终开裂位移。

各向的断裂能临界值计算表达式为

$$
\begin{aligned}
G_n^{\mathrm{c}} &= \frac{1}{2}\sigma_{\max}\sigma_n^f \\
G_t^{\mathrm{c}} &= \frac{1}{2}\tau_{\max}\sigma_t^f
\end{aligned}
\tag{6.1.5}
$$

2) 梯型张力位移关系法则

梯型张力位移关系法则由 Tvergaard 和 Hutchinson 在研究弹塑性固体开裂时提出的，其张力位移关系曲线如图 6.1.4 所示。

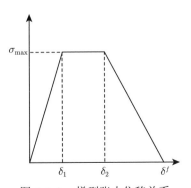

图 6.1.4 梯型张力位移关系

其控制方程为

$$
T = \begin{cases}
\dfrac{\sigma_{\max}}{\delta_1}\delta, & \delta < \delta_1 \\[2mm]
\sigma_{\max}, & \delta_1 \leqslant \delta \leqslant \delta_2 \\[2mm]
\dfrac{\sigma_{\max}}{\delta_f - \delta_2}(\delta_f - \delta), & \delta_2 \leqslant \delta \leqslant \delta_f \\[2mm]
0, & \delta > \delta_f
\end{cases}
\tag{6.1.6}
$$

临界断裂能计算表达式为

$$
G_{\mathrm{c}} = \frac{1}{2}\sigma_{\max}(\delta_f + \delta_2 - \delta_1)
\tag{6.1.7}
$$

3) 多项式型张力位移关系法则

多项式型张力位移关系法则的内聚力模型由 Needleman 提出，采用高次多项式函数，并利用此模型在统一的计算模式下，首次数值模拟了脱黏萌生、发展直至完全剥离并引起开裂裂纹的全过程，揭示了界面层最大允许相对位移与脱黏的韧性和脆性关系。多项式型张力位移关系法则通过断裂能的控制方程来描述，其表达式为

$$
\begin{aligned}
G = \frac{27}{4}T_0\delta_0 &\left\{ \frac{1}{2}\left(\frac{\delta_n}{\delta_0}\right)^2 \left[1 - \frac{4}{3}\left(\frac{\delta_n}{\delta_0}\right) + \frac{1}{2}\left(\frac{\delta_n}{\delta_0}\right)^2 \right] \right. \\
&\left. + \frac{1}{2}\alpha\left(\frac{\delta_t}{\delta_0}\right)^2 \left[1 - \frac{4}{3}\left(\frac{\delta_t}{\delta_0}\right) + \frac{1}{2}\left(\frac{\delta_n}{\delta_0}\right)^2 \right] \right\}
\end{aligned}
\tag{6.1.8}
$$

式中，α 为法向与切向刚度之间的比例系数；T_0 为纯法向时的最大内聚力；δ_0 为最大张开量。

由张力与能量的关系式

$$
T = \frac{\partial G}{\partial \delta}
\tag{6.1.9}
$$

可得

$$
T_n = \frac{27}{4}T_0 \left\{ \left(\frac{\delta_n}{\delta_0}\right)^2 \left[1 - 2\left(\frac{\delta_n}{\delta_0}\right) + \left(\frac{\delta_n}{\delta_0}\right)^2 \right] + \alpha\left(\frac{\delta_t}{\delta_0}\right)^2 \left[\left(\frac{\delta_n}{\delta_0}\right) - 1 \right] \right\}
\tag{6.1.10}
$$

$$
T_t = \frac{27}{4}T_0 \left\{ \alpha\left(\frac{\delta_t}{\delta_0}\right) \left[1 - \left(\frac{\delta_t}{\delta_0}\right) + \left(\frac{\delta_n}{\delta_0}\right)^2 \right] \right\}
\tag{6.1.11}
$$

4) 指数型张力位移关系法则

指数型张力位移关系法则最早由 Needleman 提出，并用于模拟计算金属材料中粒子剥落。指数型内聚力模型具有连续性的张力位移关系，同时其断裂能的值也为连续变化。在二维平面状态下的指数内聚力模型中，开裂过程的断裂能控制方程为

$$G(\Delta) = G_n + G_n \exp\left(-\frac{\Delta_n}{\delta_n}\right)\left\{\left(1 - r + \frac{\Delta_n}{\delta_n}\right)\frac{1-q}{r-1}\right.$$
$$\left. - \left[q + \left(\frac{r-q}{r-1}\right)\frac{\Delta_n}{\delta_n}\right]\exp\left(-\frac{\Delta_t^2}{\delta_t^2}\right)\right\} \tag{6.1.12}$$

式中，Δ_n、Δ_t 分别为界面上的法向与切向位移值；G_n 为纯法向开裂状态下界面完全开裂时的界面断裂能；δ_n、δ_t 为法向与切向界面开裂特性位移，即应力最大值点对应的位移值；参数 q，r 表达式为

$$q = \frac{G_t}{G_n}, \; r = \frac{\Delta_n^*}{\delta_n} \tag{6.1.13}$$

式中，G_t 为纯切向开裂状态下界面完全开裂时的断裂能；Δ_n^* 为在法向应力为零时，切向完全开裂时的法向位移值。

界面上的各向应力为

$$T = \frac{\partial G}{\partial \Delta} \tag{6.1.14}$$

故将断裂能控制方程对各向位移值进行偏导，得到各向应力与位移的关系表达式为

$$T_n = -\frac{G_n}{\delta_n}\exp\left(-\frac{\Delta_n}{\delta_n}\right)\left\{\frac{\Delta_n}{\delta_n}\exp\left(-\frac{\Delta_t^2}{\delta_t^2}\right)\right.$$
$$\left. + \frac{1-q}{r-1}\left[1 - \exp\left(-\frac{\Delta_t^2}{\delta_t^2}\right)\right]\left(r - \frac{\Delta_n}{\delta_n}\right)\right\} \tag{6.1.15}$$

$$T_t = -\frac{G_n}{\delta_n}\left(2\frac{\delta_n}{\delta_t}\right)\frac{\Delta_t}{\delta_t}\left[q + \left(\frac{r-q}{r-1}\right)\frac{\Delta_n}{\delta_n}\right]\exp\left(-\frac{\Delta_n}{\delta_n}\right)\exp\left(-\frac{\Delta_t^2}{\delta_t^2}\right) \tag{6.1.16}$$

故指数内聚力模型中的参数之间的关系为

$$G_n = e \cdot \delta_n \cdot \sigma_{\max}$$
$$G_t = \sqrt{\frac{e}{2}} \cdot \tau_{\max} \cdot \delta_t \tag{6.1.17}$$

式中，$\sigma_{\max}$、$\tau_{\max}$ 为内聚力界面上法向与切向张力最大值。

2. 损伤判断法则

对于材料的失效破坏和裂纹的扩展判据分为两种情况，即初始损伤判据和损伤演化。

1) 初始损伤判据

对于常见的六种初始损伤判据，各自的判别条件如下。

最大主应力准则 MAXS：

$$f = \max\left\{ \frac{\langle \sigma_n \rangle}{\sigma_n^{\max}}, \frac{\sigma_s}{\sigma_s^{\max}}, \frac{\sigma_t}{\sigma_t^{\max}} \right\} = 1 \tag{6.1.18}$$

最大主应变准则 MAXE：

$$f = \max\left\{ \frac{\langle \varepsilon_n \rangle}{\varepsilon_n^{\max}}, \frac{\varepsilon_s}{\varepsilon_s^{\max}}, \frac{\varepsilon_t}{\varepsilon_t^{\max}} \right\} = 1 \tag{6.1.19}$$

最大容许应力准则 MAXPS：

$$f = \left\{ \frac{\langle \sigma_{\max} \rangle}{\sigma_{\max}^0} \right\} = 1 \tag{6.1.20}$$

最大容许应变准则 MAXPE：

$$f = \left\{ \frac{\langle \varepsilon_{\max} \rangle}{\varepsilon_{\max}^0} \right\} = 1 \tag{6.1.21}$$

平方应力准则 QUADS：

$$f = \left\{ \frac{\langle \sigma_n \rangle}{\sigma_n^{\max}} \right\}^2 + \left\{ \frac{\sigma_s}{\sigma_s^{\max}} \right\}^2 + \left\{ \frac{\sigma_t}{\sigma_t^{\max}} \right\}^2 = 1 \tag{6.1.22}$$

平方应变准则 QUADE：

$$f = \left\{ \frac{\langle \varepsilon_n \rangle}{\varepsilon_n^{\max}} \right\}^2 + \left\{ \frac{\varepsilon_s}{\varepsilon_s^{\max}} \right\}^2 + \left\{ \frac{\varepsilon_t}{\varepsilon_t^{\max}} \right\}^2 = 1 \tag{6.1.23}$$

式中，σ_n，σ_s，σ_t 分别为内聚力单元法向、切向一和切向二的张力；$\sigma_n^{\max}$，$\sigma_s^{\max}$，$\sigma_t^{\max}$ 分别为内聚力单元法向、切向一和切向二的最大张力；ε_n，ε_s，ε_t 分别为内聚力单元法向、切向一和切向二的应变；$\varepsilon_n^{\max}$，$\varepsilon_s^{\max}$，$\varepsilon_t^{\max}$ 分别为内聚力单元法向、切向一和切向二的最大应变。

2) 损伤演化

损伤演化是指材料在出现初始损伤之后, 材料力学性能的退化过程, 通常用刚度弱化来描述。引入刚度弱化系数 D, D 取 0~1 之间的数值, D 取 0 时代表材料无损伤, D 取 1 时代表材料已完全破坏失效。损伤后的材料刚度计算表达式为

$$k_D = k_0 (1 - D) \tag{6.1.24}$$

式中, k_0 为材料初始刚度。

3. 基于 Cohesive 单元的层间界面内聚力本构数学模型

内聚力区域中的假想界面张力位移关系曲线对于材料结构中裂纹面的宏观力学状态至关重要。本节对目前有限元数值分析应用较多的 4 种张力位移关系法则进行了描述, 通过对比发现, 双线型张力位移关系法则简单有效, 能较好地在有限元等方法中计算而不会出现计算困难。

综上所述, 采用位移型主要参数作为张力位移关系曲线的特征点, 并选取双线型张力位移关系法则, 结合最大主应力准则 MAXS, 建立基于 Cohesive 单元 [201] 的层间界面内聚力本构数学模型。其中, 张力位移关系曲线主要参数包括: 层间界面材料模量 E、层间界面材料开裂强度 $T_{\max}$ 及层间界面材料失效位移 δ_f。

当层间界面厚度为 h 时, 界面模量与界面刚度间关系为

$$E = k_1 h, \; G_1 = k_2 h, \; G_2 = k_3 h \tag{6.1.25}$$

式中, k_1、k_2、k_3 分别为层间界面 3 个方向刚度; E 为界面法向方向弹性模量; G_1、G_2 为沿不同切向的剪切模量。

Tosky 提出把多层路面体系模型化为由板单元和弹簧单元交替组成的体系, 由板单元模拟体系的弯曲; Khazanovich 在此基础上构建了 8 节点 24 自由度的单元, 并用层间弹簧联系上下两层板, 其弹簧刚度取决于上下两层板的竖向压缩性质。参考模拟层间作用弹簧的刚度计算方法, 界面法向刚度计算表达式为 [55,202]

$$k_1 = \cfrac{1}{\cfrac{1}{S_{\mathrm{s}}} + \cfrac{1}{S_{\mathrm{b}}} + \cfrac{1}{S_{\mathrm{i}}}} \tag{6.1.26}$$

$$S_{\mathrm{s}} = \frac{2E_1(1 - \mu_1)}{h_1(1 - \mu_1 - 2\mu_1^2)}, \; S_{\mathrm{b}} = \frac{2E_2(1 - \mu_1)}{h_2(1 - \mu_2 - 2\mu_2^2)}, \; S_{\mathrm{i}} = \frac{2E_3(1 - \mu_3)}{h_3(1 - \mu_3 - 2\mu_3^2)} \tag{6.1.27}$$

式中, S_{s}、S_{b}、S_{i} 分别为发射场坪面层、基层和夹层的法向刚度; h_1、E_1、μ_1 分别为发射场坪面层的厚度、弹性模量和泊松比; h_2、E_2、μ_2 分别为发射场坪基层

的厚度、弹性模量和泊松比；h_3、E_3、μ_3 分别为发射场坪夹层的厚度、弹性模量和泊松比。

借鉴上述思想，界面处切向刚度计算表达式为

$$k_2 = k_3 = \frac{1}{\dfrac{1}{K_s} + \dfrac{1}{K_b} + \dfrac{1}{K_i}} \tag{6.1.28}$$

$$K_s = \frac{2G_s(1-\mu_1)}{h_1(1-\mu_1-2\mu_1^2)}, K_b = \frac{2G_b(1-\mu_2)}{h_2(1-\mu_2-2\mu_2^2)}, K_i = \frac{2G_i(1-\mu_3)}{h_3(1-\mu_3-2\mu_3^2)} \tag{6.1.29}$$

$$G_s = \frac{E_1}{2(1+\mu)}, G_b = \frac{E_2}{2(1+\mu_2)}, G_i = \frac{E_3}{2(1+\mu_3)} \tag{6.1.30}$$

式中，K_s、K_b、K_i 为发射场坪面层、基层和夹层的切向刚度；G_s、G_b、G_i 分别为面层、基层和夹层的剪切模量。

当层间界面内聚力达到开裂强度后，层间界面表现为损伤软化，其损伤因子计算式为[198]

$$D = \frac{\delta_f(\delta_{\max} - \delta_0)}{\delta_{\max}(\delta_f - \delta_0)} \tag{6.1.31}$$

式中，$\delta_{\max}$ 为加载过程中界面张开位移达到的最大值；$D = 0$ 表示内聚力区域的材料无损伤，$D = 1$ 表示内聚力区域的材料断裂。

6.1.3　不同初始状态下的内聚力本构模型

层间界面内聚力本构数学模型有两个独立参数：开裂强度 $T_{\max}$ 和失效位移 δ_f，其中，对于既定的发射场坪，层间界面失效位移 δ_f 一定。由于广地域发射对发射场坪的选取具有随机性，不同发射场坪由于在使用过程中所经历的载荷及所处的自然环境不同，将导致其力学性能不同。对于新铺设的道路，其层间界面各向力学指标均可达到使用标准，而对于具有一定寿命的道路，其层间界面将发生不同程度的损伤甚至破坏，这将引起发射场坪层间界面刚度的下降，使得界面的实际刚度将低于理论界面刚度，进一步影响层间界面开裂强度的大小。

为表征由于道路层间界面初始损伤而引起的发射场坪层间界面不同状态，引入初始损伤变量 $d(0 \leqslant d \leqslant 1)$。由于层间界面损伤引起的刚度折减为不可逆，且失效位移 δ_f 一定，故发射场坪层间界面不同状态下的内聚力本构模型张力位移曲线如图 6.1.5 所示。其中，当 $0 < d < 1$ 时，结合式 (6.1.31) 得

$$\delta_0^d = \frac{\delta_f \delta_0}{(1-d)\delta_f + d\delta_0} \tag{6.1.32}$$

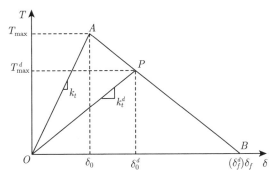

图 6.1.5 层间界面不同状态下的内聚力本构模型张力位移曲线

图 6.1.5 中 A 点坐标为 $(\delta_0, T_{\max})$，B 点坐标为 $(\delta_f, 0)$，则下降段 AB 的斜率为

$$k_{AB} = -[T_{\max}/(\delta_f - \delta_0)] \tag{6.1.33}$$

将 $P(\delta_0^d, T_{\max}^d)$ 点代入线段 AB 方程中，并结合式 (6.1.32) 得

$$T_{\max}^d = T_{\max}\left(1 - d\frac{\delta_0^d}{\delta_f}\right) \tag{6.1.34}$$

由应变等效性假设得到，损伤材料在应力 σ 作用下的应变响应与无损材料在有效应力 σ' 作用下的应变响应相同，在外力作用下受损材料的本构关系可采用无损时的形式，只要把无损材料中的 Cauchy 应力简单地换成有效应力即可，故得

$$\varepsilon = \frac{\sigma'}{E_0} = \frac{\sigma}{(1-d)E_0} = \frac{\sigma}{E'} \tag{6.1.35}$$

即 $E^d = (1-d)E_0$，结合式 (6.1.25) 得

$$k_t^d = (1-d)k_t \tag{6.1.36}$$

式中，k_t，$t = 1$，2，3 表示层间界面 3 个方向的刚度。

结合式 (6.1.32)、式 (6.1.34) 和式 (6.1.36)，得到当 $0 < d < 1$ 时，层间界面内聚力数学模型位移型参数为

$$\begin{cases} \delta_f^d = \delta_f \\[2mm] T_{\max}^d = T_{\max}\left(1 - d\dfrac{\delta_0^d}{\delta_f}\right) \\[2mm] k_t^d = (1-d)k_t \end{cases} \tag{6.1.37}$$

结合初始损伤变量 d 的意义和图 6.1.5 得，当 $d = 0$ 时，P 点将与 A 点重合，表明此时层间界面无初始损伤，由式 (6.1.37) 得

$$\delta_f^d = \delta_f, \ T_{\max}^d = T_{\max}, \ k_t^d = k_t \tag{6.1.38}$$

当 $d = 1$ 时，P 点将与 B 点重合，表明在弹箭广地域发射前场坪层间界面已完全损伤失效，由式 (6.1.32) 和式 (6.1.37) 得

$$\delta_f^d = \delta_f, \ T_{\max}^d = 0, \ k_t^d = 0 \tag{6.1.39}$$

由式 (6.1.24) 的层间界面损伤演化刚度计算公式得，对于层间界面不同状态下损伤演化刚度计算公式为

$$k_D = (1 - D)(1 - d)k_t \tag{6.1.40}$$

式中，k_t 为材料无损时的刚度。

6.2　层间界面数值模型

6.2.1　层间界面厚度计算

在粗糙的发射场坪基层表面浇注混凝土时，往往先向基层表面铺设夹层材料，以保证面层与基层间的黏结性能。铺设的夹层材料除了能填补基层表面凹陷处外，还会在基层毛细管压力、面层混凝土自重和施工振捣的综合作用下渗透至基层表面一定深度内。因此，层间界面并不是一个"面"，而是有一定厚度的"层"，界面层的结构和性质与混凝土面层和基层有较大的区别。

层间界面为强度不同于基层和面层的层间厚度层，夹层材料调平基层表面凹陷 (以下简称"调平层") 和夹层材料渗透至基层表面一定深度 (以下简称"渗透层") 时，将造成调平层与渗透层强度不同于基层和面层。因此，发射场坪层间界面厚度为调平层厚度、渗透层厚度及面层底面过渡层厚度之和，其中，面层底面过渡层厚度为 $0 \sim 100 \mu m$。

以碾压贫混凝土基层的现场铺设施工为例 [203]，施工结束后基层表面可分为 3 种情况：① 基层表面平整，表面的构造深度可采用铺砂法进行检测；② 基层表面局部离析；③ 基层表面大面积均匀麻面。基层表面局部离析和均匀麻面的表面构造深度可采用铺砂法测定既定位置平均构造深度，也可采用卡尺测量具体点位的构造深度。表 6.2.1 给出了对某公路路段的构造深度进行测量的结果。

表 6.2.1 某公路碾压贫混凝土基层表面实测的构造深度 (单位: mm)

基层表面状况	严重离析处	一般离析处	基层表面光滑
平均值	0.489	0.255	0.211
标准差	0.270	0.069	0.095
最大值	1.415	0.429	0.421
最小值	0.209	0.149	0.108

假设基层表面的构造深度为常数, 则层间调平层厚度的计算表达式为

$$H_t = k_1 \cdot R \tag{6.2.1}$$

式中, H_t 为层间调平层厚度; R 为基层表面的构造深度; k_1 为厚度系数, 若基层表面具体位置的构造深度采用卡尺测量时, 则 $k_1 = 1$。

夹层材料进入基层表面毛细管的深度测定, 需要进行渗水试验, 并依据渗水试验结果计算单位时间内的渗透量及一段时间内的渗透深度。由于某一测定位置的渗透面积为一常数, 基层表面的孔隙率和基层材料的吸水量为变量, 故某一时间内渗透深度计算表达式为

$$H_s = k_2 \cdot S \tag{6.2.2}$$

式中, H_s 为一段时间内渗透深度; S 为某一时间内单位面积的渗透量; k_2 为系数, 与基层表面孔隙率和基层材料的吸水量等有关。

综上分析, 发射场坪层间界面厚度计算公式为

$$H = H_t + H_s + H_0 \tag{6.2.3}$$

式中, H 为层间界面厚度; H_0 为面层底面过渡层厚度。

6.2.2 含层间界面的发射场坪数值模型

含层间界面的发射场坪数值模型重点考虑弹箭悬垂发射时不同部件 (液压支腿及自适应底座) 处场坪面基层间界面的损伤分布和演化。因此, 对含层间界面的发射场坪数值模型进行一定的简化与假设: ① 假设某装备广地域发射平台左右完全对称, 根据载荷对称原理, 左、右支腿处场坪在相同的作用力下, 发射场坪动态响应相同, 因此, 只分析前左和后左支腿处场坪层间界面损伤动态响应; ② 提取某装备悬垂发射时前、后液压支腿及自适应底座对地载荷大小, 并将其施加于相应的场坪区域内, 简化发射装置与发射场坪间的界面耦合; ③ 将发射场坪面层、基层、垫层及土基设置为线弹性材料; ④ 基层、垫层及土基间不含层间界面, 各层间假设为完全连续。

依据以上简化与假设，建立含层间界面的发射场坪三维数值模型，如图 6.2.1 所示。数值模型从上至下依次为混凝土面层、面基层间界面、基层、垫层和土基；混凝土面层、面基层间界面和基层间均采用孤立网格偏移生成，以保证结构层间网格的连续性，含层间界面的发射场坪网格模型如图 6.2.2 所示；基层、垫层及土基间采用固联连接；发射场坪四周设置为对称边界条件，土基底面设置为固端约束；计算采用显式动态算法，并使用 mm-t-s-MPa 单位制。

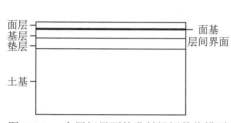

图 6.2.1　含层间界面的发射场坪数值模型

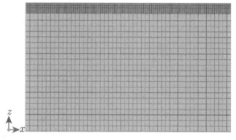

图 6.2.2　含层间界面的发射场坪网格模型

面层与基层间使用 SBS 改性沥青作为黏结材料，以基于 Cohesive 单元的层间界面内聚力本构模型为基础，运用式 (6.1.26)~ 式 (6.1.30) 计算面基层间界面刚度，并结合式 (6.2.3) 计算层间界面厚度，完成面基层间界面数值模型的建立。模型参数如表 6.2.2 所示[204−206]，表中参数下标 n 表示层间界面法向方向，s 表示层间界面切向方向。各功能层材料参数和结构参数如表 6.2.3 所示，其中，为了充分研究不同发射装备对地载荷作用下面基层间界面的损伤分布与演化，发射场坪结构参数取值较大。

表 6.2.2　面基层间界面数值模型参数

$T_{n,\max}$/MPa	$T_{s,\max}$/MPa	k_n/(MPa/mm)	k_s/(MPa/mm)	δ_f/mm
0.045	0.049	9.42	3.7	2

表 6.2.3　各功能层材料参数和结构参数

功能层	E/MPa	μ	H/mm	L/mm	W/mm
沥青混凝土面层	1200	0.25	120		
SBS 改性沥青	1610	0.25	0.6		
基层	1400	0.3	200	10000	10000
垫层	450	0.3	250		
土基	30	0.35	4000		

以某装备广地域发射时前、后液压支腿及自适应底座对地压力作为输入条件，

均布于发射场坪面层表面相应位置处，前、后支腿处场坪压强曲线如图 6.2.3 所示，自适应底座处场坪压力曲线如图 6.2.4 所示。由于不同部件对地载荷形式和作用范围不同，故分别建立前、后支腿和自适应底座处含层间界面发射场坪三维数值模型，从而排除由于不同部件间的相互作用而对面基层间界面损伤分布与演化的影响。

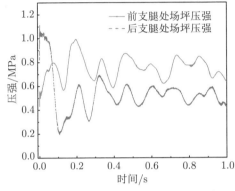
图 6.2.3　前、后支腿处场坪压强曲线

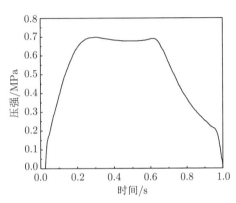
图 6.2.4　自适应底座处场坪压强曲线

　　为提高计算精度，将弹箭悬垂发射过程中发射装备处场坪面基层间界面损伤数值计算过程分为两步：

　　(1) 建立初始应力场平衡。在弹箭待发射阶段，由于发射平台自重通过前、后支腿传递至场坪，因此，在该分析步中对前、后支腿处场坪施加重力和初始压力；由于自适应底座存在一定的离地高度，因此，在该分析步中对自适应底座处场坪只施加重力作用。通过计算获得与给定边界条件和载荷相平衡的应力状态，并将其作为初始条件代入动态分析中。将第一步分析计算过程称为弹箭悬垂待发射阶段。

　　(2) 导入第一步的计算结果作为路面的初始应力场，对模型施加动态载荷，并对不同部件处场坪面基层间界面损伤进行数值计算。将第二步分析计算过程称为弹箭悬垂发射阶段。

6.2.3　层间界面不同状态下发射场坪数值模型

　　以含层间界面的发射场坪数值模型为基准 $(d = 0)$，层间界面初始损伤 d 为变量，式 (6.1.37) 为控制方程，对开裂强度 $T_{\max}^d$ 及界面刚度 k_t^d 进行计算，完成层间界面不同状态下发射场坪数值模型的建立。其中，层间界面初始损伤 d 以 $\Delta d = 0$ 开始从 0 增至 1，开裂强度 $T_{\max}^d$ 及界面刚度 k_t^d 计算结果如表 6.2.4 所示。

表 6.2.4   不同状态下开裂强度和界面刚度计算结果

d	$T_{n,\max}^d$/MPa	$T_{s,\max}^d$/MPa	k_n^d/(MPa/mm)	k_s^d/(MPa/mm)	δ_f^d/mm
0			见表 6.2.2		
0.1	0.04495	0.04895	8.47	3.33	
0.2	0.04489	0.04889	7.53	2.96	
0.3	0.04482	0.04882	6.59	2.59	
0.4	0.04475	0.04871	5.65	2.22	
0.5	0.04457	0.04857	4.71	1.85	2
0.6	0.04436	0.04836	3.76	1.48	
0.7	0.04402	0.04801	2.82	1.11	
0.8	0.04334	0.04733	1.88	0.74	
0.9	0.04144	0.04539	0.94	0.37	
1	0	0	0	0	

6.3   场坪面基层间界面损伤分布与演化分析

6.3.1   前支腿处场坪面基层间界面损伤分布与演化

以含层间界面的发射场坪数值模型为基础，取初始损伤 $d = 0$、0.2、0.4、0.6、0.8 和 1，并以某装备广地域发射时前支腿对地载荷为输入条件，完成前支腿处场坪层间界面不同初始状态下的发射场坪数值工况模型，数值计算各观测点处的损伤响应。观测点的设置如图 6.3.1 所示，其中，O 点为前支腿对地载荷中心点，A 点距 O 点 0.5R，B 点距 O 点 1R，C 点距 O 点 1.5R，D 点距 O 点 2R，E 点

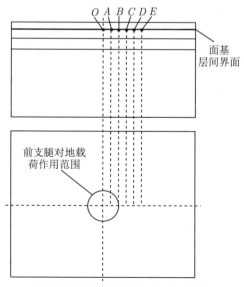

图 6.3.1   前支腿处场坪面基层间界面观测点设置示意图

距 O 点 $2.5R$，R 为前支腿对地载荷作用范围半径。所定义的观测点代表该点附近一定范围内的介质。

将观测点位置不变、初始损伤为变量而得到的层间界面各观测点损伤最大值比较称为面基层间界面损伤分布的横向比较，如图 6.3.2 所示；将初始损伤不变、观测点位置为变量而得到的层间界面各观测点损伤最大值比较称为面基层间界面损伤分布的纵向比较，如图 6.3.3 所示。前支腿对地载荷下，面基层间界面不同初始状态时的各观测点损伤最大值如表 6.3.1 所示。

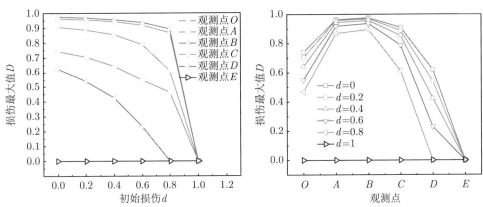

图 6.3.2 不同观测点处损伤最大值横向比较　　图 6.3.3 不同观测点处损伤最大值纵向比较

表 **6.3.1**　前支腿处场坪层间界面各观测点损伤最大值

d	观测点 O	观测点 A	观测点 B	观测点 C	观测点 D	观测点 E
0	0.741	0.963	0.983	0.910	0.621	0
0.2	0.704	0.958	0.968	0.889	0.542	0
0.4	0.642	0.944	0.957	0.854	0.424	0
0.6	0.550	0.918	0.936	0.788	0.229	0
0.8	0.467	0.869	0.895	0.611	0	0
1	0	0	0	0	0	0

由图 6.3.2、图 6.3.3 和表 6.3.1 可得：

(1) 横向比较各观测点处损伤情况。随着面基层间界面初始损伤 d 的改变，B 点处介质损伤始终最大，E 点处介质损伤始终为零。这是由于 B 点处介质位于载荷作用区域边界处，该点处介质不仅受力环境复杂，而且所受应力较大，因此，该点处介质损伤最严重；在前支腿载荷作用下，面基层间界面具有一定的应力分布，E 点处介质所受应力极小，故该点处介质损伤始终为零。

(2) 横向比较各观测点处损伤情况。随着面基层间界面初始损伤 d 的变大，O、A、B、C 及 D 5 点处介质损伤最大值均变小。这是因为随着层间界面初始损伤的变大, 层间界面应力的传递与扩散能力变差, 因此, 观测点 O、A、B、C 及 D 处介质所受应力变小。

(3) 纵向比较面基层间界面各观测点处损伤情况。当面基层间界面初始损伤 $d = 1$ 时, 观测点 $O \sim E$ 处均无损伤产生。这是因为当层间界面初始损伤 $d = 1$ 时, 表明层间界面已经完全失效。在此状态下可视为发射场坪面层与基层间并无层间界面的存在, 层与层间处于自由滑动状态; 从另一个角度讲, 当初始损伤 $d = 1$ 时, 层间界面在承受前支腿处载荷作用前就已完全失效, 应力在面基层间界面内无法进行扩散与传递。

(4) 纵向比较面基层间界面各观测点处损伤情况。当面基层间界面初始损伤 d 一定时 (除 $d = 1$ 的情况外), 沿前支腿载荷作用区域半径方向, 各观测点处层间界面最大损伤值先增大后减小。这是由于在前支腿载荷作用下, 观测点 B 处层间界面处于复合应力的作用状态中, 使得该点处介质产生较大的塑性应变。同时, 由于面基层间界面损伤是以载荷作用边界为中线, 同时向载荷作用区域内、外辐射式发展, 因此, 沿载荷作用区域半径方向, 损伤呈现 "中间大, 两边小" 的分布规律。

(5) 纵向比较面基层间界面各观测点处损伤情况。当面基层间界面初始损伤 d 一定时 (除 $d = 1$ 的情况外), O 点处介质损伤大于 D 点处介质损伤, A 点处介质损伤大于 C 点处介质损伤。这是由于 A 点和 O 点处于载荷作用范围内, 因此, 其所受应力将大于 C 点与 D 点。

(6) 采用横向比较与纵向比较相结合的方法, 比较面基层间界面各观测点损伤情况。当面基层间界面初始损伤 d 不同时, 引入损伤变化因子 μ, 衡量不同观测点的损伤变化大小。由于 $d = 1$ 时, 前支腿处场坪面基层间界面无损伤, 故取 $d = 0.8$ 时的面基层间界面不同观测点的损伤进行 μ 的计算, 如式 (6.3.1) 所示。面基层间界面不同观测点处的损伤变化大小如表 6.3.2 所示。

$$\mu = \frac{D_i|_{d=0} - D_i|_{d=0.8}}{D_i|_{d=0}} \tag{6.3.1}$$

式中, D 为损伤最大值; i 为不同观测点。

表 6.3.2　前支腿处场坪面基层间界面各观测点的损伤变化大小

观测点	$d = 0$	$d = 0.8$	μ
O	0.741	0.467	0.369
A	0.963	0.869	0.099
B	0.983	0.895	0.089
C	0.910	0.611	0.329
D	0.621	0	1

由表 6.3.2 得 $\mu_D > \mu_O > \mu_C > \mu_A > \mu_B$，说明当面基层间界面初始损伤状态变差时，$D$ 点处介质损伤变化最大，B 点处介质损伤变化最小。产生该分布规律的原因与面基层间界面传递应力能力的强弱以及不同观测点所受应力的大小相关。当层间界面初始损伤不同时，由于观测点 B 始终处于载荷边界处，因此，该点所受应力始终最大；随着层间界面初始损伤的增大，一方面将使得面基层间界面应力传递能力的不连续性增强，另一方面观测点 B 处由于损伤最大而存在一定的应力集中，因此，观测点 D 处介质损伤变化最快。

6.3.2　后支腿处场坪面基层间界面损伤分布与演化

以含层间界面的发射场坪数值模型为基础，取初始损伤 $d = 0$、0.2、0.4、0.6、0.8 和 1，并以某装备广地域发射时后支腿对地载荷为输入条件，建立后支腿处场坪层间界面不同初始状态下发射场坪数值工况模型，数值计算各观测点处的损伤响应。由于前、后支腿结构尺寸相同，故后支腿处场坪层间界面观测点设置情况与前支腿处场坪层间界面观测点设置情况相同，如图 6.3.1 所示。

图 6.3.4 和图 6.3.5 分别为后支腿处场坪面基层间界面不同观测点处损伤最大值横向比较与纵向比较曲线。后支腿对地载荷下，面基层间界面不同初始状态时各观测点的损伤最大值如表 6.3.3 所示。

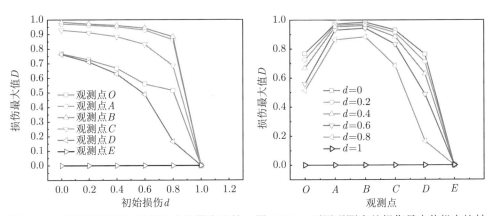

图 6.3.4　不同观测点处损伤最大值横向比较　　图 6.3.5　不同观测点处损伤最大值纵向比较

结合图 6.3.4、图 6.3.5 和表 6.3.3 得，随着面基层间界面初始损伤 d 变大，观测点 O、A、B、C 及 D 处介质损伤最大值均变小，其中，观测点 B 处介质损伤始终最大，观测点 E 处介质损伤始终为零；当面基层间界面初始损伤 $d = 1$ 时，观测点 $O \sim E$ 处均无损伤发生；当面基层间界面初始损伤一定时 (除 $d = 1$ 的情况外)，沿后支腿对地载荷作用区域半径方向，不同观测点损伤最大值大小排序为：$D_B > D_A > D_C > D_O > D_D > D_E$。通过对比可知，后支腿处场坪面基层间界面的损伤分布与演化规律和前支腿处场坪面基层间界面的损伤分布与损伤演化规律一致。

表 6.3.3　后支腿处场坪层间界面各观测点损伤最大值

d	观测点 O	观测点 A	观测点 B	观测点 C	观测点 D	观测点 E
0	0.768	0.971	0.984	0.929	0.763	0
0.2	0.726	0.963	0.971	0.912	0.711	0
0.4	0.669	0.952	0.961	0.884	0.630	0
0.6	0.560	0.929	0.942	0.831	0.487	0
0.8	0.514	0.863	0.883	0.685	0.165	0
1	0	0	0	0	0	0

引入损伤变化因子 μ，采用式 (6.3.1) 计算后支腿处场坪面基层间界面不同观测点处损伤变化的大小，如表 6.3.4 所示。

表 6.3.4　后支腿处场坪面基层间界面各观测点的损伤变化大小

观测点	$d = 0$	$d = 0.8$	μ
O	0.768	0.514	0.331
A	0.971	0.863	0.111
B	0.984	0.883	0.103
C	0.929	0.685	0.263
D	0.763	0.165	0.784

由表 6.3.4 可得，随着后支腿处场坪面基层间界面初始状态变差，不同观测点损伤变化大小排序为：$\mu_D > \mu_O > \mu_C > \mu_A > \mu_B$，该分布规律与前支腿处场坪面基层间界面不同观测点的损伤变化规律一致。

6.3.3　底座处场坪面基结合层损伤分布与演化

以含层间界面的发射场坪数值模型为基础，取初始损伤 $d = 0$、0.2、0.4、0.6、0.8 和 1，并以某装备广地域发射时自适应底座对地载荷为输入条件，建立自适应底座处场坪层间界面不同初始状态下的发射场坪数值工况模型，数值计算各观测点处的损伤响应。观测点的设置如图 6.3.6 所示，其中，O 点为自适应底座对地载荷中心点，A 点距 O 点 0.5R，B 点距 O 点 1R，C 点距 O 点 1.5R，D 点距 O 点 2R，E 点距 O 点 2.5R，R 为自适应底座对地载荷作用范围半径。所定义的观测点代表该点附近一定范围内的介质。

图 6.3.7 和图 6.3.8 分别为自适应底座处场坪面基层间界面不同观测点处损伤最大值横向比较与纵向比较曲线。自适应底座对地载荷下，面基层间界面不同初始状态时各观测点的损伤最大值如表 6.3.5 所示。

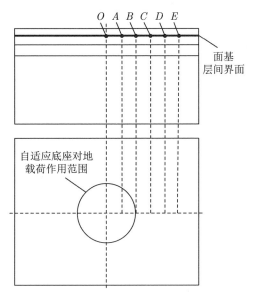

图 6.3.6 自适应底座处场坪面基层间界面观测点设置示意图

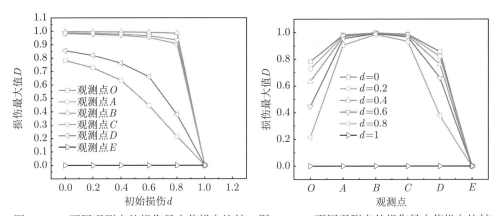

图 6.3.7 不同观测点处损伤最大值横向比较 图 6.3.8 不同观测点处损伤最大值纵向比较

表 6.3.5 自适应底座处场坪层间界面各观测点损伤最大值

d	观测点 O	观测点 A	观测点 B	观测点 C	观测点 D	观测点 E
0	0.781	0.982	0.997	0.971	0.604	0
0.2	0.726	0.977	0.996	0.964	0.512	0
0.4	0.633	0.969	0.995	0.952	0.361	0
0.6	0.447	0.954	0.992	0.928	0.275	0
0.8	0.215	0.906	0.985	0.856	0.144	0
1	0	0	0	0	0	0

由图 6.3.7、图 6.3.8 和表 6.3.5 可得，随着面基层间界面初始损伤 d 变大，观测点 O、A、B、C 及 D 处介质损伤最大值均变小，其中，观测点 B 处介质损伤始终最大，观测点 E 处介质损伤始终为零；当面基层间界面初始损伤 $d = 1$ 时，观测点 $O \sim E$ 处均无损伤发生；当面基层间界面初始损伤一定时 (除 $d = 1$ 的情况外)，沿后支腿对地载荷作用区域半径方向，不同观测点损伤最大值大小排序为：$D_B > D_A > D_C > D_O > D_D > D_E$。通过对比可知，自适应底座处场坪面基层间界面的损伤分布及演化规律与前、后支腿处场坪面基层间界面的损伤分布及演化规律一致。

引入损伤变化因子 μ，采用式 (6.3.1) 计算自适应底座处场坪面基层间界面不同观测点处损伤变化的大小，如表 6.3.6 所示。

表 6.3.6　　自适应底座处场坪面基层间界面各观测点的损伤变化大小

观测点	$d = 0$	$d = 0.8$	μ
O	0.781	0.215	0.725
A	0.982	0.906	0.077
B	0.997	0.985	0.012
C	0.971	0.856	0.118
D	0.604	0.104	0.828

由表 6.3.6 得，随着面基层间界面初始状态的变差，观测点 D 处介质损伤变化最大，观测点 B 处损伤变化最小，自适应底座处面基层间界面各观测点损伤变化大小排序为：$\mu_D > \mu_O > \mu_C > \mu_A > \mu_B$，此规律与前、后支腿处场坪层间界面各观测点的损伤变化规律一致。

第 7 章　含场坪效应的发射动力学建模与分析

有限元方法在求解非线性结构动力学问题方面具有较大优势，特别是发射动力学问题。由于发射时装备存在摩擦、碰撞、大变形、大位移、冲击，甚至塑性形变、冲击损伤等强非线性问题，目前只有采用有限元方法才能较好地求解。

本章首先介绍了动力学问题的有限元方程以及非线性有限元分析的数值方法；其次介绍了典型弹箭冷发射装备的组成；再次基于前几章的研究内容分别介绍了发射场坪非线性精确数值模型和发射场坪等效数值模型的建模方法；最后利用建立的含场坪效应的发射动力学模型分析了发射过程中装备和场坪的动力响应。

7.1　非线性有限元动力学分析的数值方法

结构动力学中的非线性因素一般包括三个方面：几何非线性、材料非线性和边界非线性 (或称为状态非线性)。非线性问题与线性问题的求解方法存在较大区别：在线性问题中，一次施加全部载荷即可求解得到问题的结果，但是对于非线性问题来说，通常不能一次施加所有载荷，而是以增量方式施加给定的载荷求解，逐步获得计算结果。对于非线性动力学问题，其求解方法有很多，按照计算方式的不同分为显式方法和隐式方法 [207]。

非线性有限元法是计算机辅助分析的基本组成部分，得益于大容量计算机和商业有限元软件的快速发展，该理论被广泛应用至各个学科中，为解决非线性问题提供了更快捷和更低廉的处理方案。

从数学角度来说，动力学方程为二阶微分方程，可用高精度求解算法 Runge-Kutta 方法来求解。但是在有限元动力学分析中，矩阵阶数非常高，用这种高精度算法求解不经济，一般采用直接积分法和振型叠加法求解。

直接积分法不对动力学方程进行任何变换，直接对其进行积分，可用于线性系统和非线性系统中。根据积分方法的不同，直接积分法可分为显式算法和隐式算法，利用显式算法求解动力学控制方程一般称为显式动力学方法，利用隐式算法求解动力学控制方程一般称为隐式动力学方法，下面分别进行论述。

7.1.1　显式方法——中心差分法

在计算力学中，中心差分法是最常用的显式积分算法。将时间 $t \in [t_B, t_E]$ 划分成有限个时间步长 Δt^n，$n = 1, 2, 3, \cdots, N_{TS}$，其中，$t_B$ 是仿真开始时间，一

般 $t_\mathrm{B} = 0$，t_E 是仿真结束时间，N_TS 是时间步的总数量，t^n 和 $\boldsymbol{d}^n\,(t^n)$ 分别是第 n 时间步的时间和位移 [208,209]。

时间增量定义为

$$\Delta t^{n+\frac{1}{2}} = t^{n+1} - t^n, \quad t^{n+\frac{1}{2}} = \frac{1}{2}\left(t^{n+1} + t^n\right), \quad \Delta t^n = t^{n+\frac{1}{2}} - t^{n-\frac{1}{2}} \tag{7.1.1}$$

速度用位移形式表示：

$$\dot{\boldsymbol{d}}^{n+\frac{1}{2}} = \frac{\boldsymbol{d}^{n+1} - \boldsymbol{d}^n}{t^{n+1} - t^n} = \frac{1}{\Delta t^{n+\frac{1}{2}}}\left(\boldsymbol{d}^{n+1} - \boldsymbol{d}^n\right) \tag{7.1.2}$$

将差分公式 (7.1.2) 转换为积分公式：

$$\boldsymbol{d}^{n+1} = \boldsymbol{d}^n + \Delta t^{n+\frac{1}{2}}\dot{\boldsymbol{d}}^{n+\frac{1}{2}} \tag{7.1.3}$$

加速度和相应的积分公式可表示为

$$\ddot{\boldsymbol{d}}^n = \frac{\dot{\boldsymbol{d}}^{n+\frac{1}{2}} - \dot{\boldsymbol{d}}^{n-\frac{1}{2}}}{t^{n+\frac{1}{2}} - t^{n-\frac{1}{2}}}, \quad \dot{\boldsymbol{d}}^{n+\frac{1}{2}} = \dot{\boldsymbol{d}}^{n-\frac{1}{2}} + \Delta t^n\ddot{\boldsymbol{d}}^n \tag{7.1.4}$$

将加速度进一步用位移形式表示为

$$\ddot{\boldsymbol{d}}^n = \frac{\Delta t^{n-\frac{1}{2}}\left(\boldsymbol{d}^{n+1} - \boldsymbol{d}^n\right) - \Delta t^{n+\frac{1}{2}}\left(\boldsymbol{d}^n - \boldsymbol{d}^{n-1}\right)}{\Delta t^{n+\frac{1}{2}}\Delta t^n\Delta t^{n-\frac{1}{2}}} \tag{7.1.5}$$

在等时间步长的情况下，式 (7.1.5) 可简化为

$$\ddot{\boldsymbol{d}}^n = \frac{\boldsymbol{d}^{n+1} - 2\boldsymbol{d}^n + \boldsymbol{d}^{n-1}}{\left(\Delta t^n\right)^2} \tag{7.1.6}$$

在第 n 时间步时，动力学方程可写为

$$\boldsymbol{M}\ddot{\boldsymbol{d}}^n = \boldsymbol{f}^n = \boldsymbol{f}^{\mathrm{ext}}\left(\boldsymbol{d}^n, t^n\right) - \boldsymbol{f}^{\mathrm{int}}\left(\boldsymbol{d}^n, t^n\right) \tag{7.1.7}$$

式中，$\boldsymbol{M}$ 为节点质量矩阵；$\boldsymbol{f}^n$ 为节点力矩阵；$\boldsymbol{f}^{\mathrm{ext}}$ 为节点外力矩阵；$\boldsymbol{f}^{\mathrm{int}}$ 为节点内力矩阵。

将式 (7.1.7) 代入式 (7.1.4) 中，可得到更新节点速度的方程为

$$\dot{\boldsymbol{d}}^{n+\frac{1}{2}} = \dot{\boldsymbol{d}}^{n-\frac{1}{2}} + \Delta t^n\boldsymbol{M}^{-1}\boldsymbol{f}^n \tag{7.1.8}$$

在任意时间 n，已知位移 $\boldsymbol{d}^n$，通过顺序地运算应变–位移方程、本构方程和节点外力，可以确定节点力 $\boldsymbol{f}^n$。由式 (7.1.8) 可以获得 $\dot{\boldsymbol{d}}^{n+\frac{1}{2}}$，再由式 (7.1.3) 确定新的位移 $\boldsymbol{d}^{n+1}$。

中心差分法求解动力学方程的算法流程归结如下：

(1) 初始条件和初始化，设定 $\boldsymbol{d}^0$，$\boldsymbol{\sigma}^0$ 和其他材料状态的初始值：$\boldsymbol{d}^0 = 0$，$n = 0$，$t = 0$，计算 $\boldsymbol{M}$；

(2) 计算作用力 $\boldsymbol{f}^n$；

(3) 计算加速度：$\ddot{\boldsymbol{d}}^n = \boldsymbol{M}^{-1}\boldsymbol{f}^n - \boldsymbol{C}\dot{\boldsymbol{d}}^{n-\frac{1}{2}}$；

(4) 时间更新：$t^{n+1} = t^n + \Delta t^{n+\frac{1}{2}}$，$t^{n+\frac{1}{2}} = \dfrac{t^n + t^{n+1}}{2}$；

(5) 第 1 次部分更新节点速度：$\dot{\boldsymbol{d}}^{n+\frac{1}{2}} = \dot{\boldsymbol{d}}^n + \left(t^{n+\frac{1}{2}} - t^n\right)\ddot{\boldsymbol{d}}^n$；

(6) 施加强制边界条件；

(7) 更新节点位移：$\boldsymbol{d}^{n+1} = \boldsymbol{d}^n + \Delta t^{n+\frac{1}{2}}\dot{\boldsymbol{d}}^{n+\frac{1}{2}}$；

(8) 给出作用力 $\boldsymbol{f}^{n+1}$；

(9) 计算 $\ddot{\boldsymbol{d}}^{n+1}$；

(10) 第 2 次部分更新节点速度：$\dot{\boldsymbol{d}}^{n+1} = \dot{\boldsymbol{d}}^{n+\frac{1}{2}} + \left(t^{n+1} - t^{n+\frac{1}{2}}\right)\ddot{\boldsymbol{d}}^{n+1}$；

(11) 在第 $n+1$ 时间步检查能量平衡；

(12) 更新步骤数目：$n \leftarrow n+1$；

(13) 输出；如果模拟没有完成，返回 (4)。

显式方法特别适用于求解含复杂接触的高速动力学碰撞和冲击问题，该方法是条件稳定的，每次增量的步长 Δt^n 必须小于临界时间步长 Δt_{crit}，否则计算的结果就会发散不收敛。

对于无阻尼系统，临界稳定时间步长与动力系统最高圆频率 $\omega_{\max}$ 有关，可表示为

$$\Delta t^n \leqslant \Delta t_{\text{crit}} = \frac{2}{\omega_{\max}} \tag{7.1.9}$$

对于有阻尼系统，临界稳定时间步长与动力系统的最高圆频率及其阻尼比有关，可表示为

$$\Delta t^n \leqslant \Delta t_{\text{crit}} = \frac{2}{\omega_{\max}}\left(\sqrt{1 + \xi_{\max}} - \xi_{\max}\right) \tag{7.1.10}$$

7.1.2 隐式方法——Newmark-$\alpha\beta$

在第 $t = t^{n+1}$ 时，结构的非线性动力学有限元离散方程 (7.1.7) 可写为[208,209]

$$\boldsymbol{r}\left(\boldsymbol{d}^{n+1}, t^{n+1}\right) = \boldsymbol{M}\ddot{\boldsymbol{d}}^{n+1} + \boldsymbol{f}^{\text{int}}\left(\boldsymbol{d}^{n+1}, t^{n+1}\right) - \boldsymbol{f}^{\text{ext}}\left(\boldsymbol{d}^{n+1}, t^{n+1}\right) = \boldsymbol{0} \tag{7.1.11}$$

式中，列矩阵 $\boldsymbol{r}\left(\boldsymbol{d}^{n+1}, t^{n+1}\right)$ 称为残差，离散方程是节点位移 $\boldsymbol{d}^{n+1}$ 的非线性代数方程。

1. Newmark-β 方法

对于动力学离散方程 (7.1.7)，普遍应用的时间积分方法为 Newmark-β 方法 [208]。对于此法，更新的位移和速度为

$$\boldsymbol{d}^{n+1} = \tilde{\boldsymbol{d}}^{n+1} + \beta \left(\Delta t^n\right)^2 \ddot{\boldsymbol{d}}^{n+1} \tag{7.1.12}$$

$$\dot{\boldsymbol{d}}^{n+1} = \tilde{\dot{\boldsymbol{d}}}^{n+1} + \gamma \Delta t^n \ddot{\boldsymbol{d}}^{n+1} \tag{7.1.13}$$

式中，$\tilde{\boldsymbol{d}}^{n+1} = \boldsymbol{d}^n + \Delta t^n \dot{\boldsymbol{d}}^n + \dfrac{\left(\Delta t^n\right)^2}{2} \left(1 - 2\beta\right) \ddot{\boldsymbol{d}}^n$；$\tilde{\dot{\boldsymbol{d}}}^{n+1} = \dot{\boldsymbol{d}}^n + \left(1 - \gamma\right) \Delta t^n \ddot{\boldsymbol{d}}^n$；$\beta$ 和 γ 是参数。当 $\gamma = \dfrac{1}{2}$ 时，Newmark 积分器没有附加阻尼；当 $\gamma > \dfrac{1}{2}$ 时，积分器中加了 $\gamma - \dfrac{1}{2}$ 的人工黏性阻尼。

更新加速度可以通过求解式 (7.1.12) 得到

$$\ddot{\boldsymbol{d}}^{n+1} = \frac{1}{\beta \left(\Delta t^n\right)^2} \left(\boldsymbol{d}^{n+1} - \tilde{\boldsymbol{d}}^{n+1}\right), \ \beta > 0 \tag{7.1.14}$$

将式 (7.1.14) 代入式 (7.1.11)，可得

$$\boldsymbol{0} = \boldsymbol{r} = \frac{1}{\beta \left(\Delta t^n\right)^2} \boldsymbol{M} \left(\boldsymbol{d}^{n+1} - \tilde{\boldsymbol{d}}^{n+1}\right) - \boldsymbol{f}^{\text{ext}} \left(\boldsymbol{d}^{n+1}, t^{n+1}\right) + \boldsymbol{f}^{\text{int}} \left(\boldsymbol{d}^{n+1}, t^{n+1}\right) \tag{7.1.15}$$

上式是关于节点位移 $\boldsymbol{d}^{n+1}$ 的一组非线性代数方程。

2. Newmark-α 方法

如采用式 (7.1.13) 求解动力学问题，则结构中会存在保持高频振荡的趋势。另外，由于线性阻尼或者通过 γ 引入了人工黏性阻尼系数，求解精度会明显降低，在没有过多降低求解精度的前提下，Newmark-α 方法 [208] 提供了一个较好的途径。

$$\boldsymbol{r} \left(\boldsymbol{d}^{n+1}, t^{n+1}\right) = \boldsymbol{M} \ddot{\boldsymbol{d}}^{n+1} + \boldsymbol{f}^{\text{int}} \left(\boldsymbol{d}^{n+\alpha}, t^{n+1}\right) - \boldsymbol{f}^{\text{ext}} \left(\boldsymbol{d}^{n+\alpha}, t^{n+1}\right) = \boldsymbol{0} \tag{7.1.16}$$

上式与 Newmark-β 方法相比，主要是驱动节点力的位移计算方式不同，Newmark-α 方法的位移计算方式可表示为

$$\boldsymbol{d}^{n+\alpha} = \left(1 + \alpha\right) \boldsymbol{d}^{n+1} - \alpha \boldsymbol{d}^n \tag{7.1.17}$$

对于线性系统，节点内力向量的定义为 $\boldsymbol{f}^{\text{int}} = \boldsymbol{K} \boldsymbol{d}^{n+\alpha} = \left(1 + \alpha\right) \boldsymbol{K} \boldsymbol{d}^{n+1} - \alpha \boldsymbol{K} \boldsymbol{d}^n$。因此，为应用 Newmark-$\alpha$ 方法，增加了 $\alpha \boldsymbol{K} \left(\boldsymbol{d}^{n+1} - \boldsymbol{d}^n\right)$ 项，此项类似于刚度比例阻尼。

将式 (7.1.14) 代入式 (7.1.16) 中，可得

$$
\begin{aligned}
\mathbf{0} &= \boldsymbol{r}\left(\boldsymbol{d}^{n+1}, t^{n+1}\right) \\
&= \frac{1}{\beta\left(\Delta t\right)^2} \boldsymbol{M}\left(\boldsymbol{d}^{n+1} - \tilde{\boldsymbol{d}}^{n+1}\right) + \boldsymbol{f}^{\mathrm{int}}\left(\boldsymbol{d}^{n+\alpha}, t^{n+1}\right) - \boldsymbol{f}^{\mathrm{ext}}\left(\boldsymbol{d}^{n+\alpha}, t^{n+1}\right) \quad (7.1.18)
\end{aligned}
$$

式 (7.1.18) 是节点位移 $\boldsymbol{d}^{n+1}$ 的非线性代数方程。

3. 非线性方程的求解方法

采用隐式方法求解式 (7.1.18) 时，需要将载荷分成一系列的载荷增量，在每一个载荷增量步内，采用迭代方法求解。每一个载荷增量的求解完成以后，还要调整刚度矩阵以反映结构刚度的非线性变化，然后进行下一个载荷增量的计算。纯粹的增量近似不可避免地要随着每一个载荷增量产生积累误差，如图 7.1.1(a) 所示，最终导致结果失去平衡。

求解非线性代数方程 (7.1.18) 最广泛和最强健的方法是 Newton-Raphson 迭代法 [208]。对于含有一个未知量 d 且没有边界条件的方程，当 $\beta > 0$ 时，式 (7.1.16) 退化为非线性代数方程：

$$
\begin{aligned}
r\left(d^{n+1}, t^{n+1}\right) &= \frac{1}{\beta\left(\Delta t\right)^2} M\left(d^{n+1} - \tilde{d}^{n+1}\right) \\
&\quad + f^{\mathrm{int}}\left(d^{n+\alpha}, t^{n+1}\right) - f^{\mathrm{ext}}\left(d^{n+\alpha}, t^{n+1}\right) = 0 \quad (7.1.19)
\end{aligned}
$$

式 (7.1.19) 的求解是一个迭代过程，在第 n 个增量步内，在已知 t^n 时刻的变量，求解 t^{n+1} 时刻的未知量时，需要有限次数的迭代，以便得到收敛误差内的近似解，迭代的次数由下角标表示，$d_v \equiv d_v^{n+1}$ 是在时间步 $n+1$ 上迭代 v 次的位移。开始迭代时，必须选择未知量的初始值，一个较好的初始值是 $\tilde{d}^{n+1}$。对节点位移 d_v 当前值的残数进行 Taylor 展开，并设计算的残数等于零，得

$$
r\left(d_v^{n+\alpha}, t^{n+1}\right) + \left.\frac{\partial r}{\partial d}\right|_{\left(d_v^{n+\alpha}, t^{n+1}\right)} \Delta d + O\left(\Delta d^2\right) = 0 \quad (7.1.20)
$$

式中，

$$
\Delta d = d_{v+1} - d_v \quad (7.1.21)
$$

略去式 (7.1.20) 中 Δd 的高阶项，可得到关于 Δd 的线性方程：

$$
r\left(d_v^{n+\alpha}, t^{n+1}\right) + \left.\frac{\partial r}{\partial d}\right|_{\left(d_v^{n+\alpha}, t^{n+1}\right)} \Delta d = 0 \quad (7.1.22)
$$

式 (7.1.22) 称为非线性方程的线性模型, 线性模型是非线性残差函数的正切, 获得线性模型的过程称为线性化。

对于位移增量, 求解这个线性模型, 得

$$\Delta d = \left[\left. \frac{\partial r}{\partial d} \right|_{\left(d_v^{n+\alpha}, t^{n+1}\right)} \right]^{-1} r\left(d_v^{n+\alpha}, t^{n+1}\right) \qquad (7.1.23)$$

在 Newton-Raphson 过程中, 通过迭代求解一系列线性模型 (7.1.21), 可以获得非线性方程的解。在迭代的每一步中, 通过将式 (7.1.21) 改写为

$$d_{v+1} = d_v + \Delta d \qquad (7.1.24)$$

获得未知数的更新值, 持续这一过程直到获得理想的精确度水平为止。这一过程如图 7.1.1(b) 所示。

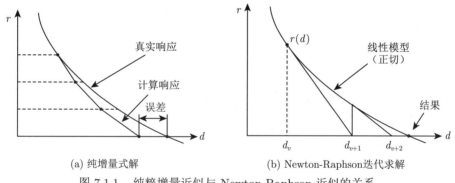

(a) 纯增量式解　　　　　　　　　(b) Newton-Raphson迭代求解

图 7.1.1　纯粹增量近似与 Newton-Raphson 近似的关系

式 (7.1.19)~ 式 (7.1.24) 针对方程含有一个未知量的 Newton-Raphson 求解方法, 若是非线性方程含有 n 个未知量时, 式 (7.1.20) 可以用矩阵替换上述标量方程的方法, 得

$$r\left(\boldsymbol{d}_v^{n+\alpha}, t^{n+1}\right) + \left. \frac{\partial \boldsymbol{r}}{\partial \boldsymbol{d}} \right|_{\left(\boldsymbol{d}_v^{n+\alpha}, t^{n+1}\right)} \Delta \boldsymbol{d} = 0 \qquad (7.1.25)$$

或

$$r\left(\boldsymbol{d}_v^{n+\alpha}, t^{n+1}\right) + \boldsymbol{A} \Delta \boldsymbol{d} = 0 \qquad (7.1.26)$$

式中, $\boldsymbol{A} = \dfrac{\partial \boldsymbol{r}}{\partial \boldsymbol{d}}$ 称为结构的 Jacobi 矩阵。在计算力学中, Jacobi 矩阵称为等效切向刚度矩阵, 由式 (7.1.26) 可得

$$A = \left. \frac{\partial \boldsymbol{r}}{\partial \boldsymbol{d}} \right|_{\left(\boldsymbol{d}_v^{n+\alpha}, t^n \right)} = \frac{1}{\beta \left(\Delta t^n \right)^2} \boldsymbol{M}$$

$$+ \left. (1 + \alpha) \frac{\partial \boldsymbol{f}^{\text{int}}}{\partial \boldsymbol{d}} \right|_{\left(\boldsymbol{d}_v^{n+\alpha}, t^n \right)} - \left. (1 + \alpha) \frac{\partial \boldsymbol{f}^{\text{ext}}}{\partial \boldsymbol{d}} \right|_{\left(\boldsymbol{d}_v^{n+\alpha}, t^n \right)}, \quad \beta > 0 \quad (7.1.27)$$

在 Newton-Raphson 迭代过程中, 通过求解式 (7.1.26) 得到节点位移的增量, 给出了一个线性代数方程系统:

$$\Delta \boldsymbol{d} = -\boldsymbol{A}^{-1} \boldsymbol{r} \left(\boldsymbol{d}_v^{n+1}, t^{n+1} \right) \quad (7.1.28)$$

将位移的增量叠加到前一步的迭代得

$$\boldsymbol{d}_{v+1}^{n+1} = \boldsymbol{d}_v^{n+1} + \Delta \boldsymbol{d} \quad (7.1.29)$$

对于这个新的位移, 要检验其收敛性, 如果没有满足收敛准则, 将构造一个新的线性模型, 并重复这一过程, 继续进行迭代直到满足收敛准则为止。

隐式时间积分的流程可以表示如下:

(1) 初始状态和参数的初始化, 设置 $\dot{\boldsymbol{d}}^0$, $\boldsymbol{\sigma}^0$, $\boldsymbol{d}^0 = 0$, $n = 0$, $t = 0$, 计算质量矩阵 $\boldsymbol{M}$。

(2) 得到 $\boldsymbol{f}^n = \boldsymbol{f}(\boldsymbol{d}^n, t^n)$。

(3) 计算初始加速度: $\ddot{\boldsymbol{d}}^n = \boldsymbol{M}^{-1} \boldsymbol{f}^n$。

(4) 计算 $t = t^{n+1}$ 时的迭代初始值: $\boldsymbol{d}_0^{n+1} = \boldsymbol{d}^n$ 或 $\boldsymbol{d}_0^{n+1} = \tilde{\boldsymbol{d}}^n$, 并令平衡迭代次数 $v = 0$。

(5) 开始进行 $t = t^{n+1}$ 时的 Newton-Raphson 迭代:

① 给出作用力计算 $\boldsymbol{f}\left(\boldsymbol{d}_v^{n+1}, t^{n+1} \right)$;

② $\ddot{\boldsymbol{d}}_{v+1}^{n+1} = \frac{1}{\beta \left(\Delta t^n \right)^2} \left(\boldsymbol{d}_v^{n+1} - \tilde{\boldsymbol{d}}^{n+1} \right)$, $\dot{\boldsymbol{d}}^{n+1} = \tilde{\dot{\boldsymbol{d}}}^{n+1} + \gamma \Delta t^n \ddot{\boldsymbol{d}}^{n=1}$;

③ $\boldsymbol{r} = \boldsymbol{M} \ddot{\boldsymbol{d}}^{n+1} - \boldsymbol{f}\left(\boldsymbol{d}_{\text{new}}^{n+1}, t^{n+1} \right)$;

④ 计算 Jacobi 矩阵 $\boldsymbol{A}\left(\boldsymbol{d}_{\text{new}}^{n+1} \right)$;

⑤ 对于基本边界条件, 修正 $\boldsymbol{A}\left(\boldsymbol{d}_{\text{new}}^{n+1} \right)$;

⑥ 计算 $\Delta \boldsymbol{d} = -\left[\boldsymbol{A}\left(\boldsymbol{d}_{\text{new}}^{n+1} \right) \right]^{-1} \boldsymbol{r}$;

⑦ $\boldsymbol{d}_{v+1}^{\text{new}} = \boldsymbol{d}_v^{n+1} + \Delta \boldsymbol{d}$;

⑧ 检验收敛准则: 如果没有满足, 返回到第① 步。

(6) 更新位移、计数器和时间: $\boldsymbol{d}^{n+1} = \boldsymbol{d}_v^{n+1}$, $n = n + 1$, $t = t + \Delta t^{n+1}$。

(7) 检验能量平衡。

(8) 输出; 如果模拟没有完成, 返回到第 (4) 步。

7.2 含场坪效应的典型弹箭冷发射系统建模

7.2.1 典型弹箭冷发射系统的结构组成

图 7.2.1 为典型弹箭冷发射系统的结构示意图,弹箭发射平台主要由发射车、发射筒和弹箭三部分组成。发射车部分主要包括驾驶室和仪器舱、发射车底盘、轮胎与油气悬架、液压起竖油缸、前后液压支腿等;发射筒部分主要包括发射筒、初容室、燃气发生器、自适应橡胶底座、托弹平台等;弹箭部分主要有弹箭本体、适配器和尾罩等。

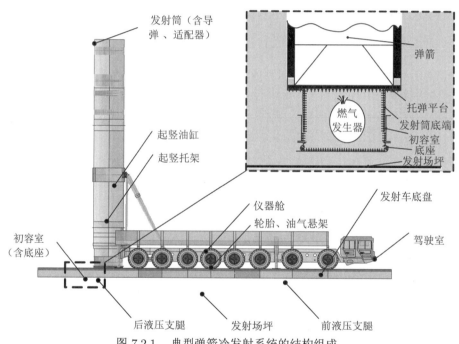

图 7.2.1   典型弹箭冷发射系统的结构组成

弹箭发射时,燃气发生器在初容室内产生高压气体,作用于弹箭尾罩,推动弹箭脱离托弹平台,克服弹筒间的摩擦力,实现弹箭出筒过程;高压气体同时作用在自适应橡胶底座内壁面上,使其沿垂向和径向发生膨胀并和地面接触,以自动适应不同的场坪状态,并将大部分发射载荷由接触界面传递至场坪表面;与此同时,由托弹平台承压、底座膨胀、弹重释放和弹筒摩擦等因素形成对发射筒的综合作用,该载荷经发射筒回转轴和起竖油缸传递至车体,在车体构件间作用传递后,通过支腿或支腿与轮胎共同作用在地面上。

弹箭冷发射系统构成复杂,部件繁多,故只对系统主要部件的功能进行阐述。

1) 发射车底盘

平时作为弹箭运输行军的载体，发射时对发射筒和弹箭起支撑作用，承担发射平台的功能。

2) 前、后液压支腿

发射前，液压支腿主要作用是对发射平台进行调平，使发射平台适应路面坡度，保持水平。弹箭发射时，发射平台具有纯液压支腿支撑和液压支腿与轮胎混合支撑两种支撑发射方式，通过调整液压支腿的行程进行切换。当液压支腿支起高度较低时，发射平台依靠前后共 4 个液压支腿与多组车轮共同支撑，称为混合支撑发射方式；当液压支腿支起较高时，轮胎脱离地面，发射平台靠前后 4 个液压支腿支撑发射，称为纯支腿支撑发射方式，液压支腿在支撑发射平台的同时将部分作用于车体的发射载荷传递至路面。

3) 轮胎和油气悬架

轮胎和油气悬架为发射车的一部分，具有优越的非线性刚度特性和良好的减振性能，是行驶功能的组成部分。但在发射平台采用混合支撑方式发射时，轮胎和油气悬架还对发射平台起支撑、减振作用，传递部分作用于车体的发射载荷，能够减小发射车底盘的弹性变形，抑制发射筒沿车纵向的摆动，降低发射车受到的振动与冲击，保护车载设备与仪器。

4) 液压起竖油缸

弹箭发射前，由液压起竖油缸将发射筒从水平状态起竖至垂直状态，与发射车和发射筒组成了三角支撑，保持发射筒稳定。发射时，在发射载荷作用下，发射筒产生沿发射车纵向的摆动。如向发射车后方倾倒，液压起竖油缸依靠缸体的刚度限制向后方的运动；如向发射车前方倾倒，起竖油缸靠缸内液压油的刚度抵抗向前的摆动。起竖油缸使发射筒保持在竖直位置附近，减小发射过程中发射筒对弹箭初始运动的扰动。

5) 发射筒

发射筒主体部分采用钢材或碳纤维复合材料制造，对受力较大的部位进行加强，发射筒外部包裹轻质保温材料，使弹箭与外界环境隔离，避免弹载设备受外界环境的影响，对弹箭的长期储藏和运输较为有利。弹箭发射时，发射筒、尾罩和初容室组成封闭空间，发射气体压力作用在弹箭尾罩上，为弹箭提供发射动力；弹箭开始运动后发射筒仍起到导向作用，使弹箭沿发射筒轴向运动。简而言之，发射筒集"储、运、发"功能于一体。

6) 起竖托架

起竖托架是梯形钢梁结构，与起竖油缸、发射车一起组成三角支撑，主要增加弹箭起竖过程和发射过程中复合材料发射筒的刚度。

7) 弹箭和适配器

适配器是一种弹性衬垫，储存和运输时能够起到减振作用。发射时与发射筒一起对弹箭进行导向，并能减小弹箭与发射筒之间的相互振动影响，避免弹箭与发射筒直接接触撞击。发射筒内有多道适配器，适配器由橡胶和硬质泡沫等材料组成，力学特性较为复杂，本书不对其展开叙述。

8) 初容室和自适应橡胶底座

初容室安装在发射筒底端，由初容室金属段、自适应橡胶底座和气体发生器构成。气体发生器又称发射动力装置，故初容室也称为发射动力室。自适应橡胶底座是大型弹箭为实现冷发射而设计的初容室关键部件，在弹箭冷发射技术中起着非常重要的作用。弹箭发射时，气体发射器在初容室内产生高压气体，高压气体作用在弹箭尾罩上，推动弹箭沿发射筒运动；高压气体还作用在自适应橡胶底座内壁面上，使其沿垂向和径向发生膨胀并与地面接触，橡胶底座能自动适应不同的路面状态，并将大部分发射载荷由接触界面传递至路面；同时产生向上或向下的膨胀变形载荷，以平衡因弹箭运动引起的托弹平台上弹重释放和发射筒壁上出现的摩擦力，避免对发射中的弹箭产生严重干扰，保证发射过程稳定。弹箭广地域发射技术中，自适应橡胶底座的物理性能将对弹箭的发射品质和性能产生较大影响，并涉及发射平台动力匹配、响应特性、结构特性以及悬垂发射安全性等重要问题。

9) 发射场坪

弹箭发射过程中，发射场坪与前、后支腿和自适应底座间发生复杂的耦合作用。当悬垂发射载荷作用于性能较差的发射场坪上时，将使其产生较大程度的下沉及损伤破坏，这不仅对前、后液压支腿处的动力学响应产生一定影响，而且将给自适应底座的力学特性带来较大变化，从而进一步对弹箭出筒姿态以及发射平台的整体稳定性产生较大影响。因此，将发射场坪视为弹箭发射系统的重要组成元素，重点研究发射瞬时冲击载荷作用下不同发射装备位置处场坪各主要功能层的动态响应及其分布，可为发射载荷控制机理研究、场坪适应性评估准则设计以及发射装备结构的优化提供理论依据。

7.2.2　发射场坪非线性精确数值模型

1. 结构尺寸参数

图 7.2.2 为某装备广地域发射场坪各结构尺寸示意图。其中，$H_1 \sim H_5$ 分别为发射场坪面层、面基层间界面、基层、底基层和土基厚度；L 为发射场坪长度，W 为发射场坪宽度；R_1 为自适应底座对地载荷范围直径，R_2 为前、后支腿刚性支撑盘对地载荷范围直径。

弹箭广地域发射要求能够在等级较低的四级沥青公路上实现安全发射，因此，

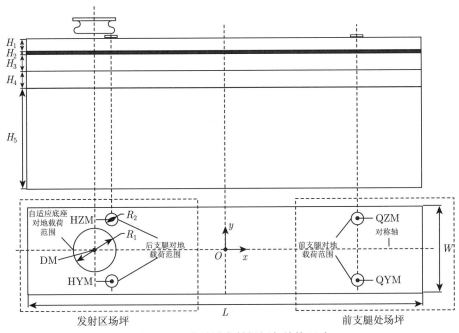

图 7.2.2   广地域发射场坪各结构尺寸

本章依据《公路沥青路面设计规范》(JTG D50—2017) 和《公路工程技术标准》(JTG B01—2014) 中对四级公路结构尺寸的界定，取路基宽度为 4.5m。

弹箭广地域发射场坪数值模型坐标系原点建立在场坪面层表面结构中心点处，后支腿指向前支腿方向为 x 轴，z 轴垂直面层表面向上，y 轴按照右手螺旋法则确定。其中，将 x 轴方向称为发射场坪纵向，y 轴方向称为发射场坪横向，z 轴方向称为发射场坪垂向；以发射场坪纵向对称面为界限，y 轴正方向称为发射场坪左侧，负方向称为发射场坪右侧，具体如图 7.2.2 所示。图中，Q 代表前支腿，H 代表后支腿，D 代表自适应底座；Z 代表场坪左侧，Y 代表场坪右侧；M 代表载荷作用中心。

由图 7.2.2 知，后支腿处场坪与自适应底座处场坪相距较近，在广地域发射载荷作用下，该两处场坪的动态响应将受到不同发射装备位置对地载荷作用的影响，存在耦合关联作用效应。因此，本章将后支腿和自适应底座处场坪统称为发射区场坪，并分别对广地域发射载荷作用下前支腿和发射区场坪各主要功能层的动态响应进行研究与分析。

2. 各功能层材料本构力学特性参数

分别采用塑性损伤本构模型和基于 Cohesive 单元的双线性内聚力本构模型对广地域发射场坪各主要功能层 (包括发射场坪面层、基层和面基层间界面) 进行材料建模，并采用线弹性模型对发射场坪底基层和土基进行材料建模。各功能层材料特性参数如下所述。

1) 发射场坪面层材料特性参数

在广地域发射载荷作用下，不同发射装备位置处场坪面层压、拉应变率各不相同。某装备广地域发射过程中前支腿和发射区场坪面层材料力学特性参数如表 7.2.1 所示。

表 7.2.1　发射场坪面层材料力学特性参数

位置	抗压强度 f_c/MPa	抗压峰值应变 ε_{c0}	抗压回弹模量 E_{c0}/MPa	抗拉强度 f_t/MPa	抗拉峰值应变 ε_{t0}	抗拉回弹模量 E_{t0}/MPa
前支腿	7.06	0.00624	1881	0.90	0.004742	314
发射区	7.16	0.00576	1931	0.92	0.004533	329

2) 发射场坪基层材料特性参数

采用塑性损伤模型对发射场坪基层进行材料数值建模时，不考虑基层材料的率相关特性，其在受压和受拉时的材料力学特性参数如表 7.2.2 所示[210,211]。

表 7.2.2　发射场坪基层材料力学特性参数

抗压强度 f_c/MPa	抗压峰值应变 ε_{c0}	抗压回弹模量 E_{c0}/MPa	抗拉强度 f_t/MPa	抗拉峰值应变 ε_{t0}	抗拉回弹模量 E_{t0}/MPa
29.75	0.014	1400	0.45	0.001	525

3) 发射场坪面基层间界面材料特性参数

由式 (6.1.26) 和式 (6.1.28) 可得，发射场坪面基层间界面的材料力学特性与面层、基层的材料力学特性有关，因此，前支腿处场坪和发射区场坪的面基层间界面材料力学特性参数不同；由式 (6.1.37) 可得，当层间界面的初始状态不同时，材料的力学特性参数相差较大。

本章重点研究面基层间界面无初始损伤 (初始损伤 $d = 0$) 时的广地域发射场坪各主要功能层动态响应，以前支腿处和发射区场坪面层材料力学参数为基础，结合发射场坪基层材料力学特性参数，运用式 (6.1.28) ～ 式 (6.1.37)，对广地域发射场坪面基层间界面的材料力学特性参数进行数学计算，计算结果如表 7.2.3 所示。

表 7.2.3　发射场坪面基层间界面材料力学特性参数

位置	$T_{n,\max}$/MPa	$T_{s,\max}$/MPa	k_n/(MPa/mm)	k_s/(MPa/mm)	δ_f/mm
前支腿	0.045	0.049	12.53	4.88	2
发射区	0.045	0.049	12.64	4.92	2

4) 发射场坪其余功能层材料特性参数

广地域发射场坪基层、底基层和土基采用线弹性模型进行模拟，其材料力学特性参数如表 7.2.4 所示。

表 7.2.4 发射场坪其余功能层材料力学特性参数

位置	E/MPa	μ	$\rho/(\text{t/mm}^3)$
基层	1400	0.3	2.2×10^{-9}
底基层	450	0.3	2.1×10^{-9}
土基	30	0.35	1.85×10^{-9}

3. 网格划分

图 7.2.3 为广地域发射场坪网格划分图。其中，发射场坪面层采用孤立网格的形式进行网格划分，面基层间界面、基层、底基层和土基均采用网格偏移的方法生成，以保证各功能层间网格的连续性。面基层间界面网格类型为 COH3D8，其余功能层网格类型为 C3D8R，广地域发射场坪共计划分 108392 个网格。

图 7.2.3 广地域发射场坪网格模型

4. 公路发射场坪有限元模型边界条件

广地域发射平台非线性动力学数值模型中，各发射装备主要部件间的装配连接关系如图 7.2.4 所示。其中，前、后支腿刚性支撑盘直径 600mm，高度 30mm，在广地域发射过程中，刚性支撑盘底面与发射场坪间采用 Coulomb 摩擦模型，摩擦系数按 Q235 与干燥沥青混凝土路面间的摩擦系数进行定义，接触采用罚函数法进行计算。

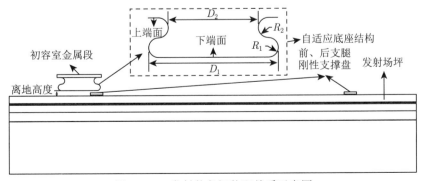

图 7.2.4 发射装备间装配关系示意图

　　自适应底座结构尺寸如表 7.2.5 所示，其上端面与初容室金属段间采用固联的方式连接，下端面与发射场坪间的初始高度 $H = 50\text{mm}$。在弹箭悬垂发射过程中，自适应底座的外表面与发射场坪间采用 Coulomb 摩擦模型，摩擦系数按橡胶与干燥的沥青混凝土路面间的摩擦系数进行定义，接触采用罚函数法进行计算。

表 7.2.5　　自适应底座结构尺寸　　　　　　　（单位：mm）

S 弯最大直径 D_1	S 弯最小直径 D_2	S 弯下弯半径 R_1	S 弯上弯半径 R_2
2100	1980	34	26

　　广地域发射平台非线性动力学数值模型的边界条件设置如图 7.2.5 所示。其中，初容室金属段上表面和发射场坪下表面均采用固端约束；考虑广地域发射时不同发射装备位置对场坪的瞬时冲击影响以及真实道路情况，发射场坪数值模型纵向边界处各功能层采用沿 y 轴对称的边界条件，横向边界处土基采用沿 x 轴对称的边界条件，其余功能层不进行约束。

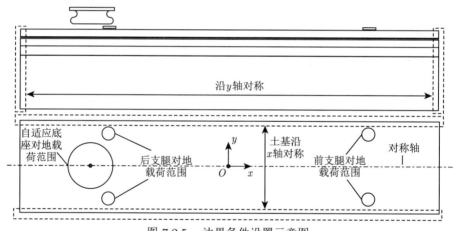

图 7.2.5　边界条件设置示意图

7.2.3　发射场坪等效数值模型

　　典型冷发射装备的尺寸较大，宽度达 4m，长度可达 20m。如果在此范围内建立发射场坪的有限元实体模型，网格量可多达几十万个，甚至上百万个。网格数量的增加，势必加大计算量，降低计算速度，对计算平台提出更高要求，无法完成低成本快速计算。此外，由于场坪结构形式及铺层材料较多，外部因素的影响也会造成场坪承载能力具有较大的随机性。因此，若采用有限元精细建模方法，不能完全涵盖所有场坪类型。

　　为精确描述场坪的动态特性，有效减少计算量，提高运算速度，建立如图 7.2.6 所示的场坪等效有限元网格模型。该模型由上端活动部分、连接单元、下端固定部分三部分组成。上端活动部分与橡胶底座、轮胎、支撑盘接触，承载发射装备对地载荷；利用连接单元定义场坪力学特性，并将载荷传递至场坪下端固定部分，通过场坪上、下两部分的配合关系限制活动部分的径向自由度。

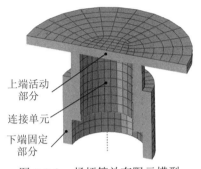

图 7.2.6　场坪等效有限元模型

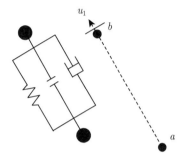

图 7.2.7　连接单元示意图

场坪的非线性力学特性可由 ABAQUS 软件中的连接单元来定义，连接单元 [212] 能够模拟两个连接节点之间的运动和力学关系。如图 7.2.7 所示，节点 a 和节点 b 之间的距离可以表示为

$$l = ||x_b - x_a|| \tag{7.2.1}$$

节点 b 相对于节点 a 的变化量可以表示为

$$u_1 = l - l_0 \tag{7.2.2}$$

式中，l_0 和 l 分别为 a 和 b 之间的初始距离与当前距离。

第 2、3 章的研究内容中已经给出了场坪等效刚度的计算方法，并且与有限元精细模型进行了对比，验证了其正确性，本节采用场坪的等效刚度定义连接单元连接节点之间的运动和力学关系。

考虑到底座为橡胶材料且通过滑动初容室与发射筒底部相连，故底座处场坪的响应对发射装备的影响有限。相对而言，支腿处场坪的下沉对装备动态响应的影响更为直接，因此，本节以后支腿对地载荷为输入条件计算支腿处场坪动态响应，后支腿对地载荷如图 7.2.8 所示。由典型场坪结构形式和各功能层材料本构模型建立场坪有限元精细数值模型，同时基于本节建立的等效有限元模型，求解支腿对地载荷作用下场坪表面下沉量时程变化，比较两种模型的求解精度。

第 2、3 章给出了场坪等效刚度的求解方法，根据第 2、3 章归纳的 10 种典型场坪结构形式和相应的材料本构 (表 3.3.1、表 2.5.1)，计算出支腿处典型场坪的等效刚度，如表 7.2.6 所示。

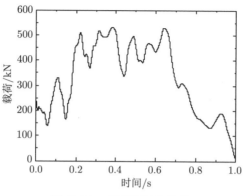

图 7.2.8　后支腿对地载荷

表 7.2.6　支腿处典型场坪等效刚度

结构形式	沥青 (1)	沥青 (2)	沥青 (3)	沥青 (4)	沥青 (5)
等效刚度/(N/mm)	9.92×10^4	1.11×10^5	7.57×10^4	6.76×10^4	6.10×10^4
结构形式	沥青 (6)	水泥 (1)	水泥 (2)	水泥 (3)	水泥 (4)
等效刚度/(N/mm)	3.12×10^4	1.75×10^5	1.83×10^5	6.47×10^4	6.38×10^4

　　图 7.2.9 ～ 图 7.2.18 给出了典型结构场坪在后支腿对地载荷作用下的下沉量时程曲线。由图可知，场坪等效有限元模型与精细有限元模型求解出的场坪下沉量一致性很好，证明场坪等效有限元模型可以代替场坪的精细有限元模型计算场坪动力响应。本章采用等效刚度描述发射场坪的承载能力，根据表 7.2.6 的计算结果，各种场坪等效刚度的包络为 $2.0 \times 10^4 \sim 20 \times 10^4$ N/mm。

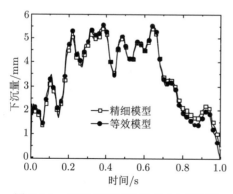

图 7.2.9　沥青场坪结构形式 (1) 下沉量

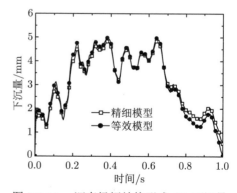

图 7.2.10　沥青场坪结构形式 (2) 下沉量

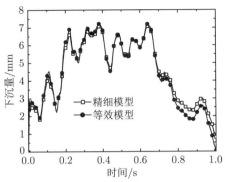

图 7.2.11 沥青场坪结构形式 (3) 下沉量

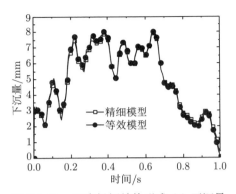

图 7.2.12 沥青场坪结构形式 (4) 下沉量

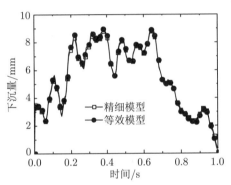

图 7.2.13 沥青场坪结构形式 (5) 下沉量

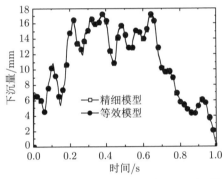

图 7.2.14 沥青场坪结构形式 (6) 下沉量

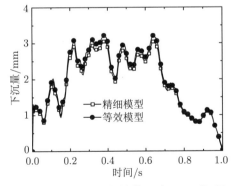

图 7.2.15 水泥场坪结构形式 (1) 下沉量

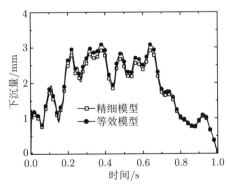

图 7.2.16 水泥场坪结构形式 (2) 下沉量

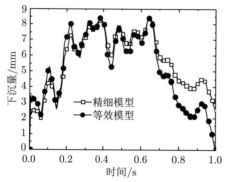

图 7.2.17　水泥场坪结构形式 (3) 下沉量

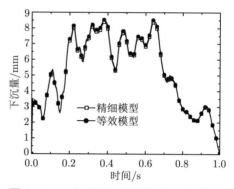

图 7.2.18　水泥场坪结构形式 (4) 下沉量

7.2.4　发射装备与场坪接触界面

发射装备与场坪接触关系包括轮胎与场坪、支撑盘与场坪、橡胶底座与场坪等耦合方式，其中，支撑盘采用支撑盘下加橡胶垫触地方式。接触界面力学关系的关键是接触面上的摩擦力，因此，本节重点研究发射装备与场坪接触界面力学模型，即橡胶-路面在不同自然条件下的摩擦系数变化规律。根据路面 (场坪) 所处自然环境条件，橡胶与场坪摩擦系数影响因素主要包括：路面温度、路面湿度以及路面是否结冰等 [213,214]。

轮胎与路面间的摩擦力由分子引力、黏着作用力、胎面橡胶弹性变形力以及路面上小尺寸微凸体的微切削作用力等组成。橡胶与路面非常接近时，产生分子引力，当相对滑动时，需要摆脱分子引力的约束，从而构成摩擦力；橡胶与路面间具有黏着作用，相对滑动需将橡胶与路面间的黏着点剪断，产生黏着作用力；橡胶是一种较好的弹性材料，在载荷作用下，橡胶将发生较大的变形，该变形力及恢复力是构成摩擦力的一部分；载荷作用下，路面上较小尺寸的微凸体会在胎面局部产生较大的应力集中，当橡胶面上的局部应力超过了其断裂强度，在切向力作用下，路面上较小尺寸的微凸体对胎面产生微切削作用，微切削过程中所产生的阻力为橡胶与路面间摩擦力的一部分。

1. 路面温度对摩擦系数的影响

文献 [213] 将干燥清洁的 SMA-16 试块与 OGFC-13 试块放在高低温湿热环境箱中模拟高、低温状况进行试验，摩擦系数与路面温度的关系如图 7.2.19 所示。

由图 7.2.19 知路面摩擦系数随温度变化主要可分为 3 个阶段：路面温度在 10℃ 以上，摩擦系数随温度升高变化不大，20℃ 左右达到最大，这一温度范围内的摩擦较大且比较稳定；路面温度为 −5 ∼ 10℃，摩擦系数随温度下降而下降的趋势非常明显，−5℃ 左右达到最小；路面温度在 −5℃ 以下，摩擦系数随温度下降反而有所改善，但幅度较小，这一温度范围内的摩擦系数明显低于温度在 10℃ 时的摩擦系数。

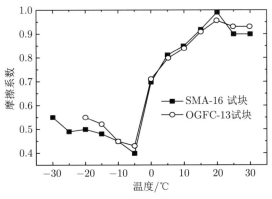

图 7.2.19 摩擦系数与路面温度的关系

2. 水膜及其厚度对摩擦系数的影响

在干燥而洁净的路面上，橡胶与路面之间的接触状态最好，具有最高的摩擦系数；在潮湿的路面上附着于石料表面的水膜或者连成一片的水层介于路面与橡胶之间，使路面摩擦系数降低。文献 [214] 在 20℃ 时，对清洁路面在不同水膜厚度条件下的摩擦系数进行了模拟测试，水膜厚度与摩擦系数之间的关系如图 7.2.20 所示。

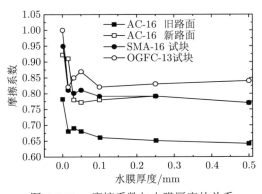

图 7.2.20 摩擦系数与水膜厚度的关系

由图 7.2.20 可知，干燥清洁路面刚刚形成水膜 (水膜厚度 0.03mm 左右) 时，四类路面的摩擦系数均明显减小，平均降幅达 15.4%。随着路面水膜厚度的增加 (水膜厚度大于 0.03mm)，摩擦系数随水膜厚度的增加有增有减，但变化趋势不明显。路面类型不同，但在路面清洁的情况下，摩擦系数随水膜厚度变化的趋势大体一致。

3. 路面结冰情况对摩擦系数的影响

文献 [213] 试验表明，当路面覆盖有冰时，摩擦系数会剧烈下降，冰对摩擦系数的影响较大。当路面结冰时，摩擦系数降为 0.1 左右。

7.3　发射装备与场坪动力响应分析

本节基于含场坪效应的发射装备有限元模型，进行发射动力学分析。其中，场坪结构形式为第 1 种典型沥青高速，场坪横坡为 1.43°、纵坡为 −1.43°，整车呈现后高前低、左高右低状态，装备-场坪接触面间的摩擦系数取 0.3。

1. 发射筒筒口位移

图 7.3.1～ 图 7.3.3 为发射筒筒口中心点的横向、纵向和垂向位移响应曲线。

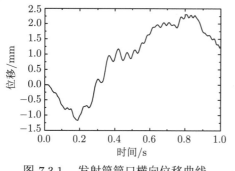
图 7.3.1　发射筒筒口横向位移曲线

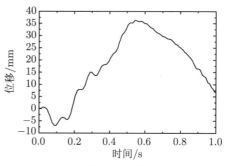
图 7.3.2　发射筒筒口纵向位移曲线

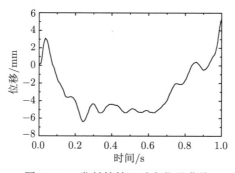
图 7.3.3　发射筒筒口垂向位移曲线

弹箭起竖后，弹筒重心位于回转轴后方，产生逆时针向后翻转趋势，由起竖油缸上支点处提供拉力，形成顺时针反向力矩，保持发射筒垂直平衡。发射开始后，在初容室燃气压力作用下，自适应底座膨胀触地，弹箭脱离托弹平台，作用在托弹平台上的弹箭重力消失，托弹平台承受燃气压力，同时弹箭与发射筒间的相对运动使得发射筒受到向上的摩擦力。对于膨胀式底座，发射初期，底座膨胀作用力加上托弹平台承受燃气压力大于弹箭重力加上弹筒摩擦力，综合载荷作用向下，对发射筒回转轴形成的逆时针向后翻转力矩大于起竖油缸顺时针稳定力矩，该阶段发射筒逆时针向后摆动，筒口纵向位移为负值；弹重释放、底座膨胀、托弹平台承压、弹筒摩擦等载荷作用稳定后，虽综合载荷作用仍然向下，但起竖油缸顺时针恢复力矩已起主导作用，该阶段发射筒顺时针向前摆动，筒口纵向位移为正值，如图 7.3.2 所示。对于伸缩式初容室，底座可滑动，故膨胀作用力很小，弹箭重力加上弹筒摩擦力大于托弹平台承受燃气压力加上底座膨胀作用力，综合载荷作用向上，再加上起竖油缸的顺时针稳定力矩作用，整个发射过程发射筒顺时针向前摆动，筒口纵向位移为正值，且数值较大；可以通过改变伸缩式初容室托弹平台面积调整其承受的燃气压力，进而改善发射筒摆动状态，优化传递至车体的发射载荷。

　　关于发射筒筒口的垂向位移，发射初期，弹重释放引起的载荷变化起主要作用，发射筒口垂向位移向上；之后，底座膨胀作用和托弹平台承压载荷占据主导地位，导致后续发射过程发射筒口垂向位移向下，按发射筒内压力特性较平稳地维持，至发射结束发射筒向上反弹，如图 7.3.3 所示。

2. 底盘尾梁中点位移

　　图 7.3.4 ~ 图 7.3.6 为底盘尾梁中点的横向、纵向和垂向位移响应曲线。

　　由图可知，尾梁中点垂向位移变化规律与发射筒筒口垂向位移变化规律相似，形成机理也相同，在此不再赘述。从图 7.3.4 和图 7.3.5 看出，由于场坪同时存在横坡及纵坡，弹箭发射过程中尾梁出现较明显的横向及纵向位移，但因为装备与场坪间摩擦力的作用，位移并没有持续增大。

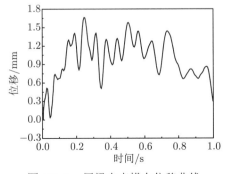

图 7.3.4　尾梁中点横向位移曲线

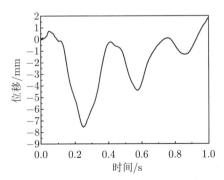

图 7.3.5　尾梁中点纵向位移曲线

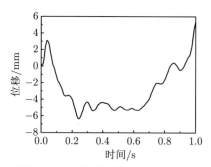

图 7.3.6　尾梁中点垂向位移曲线

3. 驾驶室位移响应

图 7.3.7 ～ 图 7.3.9 为驾驶室的位移变化曲线。由图 7.3.8 知，场坪倾角的存在导致驾驶室纵向位移变化幅度较大，且弹箭出筒过程中有向前移动趋势。通过图 7.3.9 可看出，托弹平台弹重的释放，引起驾驶室突然向上抬高，随后在弹筒摩擦力的作用下车体尾部抬升较大，在此期间驾驶室不断下沉，待发射筒内的发射载荷及摩擦力稳定后，车头下沉又逐步减小。

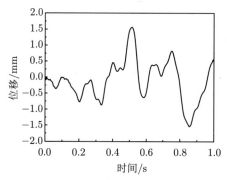

图 7.3.7　驾驶室横向位移曲线

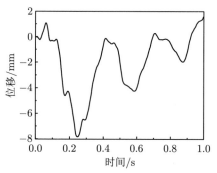

图 7.3.8　驾驶室纵向位移曲线

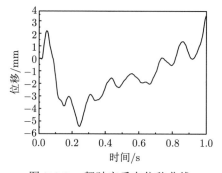

图 7.3.9　驾驶室垂向位移曲线

第 8 章 发射场坪力学特性试验方法

发射场坪各功能层材料的力学特性、公路发射场坪的层位结构和缺陷尺寸以及公路场坪的承载强度等参数直接影响到弹箭发射过程中发射装备的动态响应，决定着弹箭的出筒姿态。因此，准确获取发射场坪功能层材料的力学特性、发射场坪层位结构及缺陷尺寸、公路场坪承载强度等信息十分重要。

本章介绍了公路发射场坪各功能层材料力学特性试验方法、场坪层位结构及缺陷信息获取方法、场坪承载强度测量方法以及发射载荷下场坪动态响应试验方法，为发射装备场坪适应性评估提供准确的数据支撑。

8.1 发射场坪功能层材料试验方法

8.1.1 混凝土单轴抗压强度试验方法

混凝土单轴抗压强度是混凝土最基本、最重要的力学性能指标，混凝土在受压后的变形、开裂和破坏全过程 (包括强度峰值后的残余性能) 具有很强的典型性，是了解和分析其极限承载力、变形状态、延性和恢复力等特性的主要试验依据。

采用棱柱体试件进行单轴中心抗压强度试验，能够消除立方体试件两端的竖向压应力不均布和水平向摩阻约束的影响。根据圣维南原理，试件承压面上的不均匀应力状态，只对局部范围内的应力分布有显著影响，其影响区的高度约等于试件的宽度，而试件中部接近于均匀的单轴受压应力分布，如图 8.1.1 所示。

国家标准《普通混凝土力学性能试验方法》中规定，采用 150mm×150mm×300mm 的棱柱体作为标准试件，按照与立方体试件相同的制作、养护、龄期和加载方法等进行单轴中心受压试验。所测得的棱柱体抗压强度一般认为可代表混凝土的单轴抗压强度，规范中即称之为混凝土轴心抗压强度 f_e(N/mm^2)。

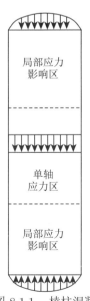

图 8.1.1 棱柱混凝土单轴抗压受力状态

8.1.2   混凝土抗弯拉强度试验方法

发射试验中水泥混凝土面层主要受弯拉载荷的影响，在发射场坪建设中，需要采用抗弯拉强度指标作为设计控制指标。因此，重点测定水泥混凝土抗弯拉强度，而以抗压强度作为参考强度指标。

水泥混凝土抗弯拉强度的标准试件尺寸为 150mm×150mm×600(550)mm，非标准试件尺寸为 100mm×100mm×400mm，同时要求在试件长度方向中部 1/3 区段表面不得有直径超过 5mm、深度超过 2mm 的孔洞。混凝土抗弯拉强度试件应取同龄期者为 1 组，每组 3 个同条件制作和养护的试件，以 3 个试件测值的算术平均值为测定值。3 个试件中最大值或最小值中如有 1 个与中间值之差超过中间值的 15%，则把最大值和最小值舍去，以中间值作为试件的抗弯拉强度；如最大值和最小值与中间值之差值均超过中间值 15%，则该组试验结果无效。水泥混凝土抗弯拉强度试验示意图如图 8.1.2 所示。

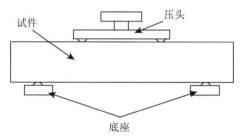

图 8.1.2   混凝土抗弯拉强度试验示意图

3 个试件中如有 1 个断裂面位于加荷点外侧，则混凝土抗弯拉强度按另外 2 个试件的试验结果计算；如果这 2 个测值的差值不大于这 2 个测值中较小值的 15%，则以 2 个测值的平均值为测试结果，否则结果无效。如果有 2 个试件均出现断裂面位于加荷点外侧，则该组结果无效。抗弯拉强度计算精确到 0.01MPa。宜用标准试件，使用非标准试件时，换算系数由试验确定或参照表 8.1.1 进行换算。

表 8.1.1   长方体弯拉强度尺寸换算系数

试件尺寸/mm	尺寸换算系数
100×100×400	0.85

8.1.3   混凝土劈裂强度试验方法

如图 8.1.3 所示，劈裂试验采用立方体试块，沿其上下端面的中线各设置一方钢 (5mm×5mm) 垫条，试验机通过垫条施加劈裂荷载，一次加载，直至试块沿中间截面劈裂成两半，测定其破坏荷载值 P。采用线弹性方法分析所示试件承受局部集中力的情况，可得沿中间截面即劈裂面的应力分布，其中间部分的水平拉应力接近均匀。在试件破坏时，此应力值即为混凝土的劈裂抗拉强度：

$$f_{\text{sp}} = \frac{2P}{\pi A} \tag{8.1.1}$$

式中，A 为试件劈裂面面积。

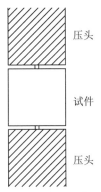

图 8.1.3 混凝土劈裂强度试验示意图

混凝土立方体劈裂强度试验规定了测定各类水泥混凝土立方体试件劈裂抗拉强度的方法和步骤，标准试件尺寸为 150mm×150mm×150mm 立方体试件。试件应取同龄期者为 1 组，每组为 3 个同条件制作和养护的混凝土试块。

劈裂抗拉强度测定值的计算及异常数据的取舍原则为：以 3 个试件测值的算术平均值为测定值。如 3 个试件中的最大值或最小值有 1 个与中间值的差值超过中间值的 15% 时，则取中间值为测定值；如有 2 个测值与中间值的差值均超过上述规定时，则该组试验结果无效。计算结果精确到 0.01MPa。

8.1.4 路基回弹模量试验方法

土力学工作者通过对大量土体本构模型理论的分析研究，归纳出两大类理论：弹性非线性理论和弹塑性模型理论，用以描述土体的力学特性。弹性非线性理论是以弹性理论为基础，在各微小的荷载增量范围内，把土体看作弹性材料，从一个荷载增量变化到另一个荷载增量，土体的弹性常数发生变化，所以考虑非线性。根据道路上荷载的特点及路面的变形特性和路面设计方法上的习惯，对于路面结构非线性分析可采用弹性非线性理论。我国公路水泥混凝土路面和沥青混凝土路面的设计方法中，都以回弹模量作为土基的刚度指标来模拟车轮印记的作用。本书依托项目优势，进行了陕西省某路段的路基回弹模量试验研究。

1. 代表土样液限、塑限联合试验分析

用平衡锥式液限仪测定代表土样的液限，通过滚搓法塑限试验测定土样塑限。

测得该土质的液限 $w_l = 38\%$，塑限 $w_p = 21.2\%$，塑性指数为 $I_p = 16.8\%$。根据《公路沥青路面设计规范》(JTJ 014—97) 所述，当天然稠度 $w_c < 1.1$，$w_l < 40\%$，$I_p < 18\%$ 的土用做高速公路、一级公路和二级公路的上路床填料时，压实度应采用重型压实标准。

2. 最佳含水量和最大干密度的确定

土的最佳含水量和最大干密度是决定土的压实特性的两个重要指标，也是决定实际工程中压实效果好坏的重要因素，同时也是影响路基材料模量大小的重要因素，因此，不论在试验研究还是工程实际中都具有重要意义。

表 8.1.2 为重型击实试验的参数，试验目的是测定路基材料的最佳含水量和最大干密度。

表 8.1.2　　重型击实试验参数

方法类别	锤底直径/cm	锤质量/kg	落高/cm	试筒尺寸			层数	每层击数	击实功/(kJ/m²)	最大粒径/mm
				内径/cm	高/cm	容积/cm³				
重型 II.1	5	4.4	45	10	12.7	997	5	27	2687	25

通过重型击实试验，可以得到下面击实试验数据，如表 8.1.3 所示。

表 8.1.3　　重型击实试验结果

配料含水量/%	实际平均含水量/%	干密度/(g/cm³)
8	10.27	1.77
10	12.13	1.83
12	14.07	1.89
14	15.45	1.88
16	18.52	1.75

由表中数据作出含水量和干密度的击实曲线，如图 8.1.4 所示。

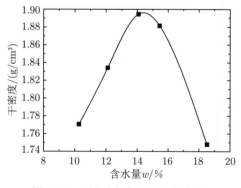

图 8.1.4　　重型击实试验击实曲线

由击实曲线可以得到重型击实试验结果：最大干密度为 1.89g/cm^3，最佳含水量 $w_0 = 14.4\%$。

3. 室内测定路基回弹模量

室内测定路基回弹模量就是以野外的含水量和压实度，在室内静压成型做小型的承载板试验。此次试验的主要仪器是材料试验系统 (material test system, MTS)，如图 8.1.5 所示。该套仪器可以通过编程来控制试验的参数，并能全面反映试验的具体过程和状态，详细地自动记录试验数据，有着很好的可操作性；基本排除了人为因素造成的试验误差，为试验结果精度提供了可靠保障。

图 8.1.5　材料试验系统

1) 含水量和压实度试验控制指标的确定

通过西户线土值的参数可确定饱和含水量为 24%，此时饱和度为 85% 左右。试验时欲以饱和含水量的 0.4~0.8 倍 (即 9.6%~19.2%) 配制 5 种不同含水量的试件，根据回弹变形算出回弹模量。

取稠度范围 $w_c = 0.8 \sim 1.2$，由 $w_l = 38\%$，$I_p = 16.8\%$，按下式：

$$w_c = (w_l - w)/I_p \tag{8.1.2}$$

算出含水量的范围 $w = w_l - w_c \times I_p = 17.84\% \sim 24.56\%$。

根据二级公路自然区划路基 E_0 建议值，属于 Ⅲ4 区，故相对含水量 $w_{平均}/w_y = 0.4 \sim 0.85$ (w_y 为 76g 平衡锥所测土的液限)。由下式：

$$w_y = 0.66w_l + 6.5 \tag{8.1.3}$$

算得 $w_{平均} = (0.4 \sim 0.85) \times (0.66w_l + 6.5) = 12.63\% \sim 26.48\%$。

综合上述方法，可确定控制含水量 w 为 10%、14%、18%、22%、26% 5 个水平。

对于压实度 K 的控制，以《公路沥青路面设计规范》中路基压实标准分别确定为 85%、90%、93%、95%、98%、100% 6 个水平。

2) 试验方案

基于上面的计算，可以做如下试验方案：将 5 个水平的含水量和 6 个水平的压实度分别加以组合配制试件，每个水平组合的试件 3 个，这样总共制备了 90 个试件。试件成型以后，用材料试验系统进行试件的加载卸载试验，每个试件加载分为 5 级，每级荷载分别是 80kPa、160kPa、240kPa、320kPa 和 400kPa。试验时先预压 150s，然后每级加卸载稳压 60s。通过传感器电脑记录下一系列试件的所加荷载与位移的对应值，最后通过对这些数据的处理就可以得出它们之间的关系。

4. 试验数据分析

在 MTS 上可以得到每个试件一系列加载、卸载过程的力和与之对应的位移，通过这些数据可以画出该试件的载荷-位移曲线，例如，控制含水量为 10%、压实度为 85% 的试件的载荷-位移曲线如图 8.1.6 所示。在图中可以读取每级加载和卸载时的变形读数，由此可得到该级荷载下的回弹变形，这样由每级荷载 p 和每级荷载下对应的回弹变形，根据公式 $E_0 = \dfrac{\pi D}{4} \cdot \dfrac{\sum p_i}{\sum l_i}\left(1 - \mu_0^2\right)$ 即可计算出该试件的回弹模量。当然，计算中同样需要对载荷-位移 $(p\text{-}l)$ 曲线进行适当的修正，如图 8.1.7 所示。

运用式 (8.1.2)，由控制含水量 w 可以算出对应的稠度 w_c，再将控制含水量 w 对应的稠度 w_c、控制压实度 K 和与之对应的回弹模量 E_0 分别求对数，最后进行二元的线性回归，可以得到下面的回归公式 (8.1.4)：

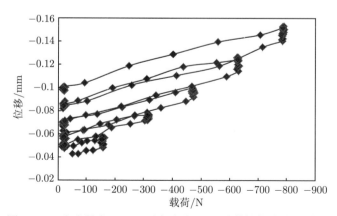

图 8.1.6　含水量为 10%、压实度为 85% 试件的载荷-位移曲线

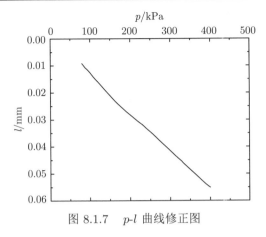

图 8.1.7　*p-l* 曲线修正图

$$\ln E_0 = 1.23 \ln K + 4.56 \ln w_{\mathrm{c}} + 3.34 \tag{8.1.4}$$

回归公式与试验值的相关系数为 0.955，将上式变形可得到

$$E_0 = 28.2 K^{1.23} w_{\mathrm{c}}^{4.56} \tag{8.1.5}$$

再将式 $w_{\mathrm{c}} = (w_{\mathrm{l}} - w)/I_{\mathrm{p}}$ 代入上式可得

$$E_0 = 28.2 K^{1.23} \left(\frac{w_{\mathrm{l}} - w}{I_{\mathrm{p}}} \right)^{4.56} \tag{8.1.6}$$

控制试件压实度 $K = 95\%$，试验结果如表 8.1.4 所示。

表 8.1.4　稠度与路基回弹模量试验数据

编号	实测含水量/%	稠度	回弹模量/MPa
1	10.6	1.63	243.39
2	11.17	1.60	130.88
3	10.55	1.63	73.98
4	16.54	1.28	58.09
5	16.16	1.30	68.78
6	16.31	1.29	72.69
7	20.21	1.06	22.17
8	20.17	1.06	19.58
9	20.35	1.05	17.94
10	24.65	0.79	26.68
11	24.2	0.82	11.65
12	24.21	0.82	13.02
13	25.42	0.75	11.83
14	24.32	0.81	14.85

由表中的试验数据可绘制稠度-回弹模量关系图，如图 8.1.8 所示。

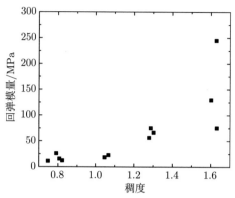

图 8.1.8　西户线室内回弹模量与稠度关系图

根据试验数据，回归稠度 w_c 与路基回弹模量 E_0 关系式如下：

$$E_0 = -107.55w_c^2 + 332.47w_c - 181.05 \tag{8.1.7}$$

上式计算值与试验值的相关系数为 0.948，具有较高的吻合度。

8.2　发射载荷下场坪动态响应三维试槽试验

8.2.1　发射载荷模拟施加原理

1. 真实载荷施加原理

在发射场坪承载能力测量评估试验及研究过程中，为了真实反映场坪的受力状态和响应特性，通常在三维试槽内按照公路行业相关标准修筑一定等级的试验道路，通过发射载荷模拟试验装置对试验道路施加 1:1 发射载荷作用，研究不同等级道路在发射载荷作用下的响应特性。

发射载荷模拟试验装置采用压缩空气模拟发射动力装置产生的燃气，利用气动加载控制设备，按照试验测量的发射压力曲线，控制气体快速释放，调节橡胶底座载荷模拟装置和支腿载荷模拟装置内部的气体压力，通过橡胶底座和支腿将模拟发射载荷作用到地面场坪上，同时将反向压力作用到反力架上。

图 8.2.1 为橡胶底座载荷模拟装置方案，主要由橡胶底座、模拟初容室、支撑板/梁、高压气瓶组及压缩空气释放控制设备等组成，用于模拟橡胶底座对地瞬态强冲击载荷，在室外开展动态加载试验。橡胶底座及模拟初容室安装于支撑板上，支承板通过支撑梁与试验道路相连。根据实际发射试验所测初容室压力曲线，

控制高压气瓶组按照所需的规律快速向橡胶底座充气, 进而等效真实发射载荷作用下, 橡胶底座与场坪之间的相互作用。

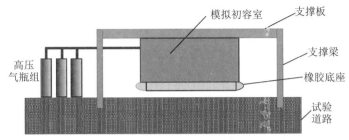

图 8.2.1 橡胶底座等效加载方案 (见彩图)

图 8.2.2 为支腿载荷模拟装置方案, 主要用于在室外模拟发射平台液压支腿载荷, 开展公路级静态和动态加载试验。加载设备采用气动方案模拟发射过程中支腿对地的静态载荷和动态载荷。气缸压力作用于加载板, 并通过承载板将模拟支腿载荷传递到试验道路。

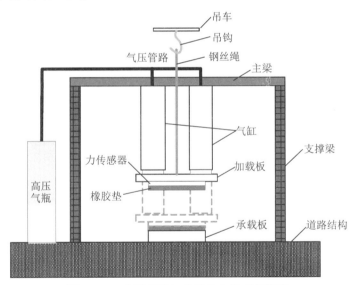

图 8.2.2 支腿模拟加载设备方案 (见彩图)

2. 缩比载荷施加原理

缩比载荷施加主要用于在野外条件下测量不同等级公路的响应特性, 评价等级公路的承载能力。缩比载荷施加原理与公路行业落锤式弯沉仪 (FWD) 类似, 通过一定质量的重物自由下落锤击一块具有一定刚性的承载板作用于路面, 然后通过按一定间距布置的传感器测定路表面的变形响应 (即所谓的弯沉盆)。

由于发射冲击对路面结构施加的载荷比普通车辆对路面作用的载荷大，可根据需要，对落锤式弯沉仪进行改装，改变锤重或承载板直径，使板底应力符合发射过程中对路面产生的冲击载荷，从而使检测结果更加接近实际情况。公路行业成熟的落锤式弯沉仪冲击载荷时程曲线如图 8.2.3 所示。

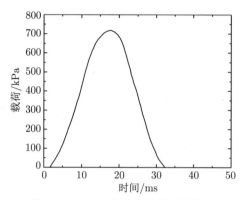

图 8.2.3　弯沉仪冲击载荷时程曲线

8.2.2　发射场坪响应测量

1. 试验场坪响应测量

在三维试槽上通过发射载荷模拟试验装置施加载荷并测量试验场坪响应的过程中，为了能够尽量详细地了解路面的动态响应特性，通常在试验场坪内部不同结构层深度、不同位置处布置应力、应变、位移等传感器，通过数据采集设备记录整个试验过程中道路的响应特性。所需测量的参数主要包括：土基顶面垂直压应力；基层层底极限应力应变值、层顶最大变形量；沥青面层各层层底极限应力应变值、层内剪应力值、顶部弯沉值 (弯沉盆)；水泥混凝土面板板底极限应力应变值、顶部弯沉值 (弯沉盆) 和板内温度；环境温湿参数等。

为了更直观地了解路面的动态位移响应特性，可在路表面和路面结构内部布设接触式位移传感器，也可在路表面布设非接触式位移传感器。非接触式位移传感器采用 MEMS 加速度传感器测量加载试验过程中路表面的加速度，通过两次积分得到路表面位移值。

为了更详细地了解路面的力学状态，在动态加载试验前后还需开展静态承载板试验、FWD 试验，其测量的主要参数为静态弯沉值、动态弯沉值、弯沉盆等。

2. 野外场坪响应测量

在野外道路条件下测量场坪响应特性时，通过缩比发射载荷施加设备对路面施加动态冲击载荷，通过在载荷施加设备底部按照一定距离布设位移传感器，测量路面的弯沉值及弯沉盆，如图 8.2.4 所示。

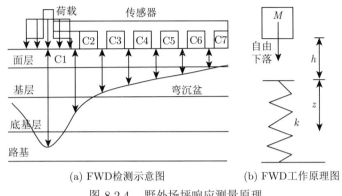

(a) FWD检测示意图 (b) FWD工作原理图

图 8.2.4 野外场坪响应测量原理

8.2.3 发射场坪承载能力试验系统

如图 8.2.5 和图 8.2.6 所示，发射场坪承载能力试验系统主要包括发射载荷模拟试验装置、发射响应测量设备和发射平台非线性结构动力学分析软件等。其中，发射载荷模拟试验装置主要包括橡胶底座模拟加载装置、支腿模拟加载装置、空气压缩机、高压气瓶组、气动加载装置、气体快速释放装置、试槽、反力架等，如图 8.2.7 和图 8.2.8 所示；发射响应测量设备主要包括发射压力测量子系统、场坪响应测量子系统等。

发射载荷模拟试验装置采用压缩空气模拟发射动力装置产生的燃气，气动加载装置按照试验测量的发射压力曲线控制气体快速释放装置和气体快放阀组，调节橡胶底座模拟加载装置和支腿模拟加载装置内部的气体压力，通过橡胶底座和支腿将模拟发射载荷作用到地面场坪上，同时将反向压力作用到反力架上。

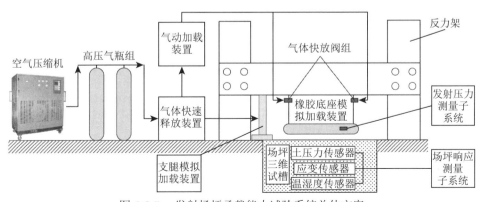

图 8.2.5 发射场坪承载能力试验系统总体方案

图 8.2.6　三维试槽加载试验现场 (见彩图)

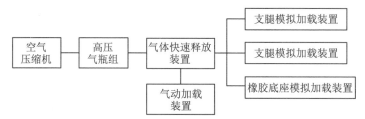

图 8.2.7　发射载荷模拟试验装置示意图

图 8.2.8　橡胶底座模拟加载装置 (见彩图)

发射响应测量设备在时统信号控制下同步测量发射压力、附加载荷和场坪响应，并结合型号研制期间的单机分系统力学性能试验、发射试验和飞行试验数据，对发射平台非线性结构动力学模型进行修正。试槽用于修建不同等级标准的模拟道路。

利用发射载荷模拟试验装置和发射响应测量设备，可以开展典型道路和环境条件下发射平台的发射能力试验评估；在此基础上，利用发射平台非线性结构动力学分析软件，可以开展极限边界条件下发射平台的发射能力仿真评估。

8.2.4 发射场坪承载能力试验

利用发射场坪承载能力试验系统，针对 10 种典型路面结构中等级较低的沥青混凝土路面结构 (5)、(6) 和水泥混凝土路面结构 (3)、(4)，开展多次三维试槽加载试验。通过试验，获取了瞬态超大载荷作用下典型路面结构的动态响应和损伤破坏现象，记录了各关键功能层界面的应力应变值、最大变形量、层内剪应力值和顶部弯沉值 (弯沉盆) 数据，评估了等级较低典型路面结构的发射安全性。

在三维试槽中，按照选择的路面结构类型，根据标准规范修筑不同类型和等级的试验路面。三维试槽长度为 600cm，宽度为 450cm，深度为 350cm。实际路面修筑时，土基、石灰土底基层、水稳碎石基层按照全尺寸 600cm×450cm 进行铺设，水泥混凝土面层按照 500cm×400cm 平面尺寸铺设，沥青混凝土面层按照 600cm×450cm 平面尺寸铺设。

路面修筑过程中，按照试验大纲要求，在每层路面结构中按照一定的数量和位置布置应力、应变传感器。同时，在橡胶底座底部中心点及底座周围的路面表面布置位移传感器。

仅以沥青混凝土路面结构和水泥混凝土路面结构为例，给出三维试槽加载试验的部分结果。

1. 沥青混凝土路面结构试验

沥青混凝土路面结构 (5) 第一次试验载荷曲线如图 8.2.9 所示，试验载荷峰值压力为 0.631MPa，第二次试验载荷峰值压力为 0.8MPa；沥青混凝土路面结构 (6) 试验载荷峰值压力为 0.8MPa。

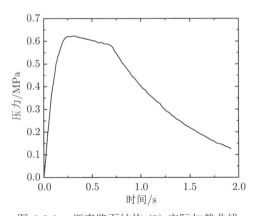

图 8.2.9　沥青路面结构 (5) 实际加载曲线

沥青混凝土路面结构 (5) 第一次试验后，对试验道路表面进行了仔细勘察，整体路面结构未发生结构失稳及破坏现象，路表面也未发现环形剪切裂纹和径向裂纹，只是发生了沉降变形，如图 8.2.10 所示。由道路表面各点测量数据绘制了路面弯沉盆曲线，如图 8.2.11 和图 8.2.12 所示。

图 8.2.10　沥青路面结构 (5) 第一次试验后路面结构状态 (见彩图)

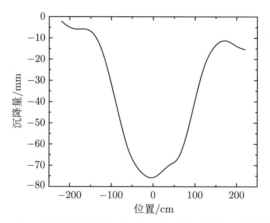

图 8.2.11　沥青路面结构 (5) 第一次试验后东西方向弯沉盘

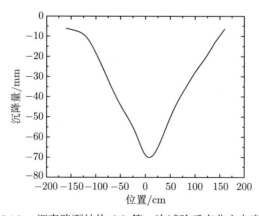

图 8.2.12　沥青路面结构 (5) 第一次试验后南北方向弯沉盆

沥青混凝土路面结构 (5) 第二次试验后，由路面状态可知，在更大冲击载荷作用下，整体路面结构出现了严重破坏，在载荷中心出现半径 115cm 的圆形弯沉盆，最大路面弯沉为 76mm，如图 8.2.13 所示。

图 8.2.13　沥青路面结构 (5) 第二次试验后路面结构状态 (见彩图)

沥青混凝土路面结构 (6) 的破坏状态为载荷作用处出现圆形弯沉盆、环形剪切裂缝和载荷中心点处径向和环形微裂缝，如图 8.2.14 所示。弯沉盆的直径约为2.3m，最大路面弯沉为 162.3mm。

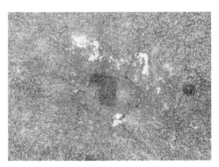

(a) 圆形弯沉盆　　　　　　　　　(b) 载荷中心处径向和环形微裂缝

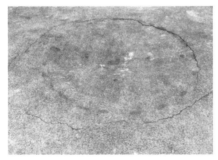

(c) 环形剪切裂缝

图 8.2.14　沥青路面结构 (6) 试验后路面结构状态 (见彩图)

　　针对沥青混凝土路面结构 (6) 试验后的路面结构状态, 从圆形弯沉盆、环形剪切裂缝、径向微裂缝三个方面, 分析冲击载荷作用下沥青路面结构的破坏状态。

　　图 8.2.15 为沥青混凝土路面结构 (6) 的破坏状态示意图, 图中将弯沉盆分东西和南北两个方向分别绘制, 同时将环形剪切裂缝和载荷中心处微裂缝具体产生的位置及形状呈现出来。

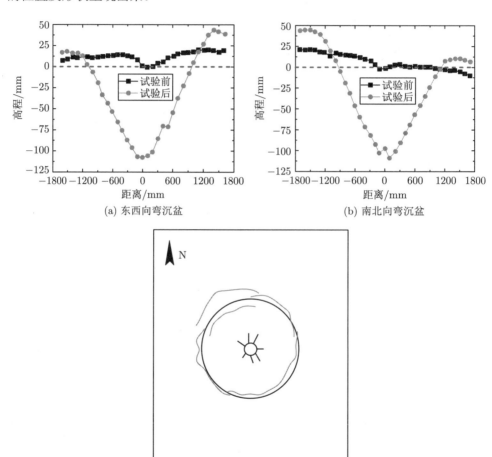

(a) 东西向弯沉盆　　　　　　　　　　　(b) 南北向弯沉盆

(c) 环形剪切裂缝和载荷中心处微裂缝

图 8.2.15　沥青路面结构 (6) 破坏状态示意图

1) 圆形弯沉盆

　　从沥青路面的破坏状态可知, 沥青路面的总变形有 96％ 以上是由土基产生的, 土基的强度直接决定了冲击载荷下沥青路面结构的强度。

　　半刚性基层具有较高的刚度, 具备较强的载荷扩散能力和较强的整体性。由于半刚性基层这种特性, 冲击载荷作用下基层在整个沥青路面结构中的变形很小。因此, 半刚性基层这种特性决定了其在沥青路面的承载能力中起到至关重要的作用。

由于本试验载荷作用时间极短, 且载荷量值较大, 瞬态强冲击作用导致沥青路面瞬时出现较大变形, 破坏了沥青材料的回弹特性, 导致沥青材料回弹变形量极少, 回弹变形只占总变形的 1.82%。因此, 沥青路面整体表现为瞬时塑性变形。冲击载荷对路面的冲击作用会直接导致典型路面结构永久变形, 其对应破坏形式为圆形弯沉盆。

2) 环形剪切裂缝

沥青混凝土路面结构 (6) 在橡胶底座周围 10~15cm 处出现明显的圆环形贯穿剪切裂缝, 并且圆环形裂缝在试槽西北方向不闭合, 在其他方向则分布均匀; 测量环形剪切裂缝尺寸可知, 其裂缝最大宽度处达 1cm 左右, 与径向裂缝相比更加明显。

3) 载荷中心处微裂缝

沥青混凝土路面结构 (6) 在冲击载荷作用下, 产生了沿半径方向径向微裂缝和在载荷中心处的环形微裂缝, 试验现场破坏路面还发现有其他细微小裂缝出现。

基于以上沥青路面结构破坏状态的分析, 可知强冲击载荷作用下沥青混凝土路面结构的破坏机理主要包括三个方面:

(1) 强冲击载荷作用到路面时, 使路面结构在底座边缘处产生竖向剪切力, 造成路面结构直接受剪破坏, 形成环形剪切裂缝;

(2) 强冲击载荷作用下, 在面层底部发生受拉破坏, 致使路面开裂并向表面发展, 形成路表面径向和环形微裂缝;

(3) 大量值 (近 300t) 的冲击载荷作用在路面结构上, 直接导致路面结构发生永久变形, 产生与底座尺寸基本一致的圆形弯沉盆。

2. 水泥混凝土路面结构试验

水泥混凝土路面结构 (3) 第一次试验载荷曲线如图 8.2.16 所示, 试验载荷峰值压力为 0.775MPa; 水泥混凝土路面结构 (4) 试验载荷峰值压力为 0.8MPa。

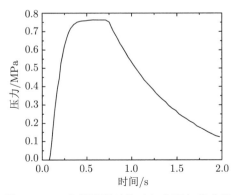

图 8.2.16　水泥路面结构 (3) 实际加载曲线

在三维试槽加载试验之后，可清晰地观察到典型水泥混凝土路面结构在冲击载荷作用下的破坏状态。图 8.2.17 为水泥混凝土路面结构 (3) 三维试槽加载试验后路面结构破坏状态，图 8.2.18 为水泥混凝土路面结构 (4) 三维试槽加载试验后路面结构破坏状态。

 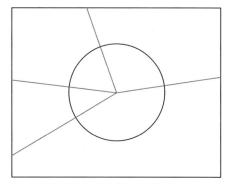

图 8.2.17 水泥混凝土路面结构 (3) 破坏及裂缝分布示意图 (见彩图)

 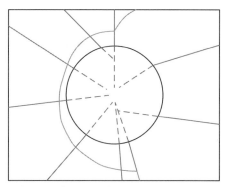

图 8.2.18 水泥混凝土路面结构 (4) 破坏及裂缝分布示意图 (见彩图)

从试验结果可以看出，水泥混凝土路面结构 (3) 在冲击载荷作用下的破坏状态为 4 条径向微裂缝及较小竖向残余沉降值，但裂缝较细小且竖向沉降也比较小，路面结构未发现环形剪切裂缝破坏；水泥混凝土路面结构 (4) 在冲击载荷作用下发生了严重破坏，丧失承载能力。

针对水泥混凝土路面结构 (3) 和 (4) 试验后的路面结构状态，从环形剪切裂缝、径向裂缝、路面结构竖向沉降和水泥混凝土板边翘曲 4 个方面，分析冲击载荷作用下水泥路面结构的破坏状态。

1) 环形剪切裂缝

由于橡胶底座在快速冲击载荷作用下, 呈现一定的刚性特性, 参考圆形刚性承载板应力分布, 理论上认为刚性承载板边界上的应力趋于无穷大。结合仿真模拟计算结果, 圆形均布载荷周围 10cm 距离范围内, 是拉应力较为集中的地方, 容易产生环形裂缝, 如图 8.2.19 所示。

图 8.2.19 水泥混凝土板环形剪切裂缝 (见彩图)

试验结果中, 水泥混凝土面板在长度方向 1/2 板上出现明显半圆环形贯穿剪切裂缝, 并在圆环靠近板边位置向板边发展。分析其原因主要有以下两个方面: 一是由于水泥板的尺寸相对底座较小, 其尺寸效应导致冲击载荷作用下产生的环形剪切裂缝未能完全在水泥板整体产生, 同时, 环形剪切裂缝与水泥板宽度方向上的径向裂缝重合, 导致环形剪切裂缝直接改变方向向板边开裂; 二是橡胶底座下气囊压力载荷不均匀以及道路结构材料不均匀导致环形剪切裂缝环向不闭合。通过量测环形剪切裂缝可知, 其裂缝宽度最大处达 1cm 左右, 与径向裂缝相比更加明显。

2) 径向裂缝

水泥板在冲击载荷作用下也产生了大量沿半径方向的径向贯穿裂缝, 主要有 9 条延展至板边, 试验现场破坏路面还可以发现部分细微小裂缝, 如图 8.2.20 所示。分析可知, 由于强冲击载荷作用到路面结构后, 路面结构受压引起水泥混凝土板底受拉破坏导致混凝土开裂, 进而直接发展到混凝土板表面产生径向贯穿裂缝。该种路面破坏形式与《公路水泥混凝土路面设计规范》中的荷载裂缝的产生机理相同, 均是由于水泥混凝土面板受压导致板底受拉开裂产生的, 即径向裂缝自下而上产生, 因此, 径向裂缝的裂缝宽度也均比环形剪切裂缝宽度小。

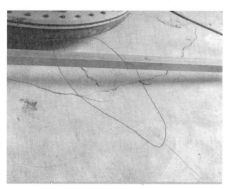

图 8.2.20　水泥混凝土板径向裂缝 (见彩图)

3) 路面结构竖向沉降

路面结构的整体竖向沉降可通过对比试验前后路面距橡胶底座的竖向间距来测量。由于道路竖向沉降值较大，因此，采用钢尺直接测量的方式，底座中心处竖向沉降值通过测量橡胶底座边缘的沉降进行推算，如图 8.2.21 所示。试验前加载设备安装时已知其橡胶底座边缘处距地面 5cm 左右，因此，可将试验后路面结构表面距橡胶底座边缘处的空隙间距减去初始间距，即可得出路面结构在冲击载荷作用下的沉降值。

图 8.2.21　水泥混凝土路面结构沉降值测量 (见彩图)

4) 水泥混凝土板边翘曲

从现场三维试槽试验结果中可以发现，由于混凝土面层与基层黏结情况较差，板角位移明显，呈现水泥混凝土板边翘曲现象，如图 8.2.22 所示。

综上所述，在实际试验冲击载荷作用下，典型路面结构的破坏形式及状态主要包括环形剪切裂缝、径向裂缝、路面结构竖向沉降、水泥混凝土板边翘曲 4 个方面。从破坏形式及状态分析可知，冲击载荷对道路结构的冲击作用明显，其破坏形式与传统行车荷载作用下的疲劳破坏不同，该载荷下属于直接达到路面材料破坏强

图 8.2.22　水泥混凝土板边翘曲照片 (见彩图)

度而导致的破坏。对比环形剪切裂缝与径向裂缝的形状及裂缝宽度分析得，环形剪切裂缝为自上而下开裂、宽度较大，而径向裂缝为自下而上开裂、宽度较小。

8.3　公路场坪层位及缺陷数据获取方法

8.3.1　场坪路基缺陷和路面结构测量方法

发射场坪路基缺陷和层位信息的探测内容与公路路基缺陷和路面结构探测内容较为相似，所以，可以借鉴公路路基缺陷和路面结构探测方法用于发射场坪探测项目中。目前用于探测公路路基缺陷和路面结构的方法主要有 3 种：地质钻孔、高密度电法和探地雷达 (GPR)。其功能特点如表 8.3.1 所示。

表 8.3.1　3 种场坪探测方法比较

探测方法	优点	缺点	使用情况
地质钻孔	直接深入地下取样观察，直观准确	需开孔，对场坪有损伤，工程量大，不便于操作	国内外普遍使用
高密度电法	可利用物性参数多，场源、装置形式多，观测内容和测量要素多，应用范围广泛，无损探测	准备工作烦琐，检测效率低，成本高	国内外普遍使用
探地雷达	探测速度快，探测过程连续，分辨率高，操作灵活方便，探测成本低，无损探测	探测深度有限 (<50m)	国内外普遍使用

由表 8.3.1 可知，3 种探测方法中，地质钻孔属于有损检测，无法满足需要，探地雷达和高密度电法属于无损检测。但是在高密度电法作业过程中需要布置电极，检测效率低，无法满足快速实时检测的需要。而探地雷达灵活方便、分辨率高，可实现实时无损准确探测。因此，选用探地雷达技术来进行发射场坪路基缺陷和路面结构快速测量。

8.3.2　探地雷达工作原理

探地雷达技术主要原理为利用电磁波在不同介质的交界面会发生反射 (散射) 的现象，雷达发射电磁波并接收反射信号，通过对信号幅度、相位等参数的分析来判断地下的异常目标体。其具有可生成连续的剖面、数据直观、精度高和作业速度快的特点，可以满足快速实时无损探测的要求。探地雷达工作原理如图 8.3.1 所示。

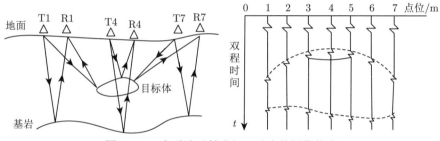

图 8.3.1　电磁波反射路径及对应的图像信息

工作时，雷达天线发射电磁波，电磁波在地下介质传播过程中，在遇到存在电性差异的地下空洞、埋设物等的分界面时发生反射，当反射波到达地面时由接收天线接收。根据接收到的雷达波形、强度和双程走时等参数，可以推断地下目标体的位置、结构、电性及几何形态，从而实现对下伏缺陷和层位信息的探测。应用数字图像恢复与重建技术，可进一步对地下目标进行成像处理。图 8.3.2 所示为单通道雷达产生的二维剖面图。

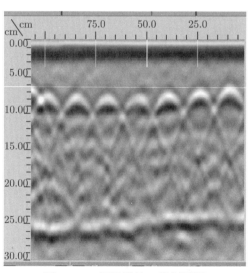

图 8.3.2　探地雷达二维剖面图

8.3.3 场坪路基缺陷和路面结构测量功能实现

目前,应用于交通领域的探地雷达多为单通道雷达,想要获得整片区域场坪情况,需要布置多条测线。这种探测方法费时费力,效率较低,并且仅通过二维剖面对地下情况进行判断,给出结论较片面,不能够满足发射场坪探测需求。

采用多频复合阵列雷达的方式,可以极大地增加探测效率,同时,阵列雷达各通道数据同时采集,对缺陷、目标等定位更加准确,信号一致性更高,通过软件算法可以进行三维成像处理,能够方便准确地得到检测目标的深度、大小、位置等信息,实现精准的快速检测。如图 8.3.3 所示的钢筋网探测三维切片图,在二维雷达剖面图中只能判断钢筋的有无,而在三维切

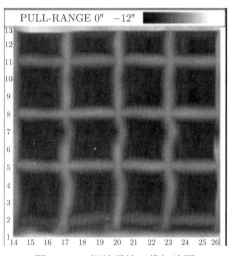

图 8.3.3 探地雷达三维切片图

片图中就可以一目了然地查看整个钢筋网的分布情况,更有利于目标的识别。由此可见,阵列雷达的优越性是远超单通道雷达的。

多频复合阵列雷达可采用复合一体化设计,集中在一个箱体内,由作业机构连接至承载车辆,由车辆内的远程控制终端控制阵列雷达的工作采集等,并接收上端下传的北斗定位信息与实时车速数据,实时自动上传路面层厚信息与路基缺陷信息,如图 8.3.4 所示。

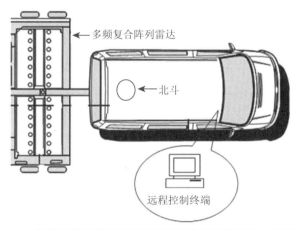

图 8.3.4 发射场坪路基缺陷和层位信息快速探测功能实现示意图

8.4   公路场坪承载强度获取方法

8.4.1   场坪强度测量方法

公路路面结构承载强度检测评价有破损试验和非破损试验两种方法。非破损试验是目前普遍采用的无破损测试方法，通过实测路面在载荷作用下的弯沉，利用理论方法反算路面各层的力学参数，从而反算评定路面结构强度。

根据实际使用特性和系统战技指标要求，采用非破损测试方法。路面弯沉是表征路面承载能力的重要指标，对路面结构承载能力进行评价，最常见的方法是现场测定路面的弯沉。路面弯沉测试技术经历了几个阶段的发展，各类弯沉测试方法汇总比较如表 8.4.1 所示。

表 8.4.1   各类弯沉测试方法汇总比较

仪器设备	测试结果	优点	缺点	使用情况
贝克曼梁弯沉仪	静态回弹弯沉	1. 结构及操作简单，价格低廉； 2. 技术成熟	1. 人工测试，效率低； 2. 测试精度低； 3. 无法获得弯沉盆曲线	国内外普遍使用
自动弯沉仪	静态总弯沉	1. 工作效率高，安全性高； 2. 测试精度高，可靠性好，数据自动计算处理	1. 静态总弯沉，需要换算才能用于路基路面强度评定； 2. 无法获得弯沉盆曲线	国内外普遍使用
落锤式弯沉仪	动态弯沉及弯沉盆	1. 测试结果可靠性好，适用范围宽； 2. 可获得弯沉值及弯沉盆曲线，反算路基路面各层模量； 3. 调查水泥混凝土路面接缝传荷能力，探查路面板下的空洞； 4. 技术成熟，有配套软件	1. 测试速度较慢，安全性差； 2. 不能真实地反映汽车荷载； 3. 测试结果需进行标定，换算为回弹弯沉值才能用于路基路面强度评定	国内外普遍使用
滚动式动力弯沉仪	动态弯沉及弯沉盆	1. 测试真实受力状态； 2. 操作简单迅速，工作效率高； 3. 可获得弯沉盆曲线，检测、评价接缝传荷能力、板块脱空和路基承载能力	1. 测试速度慢，测试原理复杂； 2. 尚未建立评价体系	国外使用初期，国内研究探索阶段

根据表中对各类弯沉检测设备的比较可知，贝克曼梁弯沉仪法是应用最早、技术最成熟的弯沉检测方法，但该方法检测速度慢，人为影响因素大。自动弯沉仪法和改进落锤式弯沉仪法属于弯沉快速检测方法，所用弯沉仪是目前使用最多的弯沉快速自动检测装置，技术成熟，配备有相应的数据处理软件，工作效率高。

场坪承载强度测量必须满足快速、准确、便捷的要求。通过上述对现有道路承载强度测量方法的分析比较可知，自动弯沉仪法和改进落锤式弯沉仪法检测速度快、自动化程度高、技术相对成熟，适合用于发射场坪承载强度的快速检测评估。由于发射过程中对路面作用的是冲击载荷，而改进落锤式弯沉仪法属于脉冲动力弯沉测试方法，对路面施加的载荷是动态载荷，故更适用于场坪承载强度测量。因此，应选择采用落锤式弯沉仪法，进行发射场坪承载强度测量。

8.4.2 落锤式弯沉仪工作原理

发射场坪承载强度测量设备可以以公路行业落锤式弯沉仪成熟产品为基础，根据发射装备功能要求和技术性能，对其进行适应性改进，重点满足快速测量需求。落锤式弯沉仪工作原理为：落锤式弯沉仪通过控制系统控制液压部分启动落锤装置，使一定质量的落锤从一定高度自由落下，冲击力作用于承载板上并传递到路面，从而对路面施加脉冲载荷，导致路面表面产生瞬时变形；分布于距测点不同距离的传感器检测结构层表面的变形，记录系统将信号传输至计算机，即测定在动态载荷作用下产生的动态弯沉及弯沉盆。测试数据可用于反算路面结构层模量，从而比较科学地评价路面的承载强度。弯沉仪测量原理如图 8.4.1 所示，操作控制原理如图 8.4.2 所示。

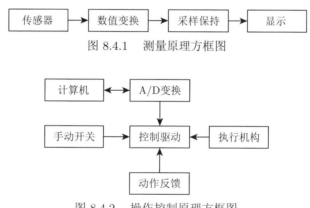

图 8.4.1 测量原理方框图

图 8.4.2 操作控制原理方框图

落锤系统组件被提升到控制高度后自由下落，锤击 6 个橡胶缓冲装置产生一个作用力 (由高精度载荷传感器测定)，通过承载板传到地面，这时地面在这个冲击力的作用下发生变形，产生向下的最大动态位移 (由弯沉传感器测定)。控制软件测量系统实时地采集测量数据 (力、位移) 并保存下来，多个弯沉传感器则是同时采集并保存多路信号，为后续工作提供数据。整个过程由计算机自动控制完成。发射场坪承载强度测量设备工作原理如图 8.4.3 所示。

8.4.3 场坪承载强度测量功能实现

落锤式弯沉仪在发射装备停车后，可立即开启其工作状态，承载板放置路面，同时提升重锤；重锤组件自由下落到橡胶头上，把载荷通过承载板传递到地面，由预先设置好的传感器传输实时监测数据至控制系统进行统计和分析；提升重锤

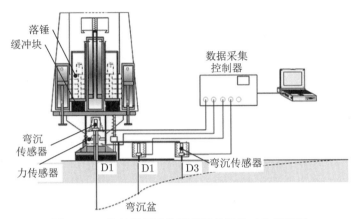

图 8.4.3　发射场坪承载强度测量设备工作原理图

组件与承载板，并锁定设备，车辆即可行驶至下一监测点。动作流程如图 8.4.4 所示。

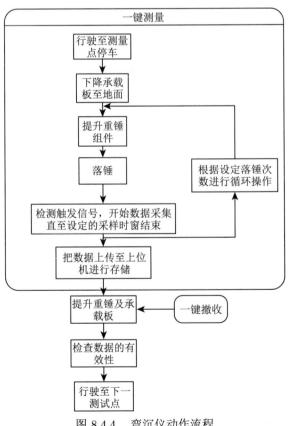

图 8.4.4　弯沉仪动作流程

第 9 章 发射装备场坪适应性评估

场坪适应性是指发射装备在所选场坪上安全可靠发射的能力；场坪适应性评估指通过技术手段评定公路场坪能否满足弹箭发射要求。现代装备作战样式要求实现公路机动与随机发射，为确保弹箭安全可靠发射，需要对公路场坪进行射前快速评估。

我国地域广阔、地理环境复杂，现有公路在设计等级、道路结构、建设质量、使用年限、地质情况、气候条件和交通流量等方面存在着很大差别，实际道路承载强度具有很大的不确定性，同一等级道路不同路段 (点) 上的承载强度会有很大不同，只有极少部分路段 (点) 能够保持设计建造之初的水平。因此，无法简单根据道路等级对弹箭能否安全发射做出判断。

在本书公路场坪动力响应力学模型、断裂损伤耦合本构模型、层间界面力学模型和含场坪效应的发射动力学模型论述的基础上，本章提出以缺陷与层位信息探测、场坪承载测量、装备响应提取和评估判据比照为内涵的场坪适应性评估方法，其基本思路是：通过探地雷达进行大范围快速探测评估，获取路基下伏缺陷和层位信息，判断路面类型和适应能力，剔除缺陷路段；采用动态弯沉仪实施路面承载强度测量，利用早期研究建立的路表弯沉值和发射装备响应间的量效关系，以本路段 (点) 实测层位信息和路表弯沉为输入，获取发射筒口摆动、弹箭出筒姿态等装备响应量；利用早期研究建立的由载荷、场坪和装备极限包络所形成的场坪适应性判据，将装备响应量与场坪适应性判据进行对比，判定该路段 (点) 是否满足发射条件，完成发射场坪适应性评估。

9.1 典型公路场坪结构调研归纳

依据前期的研究成果，对全国 15 个省 (自治区) 及重点地市的不同等级公路路面结构及材料信息进行了调研，见图 9.1.1。通过全面总结分析，对典型路面结构进行了归纳整理，提出了 10 种最具代表性的典型路面结构，如表 9.1.1 ~ 表 9.1.3 所示。调查数据显示，这 10 种典型路面结构，涵盖了我国大多数的路面结构形式。在对典型路面结构进行归纳的过程中，采取强度上"就低"原则，即个别特殊路面结构形式在结构性能方面，要明显高于所提出的典型路面结构形式，由此，可以最大限度地保证典型路面结构的可靠性和兼容性。

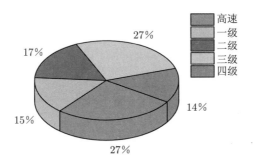

图 9.1.1　调研分析公路等级分布情况 (见彩图)

典型高速公路沥青路面结构有 3 种形式, 见表 9.1.1。

表 9.1.1　高速公路沥青混凝土路面结构

结构形式 (1)		结构形式 (2)		结构形式 (3)	
各层材料	厚度/cm	各层材料	厚度/cm	各层材料	厚度/cm
改性沥青混凝土	4	沥青混凝土	4	沥青混凝土	4
沥青混凝土	6	沥青混凝土	6 ~ 8	沥青混凝土	5
沥青混凝土	8	水稳碎石 (砂砾)	32 ~ 40	沥青混凝土	6
水稳碎石	36 ~ 40	石灰土	18 ~ 20	密级配沥青碎石	12 ~ 20
石灰土、级配碎石	15 ~ 20	碎石/砂砾垫层	15 ~ 20	水稳碎石	18 ~ 36
土	∞	土	∞	土	∞

一级公路作为高等级公路, 交通量同样较大, 因此, 一级公路采用的结构形式与高速公路相近, 其采用的主要路面结构为高速公路沥青路面结构 (2) 和 (3)。

表 9.1.2　二、三、四级公路沥青混凝土路面结构

结构形式 (4)		结构形式 (5)		结构形式 (6)	
各层材料	厚度/cm	各层材料	厚度/cm	各层材料	厚度/cm
沥青混凝土	4	沥青混凝土	5	沥青混凝土	3
沥青混凝土	6	—		—	
水稳碎石	18 ~ 20	水稳碎石 (砂砾)	18 ~ 20	石灰土	18 ~ 20
石灰土	18 ~ 20	石灰土	18 ~ 20	—	
土	∞	土	∞	土	∞

典型水泥混凝土路面结构如表 9.1.3 所示。

表 9.1.3　典型水泥混凝土路面结构

结构形式 (1)		结构形式 (2)		结构形式 (3)		结构形式 (4)	
各层材料	厚度/cm	各层材料	厚度/cm	各层材料	厚度/cm	各层材料	厚度/cm
水泥混凝土	30	水泥混凝土	26	水泥混凝土	22	水泥混凝土	22
水稳碎石	20	水稳碎石砂砾	20	水稳砂砾	20	石灰土	18
石灰土	30 ~ 40	石灰土	20	—		—	
土	∞	土	∞	土	∞	土	∞

9.2 发射装备场坪适应性评估理论

针对发射装备场坪适应性评估的迫切军事需求，综合发射载荷生成与作用机理、场坪动态响应与损伤机理、装备–场坪耦合作用效应的研究成果，提出以场坪缺陷探测、承载能力测量、装备响应提取和评估判据比照为内涵的场坪适应性评估理论，建立场坪-装备响应量效关系模型和场坪适应性评估准则。

9.2.1 场坪适应性评估系统方案

根据前期研究成果和使用需求分析，提出路面层位信息与缺陷探测、路面承载强度测量和场坪适应性评估相结合的发射装备场坪适应性评估系统方案，见图 9.2.1。

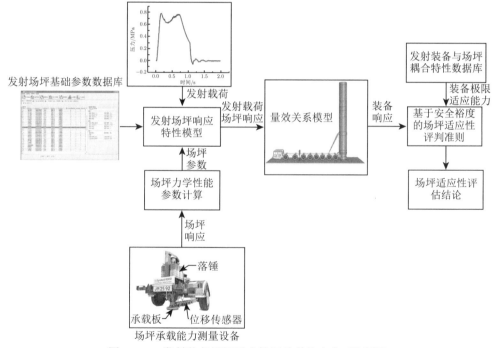

图 9.2.1 发射装备场坪适应性评估系统方案 (见彩图)

其具体包括：

(1) 路面层位信息与缺陷探测：采用多频复合阵列探地雷达作为路面层位信息与缺陷探测设备，在行进中测量获取路面结构层数、各层厚度和下伏缺陷等信息，为场坪适应性快速评估提供路面结构类型判断和下伏缺陷剔除等实时支撑数据。

(2) 路面承载强度测量：采用落锤式动态弯沉仪作为路面承载强度测量设备，现场测量获取路面动态响应特性，通过场坪响应转换关系，为场坪适应性评估提供发射场坪效应数据。

(3) 场坪适应性评估：基于路面层位信息与缺陷探测和路面承载强度测量获得的信息数据，经过下伏缺陷剔除、路面类型判断、场坪响应转换、装备响应提取和评估准则比对等评估环节，完成发射装备场坪适应性评估。

9.2.2   发射装备场坪适应性评估方法

基于前期多方面研究成果和作战使用需求，建立了发射装备场坪适应性评估方法，内涵包括以下几个方面。

1. 下伏缺陷剔除

以 10 种典型路面结构为对象，利用所建立的场坪冲击损伤本构模型和路面分层结构等效力学模型，进行发射载荷作用下含缺陷路面大子样动态响应分析，获取各含不同缺陷路面结构的场坪最大下沉量；以装备所能承受的场坪极限下沉量为判断条件，建立下伏缺陷评价准则。实际评估时，将探地雷达探测得到的缺陷数量、深度和尺寸等数据，与下伏缺陷评价准则对比，确定该路段是否存在不可发射缺陷，若存在则加以剔除。

2. 路面类型判断

装备行进中，根据探地雷达给出的路段结构层数和各层厚度，与 10 种典型路面结构相对比，通过搜索比较层数及层厚最相近的路面结构确定该路段类型，用于支撑实际评估时下伏缺陷剔除和场坪响应转换。

3. 场坪响应转换

根据 10 种路面类型各层弹性模量，利用场坪冲击损伤本构模型和分层结构等效力学模型，通过大子样动力学分析和试验测试，分别获取弯沉仪载荷和实际发射载荷作用下的路面下沉量，建立弯沉仪载荷路面下沉量与实际发射载荷场坪下沉量的对应关系。实际评估时，落锤式弯沉仪现场测量路面下沉量，通过场坪响应转换关系，预测实际发射载荷作用下的场坪下沉量。

4. 场坪-装备响应量效关系

利用所创建的含场坪效应发射装备非线性结构动力学方法和耦合作用效应高效仿真模型，进行不同下沉量、不同路面坡度工况下大子样仿真，采用径向基神经网络方法，建立装备响应与下沉量、坡度间的量效关系。实际评估时，根据场坪响应转换预测的发射场坪下沉量，利用场坪-装备响应量效关系，提取弹箭初始姿态、筒口摆动和附加载荷等装备响应信息。

5. 场坪适应性评估准则

根据装备设计部门提出的发射过程对弹箭姿态和发射装备总体要求,利用场坪特性与装备响应间的量效关系模型,开展大子样仿真计算,归纳出装备极限响应包络,当弹箭出筒姿态、筒口摆动和附加载荷均处于包络内部时,方可保证发射安全性和可靠性,建立起场坪适应性评估准则。实际评估时,比对由场坪-装备响应量效关系提取的弹箭初始姿态、筒口摆动和附加载荷等装备响应信息是否均处于极限响应包络内,即可判定弹箭能否安全发射。

9.2.3 场坪-装备响应量效关系和评估准则

1. 场坪-装备响应量效关系模型

采用试验设计理论、数值仿真计算和实装测试数据相结合的方法,基于径向基神经网络方法和含场坪效应的发射装备非线性结构动力学方法,构建耦合作用效应高效仿真模型,建立场坪特性与发射装备响应间的量效关系[215]。

1) 量效关系模型建立

(1) 试验设计方法[216]。

综合考虑场坪适应性变量设计空间的大小和近似函数的形式,采用优化拉丁超立方试验设计方法,选取样本点,构建场坪适应性影响因子变量与场坪适应性目标函数间近似函数的显式关系。采用优化拉丁超立方试验设计方法,构建的 6 个影响因子共 30 组数据样本空间如表 9.2.1 所示。

表 9.2.1 场坪适应性影响因子样本空间表

试验号	场坪等效刚度	纵向坡度	横向坡度	摩擦系数	风速	风向
1	32413.8	0.52	−0.92	0.348	0.86	62.069
2	181379.3	−1.21	1.03	0.679	17.24	347.586
...	...	...	...	...	...	...
29	69655.1	1.21	0.16	0.10	24.14	86.897
30	88275.8	2.93	1.46	0.624	23.28	198.621

(2) 量效关系模型构建及有效性验证[217,218]。

鉴于场坪特性和发射装备响应之间影响因素多、相关性强及其强非线性特性,采用径向基神经网络方法,建立场坪特性与发射装备响应间的量效关系模型。

$$y_j = \sum_{i=1}^{h} w_{ij} \exp\left(-\frac{1}{2\sigma^2}\|x_p - c_i\|^2\right), \quad j = 1, 2, \cdots, n$$

式中,$x_p = (x_1^p, x_2^p, \cdots, x_m^p)^{\mathrm{T}}$ 为第 p 个输入样本,$p = 1, 2, 3, \cdots, P$,P 为样本总数;c_i 为网络隐含层的节点中心;w_{ij} 为隐含层到输出层的连接权值,$i = 1, 2, 3, \cdots$;h 为隐含层节点数;y_j 为与输入样本对应网络的第 j 个输出节点的输出。

以场坪适应性影响因素样本空间为输入条件，基于含场坪效应的发射装备非线性结构动力学模型，得到弹箭出筒时的姿态角位移和姿态角速度。随机选取的5 组数据，采用径向基神经网络训练得到的量效关系模型计算结果与有限元仿真结果进行对比并计算其相对误差，如表 9.2.2 所示。由表 9.2.2 可知，两种结果的最大相对误差为 13.04%，故可以采用此量效关系模型来代替有限元模型。

表 9.2.2　量效关系模型误差分析

试验号	有限元仿真结果				量效关系模型结果				相对误差/%			
	UR1	UR2	VR1	VR2	UR1	UR2	VR1	VR2	e_1	e_2	e_3	e_4
5	0.280	5.857	-0.231	6.413	0.26	5.34	-0.24	6.65	7.69	9.55	4.16	7.69
9	-0.849	-2.604	0.258	-3.163	-0.83	-2.58	0.23	-2.92	2.41	0.77	13.04	2.41
17	-0.286	2.028	0.208	4.534	-0.31	2.07	0.23	4.91	9.67	2.41	8.69	9.67
20	0.985	-4.642	0.878	-6.043	1.08	-4.5	0.85	-6.22	9.26	3.11	4.70	9.26
26	0.443	-3.393	-0.504	-4.436	0.41	-3.5	-0.47	-4.29	7.32	3.14	6.38	7.32

采用 R^2 描述径向基神经网络量效关系模型拟合精确度，R^2 越接近 1，表明拟合得越精确，其定义为：$R^2 = \mathrm{SS_{Model}}/\mathrm{SS_{Total}}$。如图 9.2.2 所示，弹箭 UR1、UR2、VR1、VR2 的 R^2 方差均接近于 1，量效关系模型较为准确。

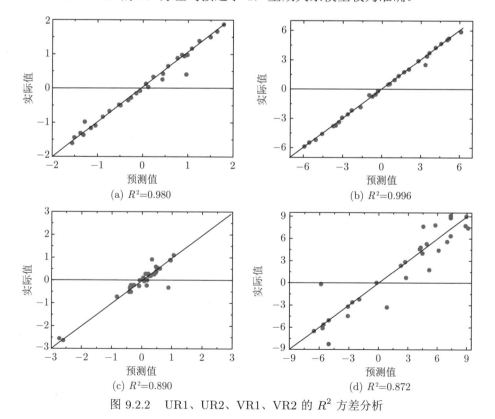

(a) $R^2=0.980$　　　　　　　　　　(b) $R^2=0.996$

(c) $R^2=0.890$　　　　　　　　　　(d) $R^2=0.872$

图 9.2.2　UR1、UR2、VR1、VR2 的 R^2 方差分析

2) 量效关系模型简化

采用径向基神经网络方法建立的场坪特性与发射装备响应间的量效关系模型，包含了场坪特性和气候条件等多个影响因素，具体使用过程中比较复杂，需通过对量效关系模型的影响因素进行敏感度分析，简化量效关系模型。

(1) 量效关系影响因素敏感度分析[219]。

计算得到弹箭出筒后，其角位移 (UR1)、角速度 (VR1) 对影响因子的敏感度分别如图 9.2.3 和图 9.2.4 所示，图中坐标左边条形表示负效应，右边条形表示正效应。

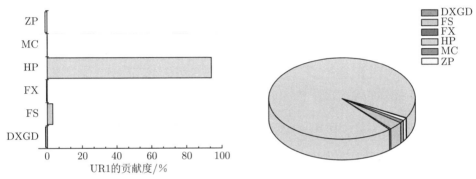

图 9.2.3　UR1 对场坪适应性影响因素的敏感性 (见彩图)

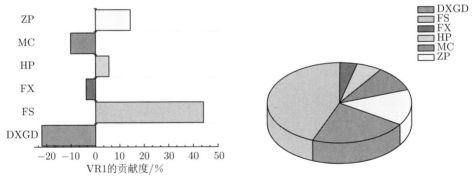

图 9.2.4　VR1 对场坪适应性影响因素的敏感性 (见彩图)

弹箭出筒后 X 方向角位移 (UR1) 对影响因子的敏感性由高到低顺序为：HP (横坡角)，FS (风速)，DXGD (场坪等效刚度)，ZP (纵坡角)，FX (风向)，MC (摩擦系数)。

弹箭 X 方向角速度 (VR1) 对影响因子的敏感性由高到低顺序为：FS，DXGD，MC，ZP，HP，FX。

(2) 量效关系简化方法 [220,221]。

通过对弹箭出筒姿态影响因素敏感度分析可知，场坪等效刚度，即场坪下沉量对弹箭出筒姿态有较大影响。为进一步更精确地分析场坪下沉量对弹箭出筒姿态的影响，利用已建立的含场坪效应的发射装备非线性结构动力学模型进行大子样仿真计算，归纳总结场坪下沉量与弹箭出筒姿态 (俯仰角、俯仰角速度)、筒口响应、附加载荷间的对应关系，分别采用二次函数拟合，精确得到了弹箭出筒过程中，场坪下沉量 w 与弹箭出筒俯仰姿态 UR_d、VR_d，筒口响应 U_t，附加载荷 F_fj 间的函数关系：

$$UR\_d = f(w); \quad VR\_d = f(w); \quad U\_t = f(w); \quad F\_fj = f(w)$$

拟合后曲线与原曲线的对比如图 9.2.5～图 9.2.10 所示。由图可看出，拟合曲线与原曲线的匹配度在 93％以上，可见，简化量效关系模型具有较高的拟合精度。

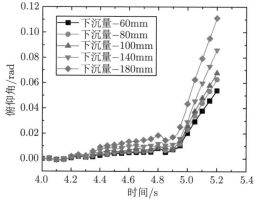

图 9.2.5　不同下沉量工况下弹箭俯仰角变化 (见彩图)

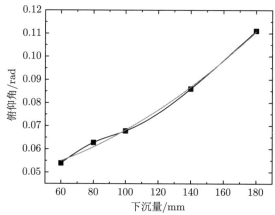

图 9.2.6　弹箭出筒后俯仰角与下沉量 (见彩图)

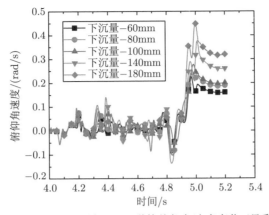

图 9.2.7 不同下沉量工况下弹箭俯仰角速度变化 (见彩图)

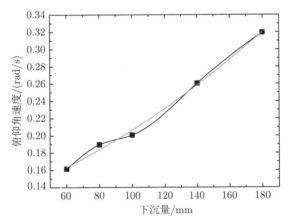

图 9.2.8 弹箭出筒后俯仰角速度与下沉量 (见彩图)

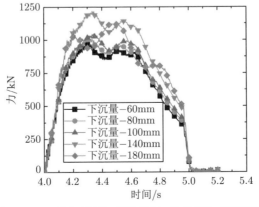

图 9.2.9 不同下沉量工况下附加载荷变化 (见彩图)

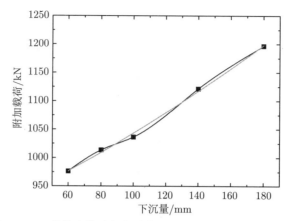

图 9.2.10   弹箭出筒过程中最大附加载荷与下沉量 (见彩图)

分别通过仿真手段与量效关系模型计算的结果见表 9.2.3。

表 9.2.3   装备响应仿真值与量效模型预测值误差

场坪下沉	装备响应仿真值/预测值				相对误差/%			
量/mm	UR_d/ rad	VR_d/ (rad/s)	U_t/mm	F_fj/kN	UR_d	VR_d	U_t	F_fj
60	0.05389/ 0.05493	0.1615/ 0.1632	−166.93/ −176.47	976.3/976.7	1.8	1.05	5.7	0.04
100	0.06779/ 0.06819	0.2/0.206	−216/ −200.57	1036.4/1043.4	0.59	3	7.14	0.6
180	0.111/ 0.11075	0.3195/ 0.3199	−371.45/ −364.55	1196.7/1197.9	0.225	0.1	1.85	0.1

2. 场坪适应性评估准则

针对典型装备，根据设计部门提出的发射过程中对弹箭姿态和发射装备的总体要求，利用场坪特性与装备响应量效关系模型开展大子样仿真计算，归纳出装备极限响应包络为：弹箭出筒俯仰角 [−5.5°，5.5°]，弹箭出筒俯仰角速度 [−12°/s，12°/s]，筒口位移 [−300mm，100mm]，附加载荷 [0，100kN]，如图 9.2.11 所示。当弹箭出筒姿态、筒口位移和附加载荷均处于六面体包络内部时，才可保证发射安全性和可靠性，建立了场坪适应性评估准则。

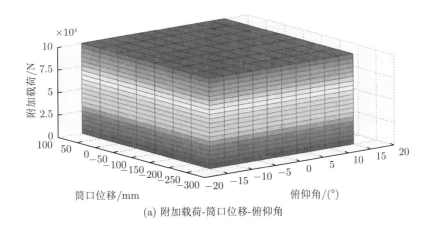

(a) 附加载荷-筒口位移-俯仰角

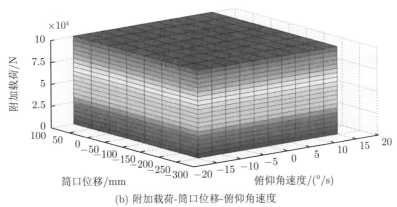

(b) 附加载荷-筒口位移-俯仰角速度

图 9.2.11 发射装备响应极限包络 (见彩图)

9.3 场坪适应性评估实现方法

实现发射装备场坪适应性射前快速评估的主要环节是路层缺陷勘测、场坪强度测量和场坪适应性评估，本节介绍实现场坪适应性评估的方法。通过多频复合阵列探地雷达进行路层缺陷勘测，采用路面动态弯沉测量设备实施发射场坪承载强度测量，场坪适应性评估软件由场坪缺陷评价、场坪类型判断、场坪响应转换、装备-场坪响应量效关系、场坪适应性综合评估判据等模块组成。

9.3.1 路层缺陷测量设备

1. 技术方案

发射场坪路基缺陷和路面结构测量功能采用常规公路探地雷达原理来实现，但在具体要求上有很大差异。如表 9.3.1 所示，发射场坪路基缺陷和路面结构测量在探测宽度、探测深度、作业行驶速度等方面，均提出了更高的要求，实现难度更大。

表 9.3.1　发射场坪与常规公路路基缺陷和路面结构测量要求差异

主要性能	发射场坪	常规公路
可探测宽度	⩾ 3.5m	⩽ 2m
可探测深度	⩾ 7m	⩽ 5m
作业行驶速度	⩾ 50km/h	⩽ 30km/h

目前应用于交通领域常规公路勘测的探地雷达多为单通道或多通道雷达，如图 9.3.1(a) 所示，探测宽度有限，一次测量不足以覆盖整个路面。而阵列雷达 (图 9.3.1(b)) 具有密集且均匀的测线分布，一次测量即可全面覆盖，避免漏检现象发生。

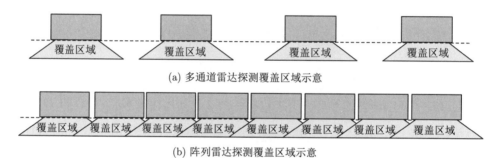

(a) 多通道雷达探测覆盖区域示意

(b) 阵列雷达探测覆盖区域示意

图 9.3.1　多通道雷达与阵列雷达探测覆盖区域对比

因此，针对探测区域大、测量精度高和作业速度快等方面的难点，采用基于超宽带脉冲体制的多频复合阵列探地雷达技术来实现场坪适应性勘测主要功能。该技术可极大地增加探测效率，有效加大场坪的探测宽度和深度；另外，各通道数据同时采集，可使对缺陷、层厚等的定位更加准确。

多频复合阵列探地雷达功能如图 9.3.2 所示，阵列雷达主要分为两大模块：数据采集模块和数据分析处理模块。数据采集模块包括路面结构探测和路基缺陷探测；数据分析处理模块包括数据预处理、层厚自动计算和缺陷自动识别。雷达阵列将多种中心频率 (高频、中频和低频) 的收发天线按照一定规律摆放，组成复合频率多发多收的多通道天线阵列，不但能够达到一次扫描 3.5m 的覆盖范围，而且同时满足 2.5cm 层厚分辨率和 7m 探测深度的双重要求。阵列天线采集到的信息通过控制系统进入数据分析处理模块，由雷达进行自动处理计算，从而实现对路基缺陷和路面结构的快速无损勘测。

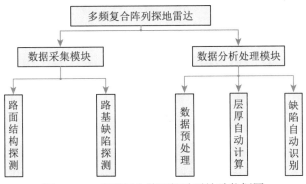

图 9.3.2　多频复合阵列探地雷达功能框图

　　多频复合阵列探地雷达外形结构如图 9.3.3 所示，采用一体化复合设计技术，所有组件集中在一个箱体内，总体尺寸和重量均满足要求。探地雷达由雷达收放机构连接至承载车辆，通过车内远程控制终端控制阵列雷达的工作采集，并接收定位信息与实时车速，进行实时连续自动大范围探测和路基缺陷及层位信息上传。

图 9.3.3　多频复合阵列探地雷达外形结构 (见彩图)

2. 技术特点

　　多频复合阵列探地雷达采用多中心频率阵列复合技术、高精度时基控制技术和智能识别技术，能够兼顾分辨率、探测深度和探测宽度的要求，一次探测所采集的数据即可满足路面结构和路基缺陷探测的需求，主要具有以下技术特点：

　　(1) 选择采用 4 种频率天线，满足场坪适应性探测的需求。该 4 种频率天线也常用于道路检测和探测中，探测技术及数据处理算法成熟，避免了天线系统的再开发、测试和探测试验。

　　(2) 阵列雷达探测技术相较传统多通道雷达技术具有无可比拟的优点。复合阵列方式能够对道路进行全方位 CT 探测扫描，保证了道路探测全覆盖、无死角；通过阵列探测及数据合成，能够对道路的病害、空洞进行形状及大小计算，使结果表达形式直观、准确。

(3) 前期研究中, 对所采用的技术进行了大量验证, 结果表明其具有较高的成熟度和先进性, 采用成熟的天线技术和阵列技术进行阵列复合, 技术风险较低。

3. 主要性能参数

多频复合阵列探地雷达与载车相结合, 能实现场坪路基缺陷和路面结构的测量, 结构布置如图 9.3.4 所示。

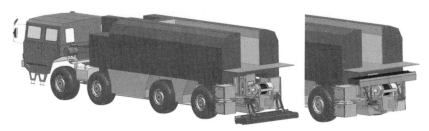

图 9.3.4　多频复合阵列探地雷达布置 (见彩图)

运输状态为探地雷达收起安放在载车上, 确保运输安全性; 工作状态为探地雷达通过作动机构放置贴近地面, 保证测量效果。探地雷达设计离地高为 100mm, 在载车行驶速度不超过 50km/h 的条件下, 能对等级公路发射场坪的路基缺陷和层位信息进行大范围精准勘测。探地雷达的主要技术指标如表 9.3.2 所示。

表 9.3.2　探地雷达主要技术指标

主要性能	主要技术指标
雷达体制	脉冲体制探地雷达
天线类型	2000MHz、1000MHz、400MHz、150MHz 复合阵列天线
天线通道	42 通道阵列
可探测宽度	> 3.5m
可探测深度	> 7m
最大可作业行驶速度	50km/h
缺陷分辨率	深度的 1/7
层厚分辨率	2.5cm
层厚测量误差	10cm 厚度以下小于 10mm, 10cm 以上为 10%
连续工作 (数据存储) 时间	⩾ 8h
雷达总体尺寸	2900mm×650mm×300mm(长 × 宽 × 高)
雷达重量	80kg
展开时间	30s
撤收时间	30s
收放机构质量	100kg
作业状态雷达底面离地高	100mm
回收状态距地面总高	2000mm
探测模块功耗	不超过 400W

9.3.2 场坪承载强度测量设备

目前，公路路面结构承载强度无损探测普遍采用的方法是：通过实测路面在荷载作用下的弯沉，基于理论方法反算路面各层的力学参数，从而评定道路的结构强度。

1. 技术方案

发射场坪承载强度测量设备与公路行业落锤式弯沉仪的区别主要表现在两个方面：一是需要满足测量的快速性，单点测试时间小于 30s；二是要适应装备的自然环境和使用环境要求。以公路行业落锤式弯沉仪成熟原理和产品为基础，根据功能要求和技术指标，对其进行适应性改进，重点满足快速测量需求和环境适应性要求。

改进型落锤式弯沉仪如图 9.3.5 所示。该落锤式弯沉仪能够全流程自动完成冲击载荷模拟施加和路面动态弯沉测试，并上传给评估系统；场坪承载强度测量设备具有弯沉值温度修正功能，并具备故障自诊断和设备自标定等功能。主要工作原理为：弯沉仪落锤组件被提升到控制高度后自由下落，锤击 6 个橡胶缓冲装置产生一个作用力 (由高精度荷载传感器测定)，通过承载板传到地面；地面在冲击力的作用下发生变形，产生向下的最大动态位移 (由弯沉传感器测定)；测量系统实时地把测量数据 (力、位移) 采集保存下来，并上传给评估系统。

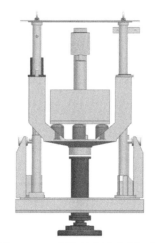

图 9.3.5　改进型落锤式弯沉仪

2. 主要性能参数

改进型落锤式弯沉仪结合载车进行场坪承载强度勘测，其结构布局如图 9.3.6所示。运输状态为弯沉仪承载板收起，不影响载车道路通过性；工作状态为载车驻车，支撑板触地，落锤作用于支撑板产生冲击载荷，进行弯沉测量。

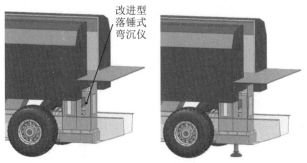

图 9.3.6　改进型落锤式弯沉仪结构布局 (见彩图)

改进型落锤式弯沉仪达到的主要技术指标如表 9.3.3 所示。

表 9.3.3　改进型落锤式弯沉仪主要技术指标

项目	分类	主要技术指标
总体性能	单点测试时间	25s
弯沉测量	弯沉量程	±3.5mm
	测量精度	⩽ 2%
	弯沉分辨率	1μm
载荷施加	冲击荷载峰值范围	0～50kN
	荷载脉冲形状	半正弦波
	脉冲持续时间	30ms
	载荷施加精度	2%
	承载板形式	直径 300mm 的 4 分式扇形盘
载荷测量	测量范围	0～50kN
	测量精度	1%
	分辨率	0.1kN，1kPa
温度	温度量程	−50 ～ 100℃
	测量精度	0.5%
尺寸与质量	长度	⩽ 550mm
	宽度	⩽ 450mm
	高度	1450mm
	质量	⩽ 200kg
供电与功耗	功耗	⩽ 1.5kW

9.3.3　场坪适应性评估模块

场坪适应性评估模块包括场坪缺陷评价、场坪类型判断、场坪响应转换、装备–场坪响应量效关系、场坪适应性评估等主要功能。

1. 场坪缺陷评价模块

基于前期研究成果，以 10 种典型路面结构为对象，利用场坪冲击损伤本构模型和路面分层结构等效力学模型，进行发射载荷作用下含缺陷路面大子样动态响应分析，获取含不同缺陷各种路面结构的场坪最大下沉量；以装备能承受的场坪极限下沉量为判断条件，建立下伏缺陷评价准则。

实际评估时，场坪缺陷评价模块利用探地雷达测得的缺陷位置、缺陷尺寸和缺陷数量等信息，根据下伏缺陷评价标准，对发射场坪的缺陷进行综合评价，给出其是否满足发射要求的评价结论。

场坪缺陷评价模块工作流程如图 9.3.7 所示。

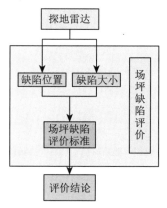

图 9.3.7　场坪缺陷评价模块工作流程

2. 场坪类型判断模块

场坪类型判断模块利用探地雷达测得的路段结构层数、结构层厚度、路面总厚度等层位信息，对比前期研究总结出的全国 10 种典型道路结构，通过搜索比较层数及层厚最相近的路面结构，对该路段结构类型、公路等级进行判断和分类，用于支撑实际评估时下伏缺陷剔除和场坪响应转换。

场坪类型判断模块工作流程如图 9.3.8 所示。

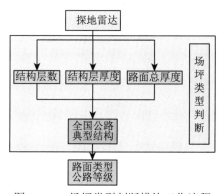

图 9.3.8　场坪类型判断模块工作流程

3. 场坪响应转换模块

基于前期研究成果，根据 10 种路面类型各层弹性模量，通过大子样动力学分析以及试验测试，分别获取弯沉仪载荷和实际发射载荷作用下的路面下沉量，建立起弯沉仪载荷下路面下沉量与实际发射载荷下场坪下沉量的对应关系，即场坪响应转换关系。

实际评估时，场坪响应转换模块根据场坪强度测量设备所测的弯沉量值、对地施加载荷峰值以及路面结构形式，利用场坪响应转换关系，进行场坪承载能力预测，获取实际发射载荷作用下底座或支腿处的场坪下沉量。

场坪响应转换模块工作流程如图 9.3.9 所示。

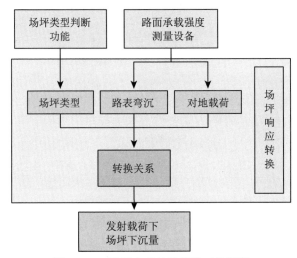

图 9.3.9　场坪响应转换模块工作流程

4. 装备–场坪响应量效关系模块

基于前期研究成果，利用含场坪效应的发射装备非线性结构动力学方法和耦合作用效应高效仿真模型，进行不同装备、不同下沉量、不同路面坡度等工况下的大子样仿真，采用径向基神经网络方法，建立装备响应与下沉量、坡度间的量效关系，即装备-场坪响应量效关系。

实际评估时，装备–场坪响应量效关系模块根据场坪响应转换预测的发射场坪下沉量以及路面坡度的测量结果，利用装备-场坪响应量效关系，快速提取弹箭初始姿态、筒口摆动和附加载荷等装备响应信息。

装备–场坪响应量效关系模块工作流程如图 9.3.10 所示。

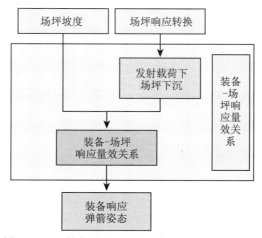

图 9.3.10 装备–场坪响应量效关系模块工作流程

5. 场坪适应性评估流程

基于前期研究成果,利用场坪特性与装备响应间的量效关系模型,开展大子样仿真计算,归纳出装备极限响应包络,当弹箭出筒姿态、筒口摆动和附加载荷均处于包络内部时,方可保证发射安全性和可靠性,由此建立场坪适应性评估准则。

实际评估时,通过比对由场坪-装备响应量效关系提取的装备响应信息是否均处于极限响应包络内,即可判定弹箭能否安全发射。

场坪适应性评估工作流程如图 9.3.11 所示。

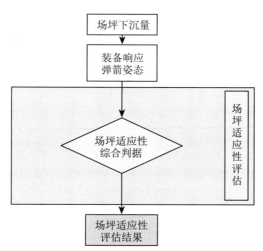

图 9.3.11 场坪适应性评估工作流程

参 考 文 献

[1] Dougill J W. On stable progressively fracturing solids[J]. Zeitschrift für angewandte Mathematik und Physik ZAMP, 1976, 27(4): 423-437.

[2] Ladeveze P. On an anisotropic damage theory[C]//CNRS International Colloquium, Balkema, 1983, 351: 355-363.

[3] Mazars J. Application de la mécanique de l'endommagement au comportement non linéaire et à la rupture du béton de structure[D]. Paris: University of Paris, 1984.

[4] Mazars J. A description of micro-and macroscale damage of concrete structures[J]. Engineering Fracture Mechanics, 1986, 25(5-6): 729-737.

[5] Bazant Z P, Kim S S. Plastic-fracturing theory for concrete[J]. Journal of the Engineering Mechanics Division, 1979, 105(3): 407-428.

[6] Vermeer P A. Non-associated plasticity for soils, concrete and rock[C]//The NATO Advanced Study Institute on Physics of Dry Granular Media, Cargese, 1997.

[7] Ortiz M. A constitutive theory for the inelastic behavior of concrete[J]. Mechanics of Materials, 1985, 4(1): 67-93.

[8] Imran I, Pantazopoulou S J. Plasticity model for concrete under triaxial compression[J]. Journal of Engineering Mechanics, 2001, 127(3): 281-290.

[9] Ananiev S, Ozbolt J. Plastic-damage model for concrete in principal directions[C]// Fracture Mechanics of Concrete and Concrete Structures, Colorado, 2004.

[10] Kratzig W B, Polling R. An elasto-plastic damage model for reinforced concrete with minimum number of material parameters[J]. Computers and Structures, 2004, 82(15-16): 1201-1215.

[11] Ju J W. On energy-based coupled elastoplastic damage theories: Constitutive modeling and computational aspects[J]. International Journal of Solids and Structures, 1989, 25(7): 803-833.

[12] Simo J C, Taylor R L. Consistent tangent operators for rate-independent elastoplasticity [J]. Computer Methods in Applied Mechanics and Engineering, 1985, 48(1) : 101-118.

[13] Simo J C, Ju J W. Strain-and stress-based continuum damage models—I. Formulation[J]. International Journal of Solids and Structures, 1987, 23(7): 821-840.

[14] Simo J C, Ju J W, Strain-and stress-based continuum damage models—II. Computational aspects[J]. International Journal of Solids and Structures, 1987, 23(7): 841-869.

[15] Lubliner J, Oliver J, Oller S, et al. A plastic-damage model for concrete[J]. International Journal of Solids and Structures, 1989, 25(3): 299-326.

[16] Lee J, Fenves G L. Numerical implementation of plastic-damage model for concrete under cyclic loading: Application to concrete dam[R]. Berkeley: Department of Civil

Engineering, University of California, 1994.

[17] Lee J, Fenves G L. Plastic-damage model for cyclic loading of concrete structures[J]. Journal of Engineering Mechanics, 1998, 124(8): 892-900.

[18] HKS. ABAQUS Analysis User's Manual, version 6.10[M]. Pawtucket: Hibbitt, Karlsson & Sorensen, Inc., 2009.

[19] HKS. ABAQUS Theory Manual, version 6.10[M]. Pawtucket: Hibbitt, Karlsson & Sorensen, Inc., 2009.

[20] Simulia. Abaqus Analysis User's Manual, version 6.10[M]. Providence: Dassault Systems Simulia Corp., 2010.

[21] 李杰, 吴建营. 混凝土弹塑性损伤本构模型研究 I: 基本公式 [J]. 土木工程学报, 2006, 38(9): 14-20.

[22] Li J, Wu J Y. Energy-based CDM model for nonlinear analysis of confined concrete structures[C]//Proceedings of the International Symposium on Confined Concrete (ISCC), 2004: 12-14.

[23] Wu J Y, Li J, Faria R. An energy release rate-based plastic-damage model for concrete[J]. International Journal of Solids and Structures, 2006, 43(3-4): 583-612.

[24] Wu J Y, Li J. Unified plastic-damage model for concrete and its applications to dynamic nonlinear analysis of structures[J]. Structural Engineering and Mechanics, 2007, 25(5): 519-540.

[25] 郑健龙, 马健, 吕松涛, 等. 老化沥青混合料粘弹性疲劳损伤模型研究 [J]. 工程力学, 2010, 27(3): 116-122, 131.

[26] 李盛, 李宇峙, 刘朝晖. 刚柔复合式路面沥青层温度疲劳损伤及开裂研究 [J]. 工程力学, 2013, 30(10): 122-127.

[27] 郑健龙, 吕松涛, 田小革. 基于蠕变试验的沥青粘弹性损伤特性 [J]. 工程力学, 2008, 25(2): 193-196.

[28] Seibi A C, Sharma M G, Ali G A, et al. Constitutive relations for asphalt concrete under high rates of loading[J]. Transportation Research Record, 2001, 1767(1):111-119.

[29] Huang B, Mohamad L,Wathugala W, et al. Development of a thermo-viscoplastic constitutive model for HMA mixtures[C]//The Association of Asphalt Paving Technologists 77th Annual Meeting, Colorado, 2002: 594-618.

[30] 彭妙娟, 许志鸿. 沥青路面永久变形的非线性本构模型研究 [J]. 中国科学 G 辑: 物理学、力学、天文学, 2006, 36(4): 415-426.

[31] Chehab G R, Kim Y R. Viscoelastoplastic continuum damage model application to thermal cracking of asphalt concrete[J]. Journal of Materials in Civil Engineering, 2005, 17(4): 384-392.

[32] González J M, Miquel Canet J, Oller S, et al. A viscoplastic constitutive model with strain rate variables for asphalt mixtures—numerical simulation[J]. Computational Materials Science, 2007, 38(4): 543-560.

[33] Tekalur S A, Shukla A, Sadd M, et al. Mechanical characterization of a bituminous mix under quasi-static and high-strain rate loading[J]. Construction and Building Materials,

2009, 23(5)：1795-1802.

[34] 赵延庆, 黄大喜. 沥青混合料破坏阶段的黏弹性行为 [J]. 中国公路学报, 2008, 21(1): 25-28.

[35] 刘海. 沥青混凝土本构模型及实验研究 [D]. 长沙: 国防科学技术大学, 2007.

[36] 丁育青, 刘海, 汤文辉, 等. 一种沥青混合料在冲击载荷下的动态本构关系 [C]//第六届全国爆炸力学实验技术学术会议论文集, 长沙, 2010: 348-352.

[37] 曾梦澜, 彭珊, 黄海龙. 纤维沥青混凝土动力性能试验研究 [J]. 湖南大学学报 (自然科学版), 2010, 37(7): 1-6.

[38] Committee of State Road Authorities South Africa. Guidelines for Road Construction Material (TRH14)[S]. 1996.

[39] 孟书涛, 卞钧霈, 徐建伟. 水泥稳定碎石材料的合理应用 [J]. 公路交通科技, 2004, 21(5): 29-32.

[40] 蒋志仁. 半刚性基层材料采用劈裂试验方法时计算公式的修正 [J]. 河北工学院学报, 1988, 17(3): 61-67.

[41] 魏昌俊. 半刚性路面基层的弯拉和劈裂疲劳特性 [J]. 重庆交通学院学报, 1998, 17(1): 58-61.

[42] 武和平, 黎霞. 半刚性材料力学性能试验及快速测定方法的研究 [J]. 长沙交通学院学报, 1994, 10(4): 61-69.

[43] 刘朝晖, 李宇峙. 典型半刚性基层材料参数的研究 [J]. 中南公路工程, 1995, 3: 26-29.

[44] 柳志军, 胡朋. 河南南部地区典型半刚性基层材料设计参数试验研究 [J]. 山东交通学院学报, 2005, 13(3): 12-15.

[45] 中华人民共和国交通运输部. 公路路面基层施工技术细则: JTG/T F20-2015[S]. 北京: 人民交通出版社, 2015.

[46] 易志坚, 吴国雄, 周家祥, 等. 基于断裂力学原理的水泥砼路面破坏过程分析及路面设计新构想 [J]. 重庆交通学院学报, 2001, 20(1): 1-5.

[47] 吴国雄, 姚令侃, 易志坚. 水泥混凝土路面早期裂缝的形成机理 [J]. 西南交通大学学报, 2003, 38(3): 304-308.

[48] 易志坚, 唐伯明. 水泥砼路面面层与基层相互作用引起的基本破坏形式及重要影响 [J]. 重庆交通学院学报, 2001, 20(S1): 34-38.

[49] 蔡四维, 蔡敏. 混凝土的损伤断裂 [M]. 北京: 人民交通出版社, 1999.

[50] 朱明程, 刘西拉. 水泥砼路面的疲劳损伤研究 [J]. 四川建筑科学研究, 1993, 19(1): 29-32.

[51] 吴国雄, 姚令侃. 水泥路面开裂破坏的非线性机制 [J]. 土木工程学报, 2004, 37(7): 73-77.

[52] 杨斌. 旧水泥混凝土路面沥青加铺层结构研究 [D]. 西安: 长安大学, 2005.

[53] 资建民. 荷载和环境作用在水泥混凝土路面内产生的应力 [J]. 中南公路工程, 2000, 25(2): 17-19, 23.

[54] 肖益民, 丁伯承. 水泥混凝土路面与基层接触状况的研究 [J]. 公路, 2000, 45(9): 32-34.

[55] 赵炜诚, 许志鸿, 黄文. 混凝土面层与贫混凝土基层的层间作用对荷载应力和弯沉的影响 [J]. 中国公路学报, 2003, 16(4): 9-15.

[56] 符冠华, 卢拥军. 土工合成材料在改造旧水泥混凝土路面中的应用研究 [J]. 土木工程学报, 2002, 35(1): 57-61.

[57] Harr M E, Leonards G A. Warping stresses and deflections in concrete pavements[C]//
Highway Research Board Proceedings, 1959.

[58] 黄仰贤. 路面分析与设计 [M]. 余定选, 齐诚译. 北京: 人民交通出版社, 1998.

[59] 傅智. 水泥混凝土路面施工技术 [M]. 上海: 同济大学出版社, 2004.

[60] 夏永旭, 王秉刚. 道路结构力学计算 [M]. 下册. 北京: 人民交通出版社, 2003.

[61] Totsky O N. Behavior of multi-layered plates on Winkler foundation[J]. Stroitel 'naya
Mekhanika i Raschet Sooruzhenii, 1981, 6: 54-58.

[62] Khazanovich L, Ioannides A M. Structural analysis of unbonded concrete overlays under
wheel and environmental loads[J]. Transportation Research Record, 1994, 1449: 174-
181.

[63] 余定选. 部分结合式双层水泥混凝土道面板的计算 [J]. 工程力学, 1985, 2(2): 142-152.

[64] 易志坚. 从变形协调关系看路面反射裂缝的形成机理 [J]. 重庆交通学院学报, 2003, 22(4):
17-19.

[65] Fryba L. Vibration of solids and structures under moving loads[M]. Prague: Academia,
1972.

[66] Taheri M R, Ting E C. Dynamic response of plate to moving loads: Structural impedance
method[J]. Computers and Structures, 1989, 33(6): 1379-1393.

[67] Zaman M, Taheri M R, Alvappillai A. Dynamic response of a thick plat on viscoelas-
tic foundation to moving loads[J]. International Journal for Numerical and Analytical
Methods in Geomechanics, 1991, 15(9): 627-647.

[68] Dodyns A L. Analysis of simply-supported orthotropic plates subjected to static and
dynamic loads[J]. AIAA Journal, 1981, 19(5): 642-650.

[69] Holl D L. Dynamic loads on thin plates on elastic foundation[C]// Proceedings of the
3rd AMS Symposium in Applied Mathematics, 1950: 107-116.

[70] Kukreti A R, Taheri M R, Ledesma R H. Dynamic analysis of rigid airport pavements
with discontinuities[J]. Journal of Transportation Engineering, 1992, 118(3): 341-360.

[71] McCavitt N, Yates M R, Forde M C. Dynamic stiffness analysis of concrete pavement
slabs[J]. Journal of Transportation Engineering, 1992, 118(4): 540-556.

[72] Uddin W, Hackett R M, Joseph A. Three dimensional finite element analysis of jointed
concrete Pavement with discontinuities[J]. Transportation Research Record, 1995, 1482:
26-32.

[73] Yoshida D M, Weaver W. Finite element analysis of beams and plate with moving
loads[J]. Publication of International Association for Bridge and Structures Engineering,
1971, 31(1): 179-195.

[74] Taheri M R, Ting E C. Dynamic response of plates to moving loads: Finite element
method[J]. Computers and Structures, 1990, 34(3): 509-521.

[75] Wu C P, Shen P A. Dynamic analysis of concrete pavements subjected to moving
loads[J]. Journal of Transportation Engineering, 1995, 122(5): 367-373.

[76] Kim S M, Roesset J M. Dynamic response of pavement systems to moving loads[R].
Austin: University of Texas at Austin, 1997.

[77] Kim S M, Roesset J M. Moving loads on a plate on elastic foundation[J]. Journal of Engineering Mechanics, 1998, 124(9): 1010-1017.

[78] Kim S M, Won M C, McCullough B F. Numerical modeling of continuously reinforced concreted pavement subjected to environmental loads[J]. Transportation Research Record, 1998, 1629(1): 76-89.

[79] Yang S P, Li S H, Lu Y J. Investigation on dynamical interaction between a heavy vehicle and road pavement[J]. Vehicle and System Dynamics, 2010, 48(8): 923-944.

[80] Awodola T O, Omolofe B. Response to concentrated moving masses of elastically supported rectangular plates resting on Winkler elastic foundation[J]. Journal of Theoretical and Applied Mechanics, 2014, 44(3): 65-90.

[81] Awodola T O. Flexural motions under moving concentrated masses of elastically supported rectangular plates resting on variable Winkler elastic foundation[J]. Latin American Journal of Solids and Structures, 2014, 11(9): 1515-1540.

[82] Tian B, Li R, Zhong Y. Integral transform solutions to the bending problems of moderately thick rectangular plates with all edges free resting on elastic foundations[J]. Applied Mathematical Modelling, 2015, 39(1): 128-136.

[83] Mantari J L, Granados E V, Guedes Soares C. Vibrational analysis of advanced composite plates resting on elastic foundation[J]. Composites Part B: Engineering, 2014, 66: 407-419.

[84] Zenkour A M, Sobhy M. Dynamic bending response of thermoelastic functionally graded plates resting on elastic foundations[J]. Aerospace Science and Technology, 2013, 29(1): 7-17.

[85] Zhang Da Guang. Nonlinear bending analysis of FGM rectangular plates with various supported boundaries resting on two-parameter elastic foundations[J]. Archive of Applied Mechanics, 2014, 84(1): 1-20.

[86] 孙璐, 邓学钧. 弹性基础无限大板对移动荷载的响应 [J]. 力学学报, 1996, 28(6): 756-760.

[87] 蒋建群, 周华飞, 张土乔. 移动荷载下 Kelvin 地基上无限大板的稳态响应 [J]. 浙江大学学报 (工学版), 2005, 39(1): 27-32.

[88] 李皓玉, 齐月芹, 刘进. 移动荷载下黏弹性半空间体上双层板的动力响应 [J]. 岩土力学, 2013, 34(S1): 28-34.

[89] 颜可珍, 夏唐代, 周新民. 运动荷载作用下弹性地基无限长板动力响应 [J]. 浙江大学学报 (工学版), 2005, 39(12): 1875-1879.

[90] 郑小平, 王尚文. 机场道面动态响应分析 [J]. 航空学报, 1990, 11(3): 146-155.

[91] 颜可珍, 夏唐代. 黏弹性文克尔地基矩形板的稳态动力响应分析 [J]. 水利学报, 2005, 36(9): 1077-1082.

[92] 刘小云, 史春娟. 车辆荷载下沥青路面动力响应随机特性及可靠性分析 [J]. 中国公路学报, 2012, 25(6): 49-55.

[93] 史春娟, 吕彭民. 基于非线性模型的沥青路面动力响应研究 [J]. 工程力学, 2013, 30(2): 326-347.

[94] 卢正, 姚海林, 胡智. 基于车辆-道路结构耦合振动的不平整路面动力响应分析 [J]. 岩土工

程学报, 2013, 35(S1): 232-238.

[95] 赵延庆, 钟阳. 沥青路面动态粘弹性响应分析 [J]. 振动与冲击, 2009, 28(9): 159-162.

[96] 张丽娟, 陈页开. 重复荷载下沥青混合料变形的粘弹性有限元分析 [J]. 华南理工大学学报 (自然科学版), 2009, 37(11): 12-16.

[97] 周晓和, 马大为, 胡建国, 等. 某导弹无依托发射场坪动态响应研究 [J]. 兵工学报, 2014, 35(10): 1595-1603.

[98] Burmister D M. The general theory of stresses and displacements in layered soil system I[J]. Journal of Applied Physics, 1945, 16(5): 89-94.

[99] Burmister D M. The theory of stresses and displacements in layered systems and application to the design of air-port runways[J]. Highway Research Board Proceedings, 1943, 23: 126-144.

[100] Fox L. The numerical solution of elliptic differential when the boundary condition involve a derivative[J]. Philosophical Transactions of the Royal Society of London Series A, Mathematical and Physical Sciences, 1950, 242(849): 345-378.

[101] 牟岐鹿楼. 表面局部受刚体压缩之半无限弹性体的三维应力问题 (中文译名)[C]//日本机械学会论文集, 1955, 21: 767-773.

[102] 牟岐鹿楼. 表面受剪切荷载作用之半无限弹性体的三维应力问题 (中文译名)[C]//日本机械学会论文集, 1956, 22: 468-474.

[103] Schiffman R L. General analysis of stresses and displacements in layered elastic systems [C]//Proceedings of the International Conference on the Structural Design of Asphalt Pavements, Michigan, 1962: 365-375.

[104] Jones A. Tabels of stresses in three-layer elastic systems[C]//41st Annual Meeting of the Highway Research Board, Washington, 1962: 342-348.

[105] Verstraeten J. Stresses and displacements in elastic layered systems[C]//Proceedings of the Second International Conference on the Structural Design of Asphalt Pavements, 1967.

[106] Huang Y H. Stress and displacement in viscoelastic layered system under circular loaded areas[C]//2nd International Conference on the Structural Design of Asphalt Pavements, 1967: 170-188.

[107] Ashton J E. Analysis of stress and displacement in three-layer viscoelastic systems[C]// 2nd International Conference on the Structural Design of Asphalt Pavements, 1967: 147-162.

[108] Peutz M G F, van Kempen H P M, Jones A. Layered systems under normal surface loads[J]. Highway Research Record, 1968, 228: 34-35.

[109] De Jong D L, Peutz M G F, Korswagen A R. Layered systems under normal and tangential surface loads[R]. Koninklijike/Shell-Laboratorium, Amsterdam, External Report AMSR, 1973.

[110] Gerrad C M, Wardle L J. Rational design of surface pavements layers[J]. Journal of the Australian Road Research Board, 1980, 10(2): 3-15.

[111] Huang Y H. Pavement analysis and design[M]. New Jersey: Prentice Hall, 1993.

[112] Djabella H, Arnell R R. Finite element analysis of contact stresses in elastic double-layer systems under normal load[J]. Thin Solid Films, 1993, 223(1): 98-108.

[113] Hung H H, Yang Y B. Elastic waves in visco-elastic half-space generated by various vehicle loads[J]. Soil Dynamics and Earthquake Engineering, 2001, 21(1): 1-17.

[114] Cai Y Q, Cao Z G, Sun H L, et al. Dynamic response of pavements on poroelastic half-space soil medium to a moving traffic load[J]. Computers and Geotechnics, 2009, 36(1-2): 52-60.

[115] Cao Z G, Boström A. Dynamic response of a poroelastic half-space to accelerating or decelerating trains[J]. Journal of Sound and Vibration, 2013, 332(11): 2777-2794.

[116] Liang R, Zeng S P. Efficient dynamic analysis of multilayered system during falling weight deflectometer experiments[J]. Journal of Transportation Engineering, 2012, 128(4): 366-374.

[117] Cao Y M, Xia H, Lombaert G. Solution of moving-load-induced soil vibrations based on the Betti-Rayleigh Dynamic Reciprocal Theorem[J]. Soil Dynamics and Earthquake Engineering, 2010, 30(6): 470-480.

[118] Liu T Y, Zhao C B. Dynamic analyses of multilayered poroelastic media using the generalized transfer matrix method[J]. Soil Dynamics and Earthquake Engineering, 2013, 48(1): 15-24.

[119] 严作人. 黏弹性半空间体的力学分析 [J]. 同济大学学报, 1987, 15(2): 191-200.

[120] 严作人. 黏弹性层状体系的力学分析 [J]. 同济大学学报, 1988, 16(4): 473-483.

[121] 徐远杰. 半空间 Burgers 粘弹性体受集中力的理论解 [J]. 武汉水利电力大学学报, 1997, 30(2), 37-41.

[122] 任瑞波, 钟阳, 张肖宁, 等. 多层粘弹性半空间轴对称问题的理论解 [J]. 哈尔滨建筑大学学报, 2000, 33(6): 124-128.

[123] 任瑞波, 谭忆秋, 张肖宁. FWD 动荷载作用下沥青路面层状体粘弹性解与弹性解分析 [J]. 哈尔滨建筑大学学报, 2001, 34(5): 116-120.

[124] 任瑞波, 谭忆秋, 张肖宁. FWD 动荷载作用下沥青路面层状粘弹体路表弯沉的求解 [J]. 中国公路学报, 2001, 14(2): 9-17.

[125] 钟阳, 陈静云, 王龙, 等. 求解动荷载作用下多层粘弹性半空间轴对称问题的精确刚度矩阵法 [J]. 计算力学学报, 2003, 20(6): 749-755.

[126] 王有凯, 牛婷婷. 直角坐标系下层状地基力学计算中的传递矩阵技术 [J]. 工程力学, 2007, 24(s1): 83-86.

[127] 艾智勇, 吴超. 三维直角坐标系下分层地基的传递矩阵解 [J]. 重庆建筑大学学报, 2008, 30(2): 43-46.

[128] 汤连生, 徐通, 林沛元, 等. 交通荷载下层状道路系统动应力特征分析 [J]. 岩石力学与工程学报, 2009, 28(s2): 3876-3884.

[129] 董忠红, 吕彭民. 移动荷载下粘弹性层状沥青路面动力响应模型 [J]. 工程力学, 2011, 28(12): 153-159.

[130] 李皓玉, 杨绍普, 刘进, 等. 移动分布荷载下层状粘弹性体系的动力响应分析 [J]. 工程力学, 2015, 32(1): 120-127.

[131] 占学红, 谢军虎. 机载导弹发射装置环境适应性设计初探 [J]. 装备环境工程, 2012, 9(2): 93-97.

[132] 吴红光, 董洪远, 齐强, 等. 舰载武器装备海洋环境适应性研究 [J]. 海军航空工程学院学报, 2007, 22(1): 161-165.

[133] 李涛, 王瑞林, 张军挪, 等. 不同车速条件下车载转管机枪发射动力学特性研究 [J]. 振动工程学报, 2014, 27(2): 186-192.

[134] 钟洲, 姜毅, 刘群. 车载防空导弹行进间发射过程动力学数值分析 [J]. 兵工学报, 2014, 35(1): 83-87.

[135] 薛翠利, 关成启, 查旭, 等. 导弹发射条件对初段飞行性能影响分析 [C]//中国飞行力学学术年会, 桂林, 2005: 420-427.

[136] 程洪杰, 钱志博, 赵媛, 等. 导弹起竖过程中的对地荷载研究 [J]. 兵工自动化, 2011, 30(11): 1-3, 19.

[137] 程洪杰, 钱志博, 赵媛, 等. 导弹无依托发射场坪承载能力分析 [J]. 起重运输机械, 2011(12): 48-52.

[138] 程洪杰, 赵媛. 导弹无依托发射场坪极限承载力影响因素敏感性分析 [J]. 兵工自动化, 2014, 33(5): 7-10.

[139] 吴邵庆, 艾洪新, 郭应征. 路面激励下弹体-运输车耦合振动分析 [J]. 东南大学学报 (自然科学版), 2013, 43(5): 1055-1061.

[140] 冯勇, 徐振钦. 某型火箭炮多形态耦合发射动力学建模与仿真分析 [J]. 振动与冲击, 2014, 33(11): 95-99.

[141] 周晓和, 王惠方, 马大为, 等. 导弹无依托待发射阶段场坪准静态响应研究 [J]. 弹道学报, 2015, 27(2): 91-96.

[142] 孙船斌, 马大为, 任杰. 冷发射平台垂直弹射响应特性研究 [J]. 南京理工大学学报, 2015, 39(5): 516-522.

[143] 张震东, 马大为, 任杰, 等. 冷发射装备对地载荷作用下预设场坪的动力响应研究 [J]. 兵工学报, 2015, 36(2): 279-286.

[144] 黄炎. 弹性薄板理论 [M]. 北京: 国防科技大学出版社, 1992.

[145] Kim Seong-Min. Influence of horizontal resistance at plate bottom on vibration of plates on elastic foundation under moving loads[J]. Engineering Structures, 2004, 26(4): 519-529.

[146] 颜可珍. 弹性地基上薄板的动力响应研究 [D]. 杭州：浙江大学，2005.

[147] 关红信. 沥青混合料粘弹性疲劳损伤模型研究 [D]. 长沙: 中南大学, 2005.

[148] 傅衣铭, 汤可可, 王永. 变温场中具损伤粘弹性矩形板的非线性动力响应分析 [J]. 固体力学学报, 2006, 27(3): 243-248.

[149] Dai H L, Qi L L, Liu H B. Thermoviscoelastic dynamic response for a composite material thin narrow strip[J]. Journal of Mechanical Science and Technology, 2015, 29(2): 625-636.

[150] 李维真. 拉普拉斯变换的一种数值计算法 [J]. 南京邮电学院学报, 1987, 7(4): 140-144.

[151] Durbin F. Numerical inversion of Laplace transforms: an efficient improvement to Dubner and Abate's method[J]. The Computer Journal, 1973,17(4): 371-376.

[152] 钱国平, 郭忠印, 郑健龙, 等. 环境条件下沥青路面热粘弹性温度应力计算 [J]. 同济大学学报, 2003, 31(2): 150-155.

[153] 江见鲸, 陆新征. 混凝土结构有限元分析 [M]. 北京: 清华大学出版社, 2013.

[154] 徐世烺. 混凝土断裂力学 [M]. 北京: 科学出版社, 2011.

[155] 徐世烺. 混凝土双 K 断裂参数计算理论及规范化测试方法 [J]. 三峡大学学报 (自然科学版), 2002, 24 (1): 1-8.

[156] 徐世烺, 赵艳华. 混凝土裂缝扩展的断裂过程准则与解析 [J]. 工程力学, 2008, (Ⅱ): 20-33.

[157] 徐世烺, 吴智敏, 丁生根. 砼双 K 断裂参数的实用解析方法 [J]. 工程力学. 2003, 20(3): 54-61.

[158] 吴智敏, 王金来. 基于虚拟裂缝模型的混凝土双 K 断裂参数 [J]. 水利学报, 1999, 7: 12-16.

[159] 陈明祥. 弹塑性力学 [M]. 北京: 科学出版社, 2007.

[160] 俞茂宏. 混凝土强度理论及其应用 [M]. 北京: 高等教育出版社, 2002.

[161] Bazant Z P. Mechanics of Geomaterials: Rocks, Concrete, Soils[M]. New York: John Wiley & Sons, 1985.

[162] Akrod T N W. Concrete under triaxial stress[J]. Magazine of Concrete Research, 1961, 13(39): 111-118.

[163] Hannant D J. Nomograms for the Failure of Plain Concrete Subjected to Short Term Multiaxial Stresses[J]. Structural Engineering, 1974, 52(5): 151-165.

[164] 朱冠美, 李家正, 王迎春. 丹江口大坝后期加高工程现场原位抗剪试验研究 [J]. 长江科学院院报, 1999, 16(3): 21-24.

[165] 周火明. 三峡大坝混凝土与弱风化带下部基建面抗剪强度研究 [M]. 武汉: 武汉工业大学出版社, 1998.

[166] 王传志, 过镇海, 张秀琴. 二轴和三轴受压混凝土的强度试验 [J]. 土木工程学报, 1987, 20(1): 15-27.

[167] 过镇海, 王传志. 多轴应力下混凝土的强度和破坏准则研究 [J]. 土木工程学报, 1991, 24(3): 1-14.

[168] 李朝红. 基于损伤断裂理论的混凝土破坏行为研究 [D]. 成都: 西南交通大学, 2012.

[169] 田佳琳, 李庆斌. 混凝土 I 型裂缝的静力断裂损伤耦合分析 [J]. 水利学报, 2007, 38(2): 205-210.

[170] 黄达海, 宋玉普, 吴智敏. 大体积混凝土等效裂纹断裂模型研究 [J]. 计算力学学报, 2000, 17(3): 293-300.

[171] 胡若邻, 黄培彦, 郑顺潮. 混凝土断裂过程区尺寸的理论推导 [J]. 工程力学, 2010, 27(6): 127-132.

[172] 王金来. 混凝土双 K 断裂参数的确定 [D]. 大连: 大连理工大学, 1999.

[173] 高丹盈, 张熠钦. 混凝土拉伸应力应变关系 [J]. 工业建筑, 1992, 22(12): 21-25.

[174] 混凝土结构设计规范: GB 50010—2002[S]. 北京: 中国建筑工业出版社, 2002.

[175] 曹明. ABAQUS 损伤塑性模型损伤因子计算方法研究 [J]. 交通标准化, 2012, 40(2): 51-54.

[176] 王金昌, 陈页开. ABAQUS 在土木工程中的应用 [M]. 杭州: 浙江大学出版社, 2006.

[177] 秦国鹏. GFRP 管钢筋混凝土构件力学性能研究 [D]. 沈阳: 东北大学, 2009.

[178] 李晓明. 冲击荷载作用下混凝土路面的损伤演化 [D]. 哈尔滨: 哈尔滨工业大学, 2010.

[179] 王为标, 吴利言. 沥青含量影响沥青混凝土应力应变关系的探讨 [J]. 西安理工大学学报, 1995, 11(2): 129-133, 140.

[180] 过镇海, 张秀琴, 张达成, 等. 混凝土应力-应变全曲线的试验研究 [J]. 建筑结构学报, 1982, 3(1): 1-12.

[181] 赵洁, 聂建国. 钢板-混凝土组合梁的非线性有限元分析 [J]. 工程力学, 2009, 26(4): 105-112.

[182] 常晓林, 马刚, 刘杏红. 基于复合屈服准则的混凝土塑性损伤模型 [J]. 四川大学学报 (工程科学版), 2011, 43(1): 1-7.

[183] 许斌, 陈俊名, 许宁. 钢筋混凝土剪力墙应变率效应试验与基于动力塑性损伤模型的模拟 [J]. 工程力学, 2012, 29(1): 39-45, 63.

[184] 延西利, 吕嵩巍. 沥青混合料内在参数的实验研究 [J]. 西安公路交通大学学报, 1997, 17(3): 9-13.

[185] 过镇海, 张秀琴. 砼受拉应力-变形全曲线的试验研究 [J]. 建筑结构学报, 1988, 4: 45-53.

[186] 杜荣强. 混凝土静动弹塑性损伤模型及在大坝分析中的应用 [D]. 大连: 大连理工大学, 2006.

[187] 唐志平, 田兰桥, 朱兆祥, 等. 高应变率下环氧树脂的力学性能 [C]//第二届全国爆炸力学会议论文集, 扬州, 1981.

[188] 陈江瑛, 王礼立. 水泥砂浆的率型本构方程 [J]. 宁波大学学报 (理工版), 2000, 13(2): 1-5.

[189] Dar U A, Zhang W H, Xu Y J. Numerical implementation of strain rate dependent thermo-viscoelastic constitutive relation to simulate the mechanical behavior of PMMA[J]. International Journal of Mechanics and Materials in Design, 2014, 10(1): 93-107.

[190] Wang J, Xu Y J, Zhang W D. Finite element simulation of PMMA aircraft windshield against bird strike by using a rate and temperature dependent nonlinear viscoelastic constitutive model[J]. Composite Structures, 2014, 108: 21-30.

[191] Swanson S R, Christensent L W. A constitutive formulation for high-elongation propellants[J]. Journal of Spacecraft and Rockets, 1983, 20(6): 559-566.

[192] 王礼立, 董新龙, 孙紫建. 高应变率下计及损伤演化的材料动态本构行为 [J]. 爆炸与冲击, 2006, 26(3): 193-198.

[193] Bodin D, Pijaudier-Cabot G, de La Roche C, et al. Continuum damage approach to asphalt concrete fatigue modeling[J]. Journal of Engineering Mechanics, 2004, 130(6): 700-708.

[194] 曾国伟, 杨新华, 白凡, 等. 沥青砂粘弹塑蠕变损伤本构模型实验研究 [J]. 工程力学, 2013, 30(4): 249-253.

[195] Dai Q L, Martin H. Sadd, Zhangping You. A micromechanical finite element model for linear and damage-coupled viscoelastic behaviour of asphalt mixture[J]. International Journal for Numerical and Analytical Methods in Geomechanics, 2006, 30(11): 1135-1158.

[196] Huang C W. Development and numerical implementation of nonlinear viscoeslastic-viscoplastic model for asphalt materials[D]. Texas: Texas A&M University, 2008.

[197] 何兆益, 汪凡, 朱磊, 等. 基于 Johnson-Cook 黏塑性模型的沥青路面车辙计算 [J]. 重庆交通大学学报 (自然科学版), 2010, 29(1): 49-53.

[198] 张东, 黄晓明, 赵永利. 基于内聚力模型的沥青混合料劈裂试验模拟 [J]. 东南大学学报: 自然科学版, 2010, 40(6): 1276-1281.

[199] 李卓. 内聚力和扩展有限元方法在裂纹扩展模拟中的应用研究 [D]. 南宁: 广西大学, 2013.

[200] 黄刘刚. 内聚力模型的分析及有限元子程序开发 [D]. 郑州: 郑州大学, 2010.

[201] Song S H, Paulino G H, Buttlar W G. A bilinear cohesive zone model tailored for fracture of asphalt concrete considering viscoelastic bulk material[J]. Journal of Engineering Fracture Mechanics, 2006, 73(18): 2829-2848.

[202] 姚祖康. 水泥混凝土路面设计 [M]. 合肥: 安徽科学技术出版社, 1999.

[203] 吴超凡. 贫混凝土基层混凝土路面层间作用机理及处治技术研究 [D]. 西安: 长安大学, 2009.

[204] 王金昌, 朱向荣. 软土地基上沥青混凝土路面动力分析 [J]. 公路, 2004, (3): 6-11.

[205] 左志国, 曹高尚, 宋红领. Thiopave 改性沥青路面力学响应研究 [J]. 青岛理工大学学报, 2011, 32(6): 26-29.

[206] 柳志军, 刘春荣, 胡朋. 土基回弹模量合理取值试验研究 [J]. 重庆交通学院学报, 2006, 25(3): 62-64.

[207] 冯康. 基于变分原理的差分格式 [J]. 应用数学与计算数学, 1965, 2(4): 238-262.

[208] 钱伟长. 变分法及有限元 (上册)[M]. 北京: 科学出版社, 1980.

[209] 张文元. ABAQUS 动力学有限元分析指南 [M]. 香港: 中国图书出版社, 2005.

[210] 毛灵涛, 李磊, 连秀云, 等. 路面底基层材料单轴加载细观破裂过程的 ICT 观测 [J]. 公路, 2014, 59(1): 74-80.

[211] 赵银. 掺 RAP 水泥稳定碎石力学性能评价及工程应用 [D]. 哈尔滨: 哈尔滨工业大学, 2012.

[212] 庄茁, 由小川, 廖剑晖, 等. 基于 ABAQUS 的有限元分析和应用 [M]. 北京: 清华大学出版社, 2009.

[213] 李长城, 刘小明, 荣建. 不同路面状况对路面摩擦系数影响的试验研究 [J]. 公路交通科技, 2010, 27(12): 27-32.

[214] 张焱发, 黄志才. 动静态因素下路面摩擦系数试验研究 [J]. 中外公路, 2013, 33(5): 43-47.

[215] 王雷. 防空火箭炮系统发射动力学研究 [D]. 南京: 南京理工大学, 2012.

[216] 方开泰, 马长兴. 正交与均匀试验设计 [M]. 北京: 科学出版社, 2001.

[217] 穆雪峰, 姚卫星, 余雄庆, 等. 多学科设计优化中常用代理模型的研究 [J]. 计算力学学报, 2005, 22(5): 608-612.

[218] 史忠植. 神经网络 [M]. 北京: 高等教育出版社, 2009.

[219] 郭伟国, 李玉龙, 索涛. 应力波基础简明教程 [M]. 西安: 西北工业大学出版社, 2007.

[220] 孙振宇. 多元回归分析与 Logistic 回归分析的应用研究 [D]. 南京: 南京信息工程大学, 2008.

[221] 赖宇阳, 姜欣, 方立桥. Isight 参数优化理论与实例详解 [M]. 北京: 北京航空航天大学出版社, 2012.

彩　　图

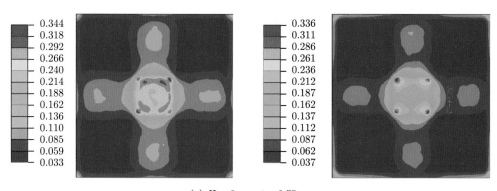

(a) $H = 0\text{mm}$, $t = 0.75\text{s}$

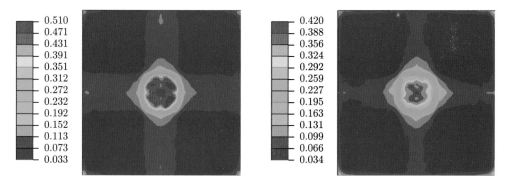

(b) $H = 15\text{mm}$, $t = 0.75\text{s}$

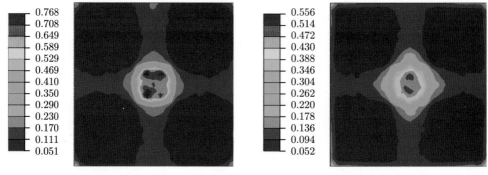

(c) $H = 30$mm, $t = 0.75$s

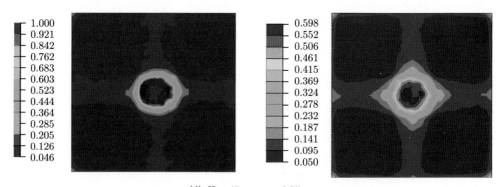

(d) $H = 45$mm, $t = 0.75$s

图 5.4.5　不同离地高度上面层上、下表面冲击损伤

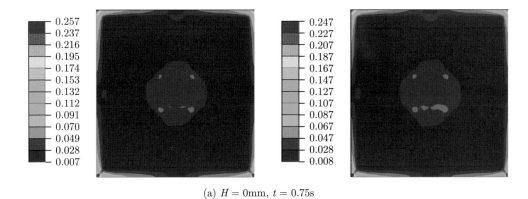

(a) $H = 0\text{mm}$, $t = 0.75\text{s}$

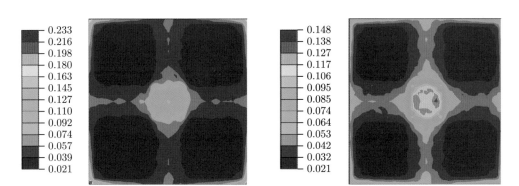

(b) $H = 15\text{mm}$, $t = 0.75\text{s}$

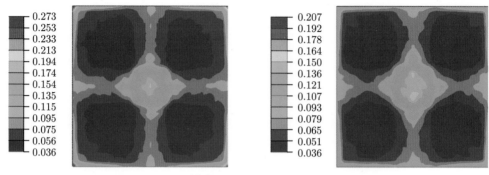

(c) $H = 30\text{mm}$, $t = 0.75\text{s}$

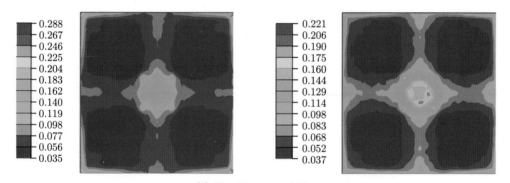

(d) $H = 45\text{mm}$, $t = 0.75\text{s}$

图 5.4.8　不同离地高度下面层上、下表面冲击损伤

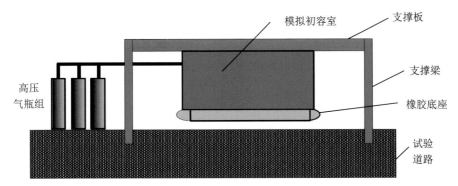

图 8.2.1　橡胶底座等效加载方案

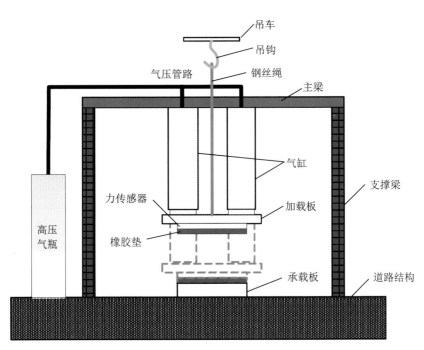

图 8.2.2　支腿模拟加载设备方案

图 8.2.6　三维试槽加载试验现场

图 8.2.8　橡胶底座模拟加载装置

图 8.2.10　沥青路面结构 (5) 第一次试验后路面结构状态

图 8.2.13　沥青路面结构 (5) 第二次试验后路面结构状态

(a) 圆形弯沉盆

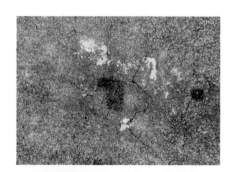
(b) 载荷中心处径向和环形微裂缝

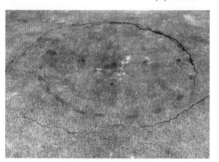
(c) 环形剪切裂缝

图 8.2.14　沥青路面结构 (6) 试验后路面结构状态

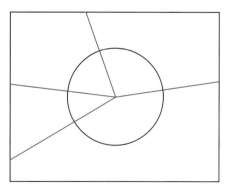

图 8.2.17　水泥混凝土路面结构 (3) 破坏及裂缝分布示意图

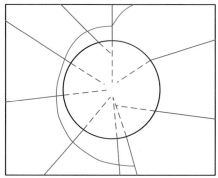

图 8.2.18　水泥混凝土路面结构 (4) 破坏及裂缝分布示意图

图 8.2.19　水泥混凝土板环形剪切裂缝

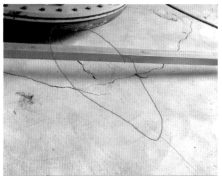

图 8.2.20　水泥混凝土板径向裂缝

图 8.2.21　水泥混凝土路面结构沉降值测量

图 8.2.22　水泥混凝土板边翘曲照片

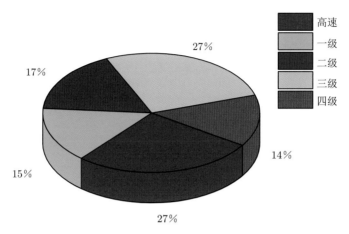

图 9.1.1 调研分析公路等级分布情况

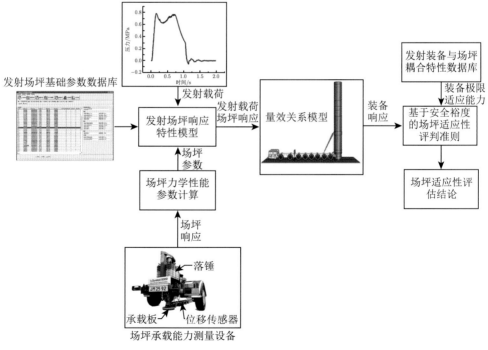

图 9.2.1 发射装备场坪适应性评估系统方案

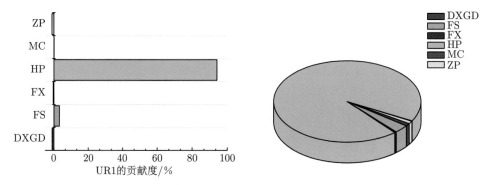

图 9.2.3　UR1 对场坪适应性影响因素的敏感性

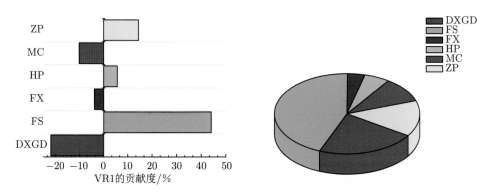

图 9.2.4　VR1 对场坪适应性影响因素的敏感性

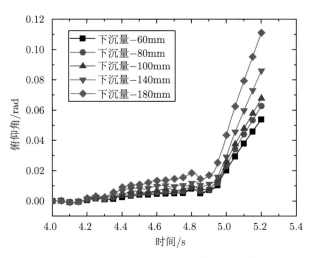

图 9.2.5　不同下沉量工况下弹箭俯仰角变化

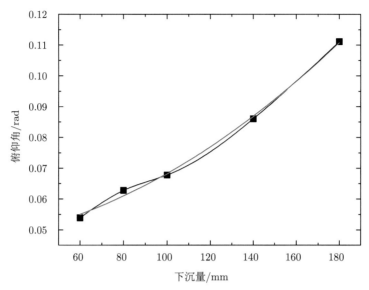

图 9.2.6　弹箭出筒后俯仰角与下沉量

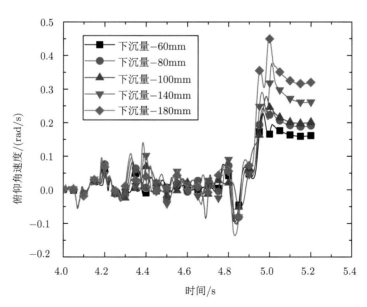

图 9.2.7　不同下沉量工况下弹箭俯仰角速度变化

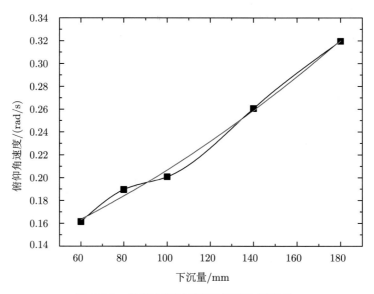

图 9.2.8　弹箭出筒后俯仰角速度与下沉量

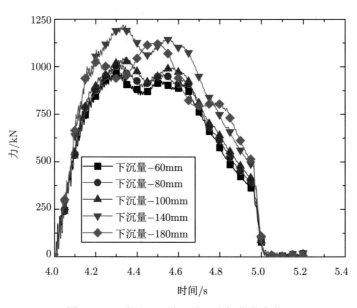

图 9.2.9　不同下沉量工况下附加载荷变化

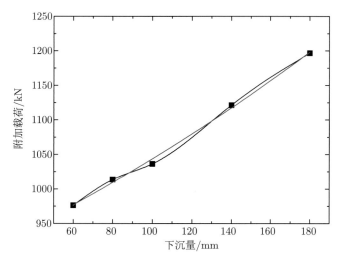

图 9.2.10　弹箭出筒过程中最大附加载荷与下沉量

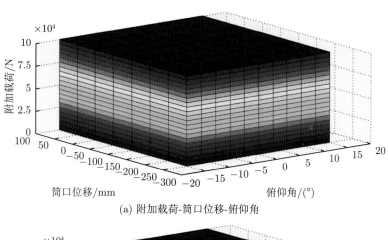

(a) 附加载荷-筒口位移-俯仰角

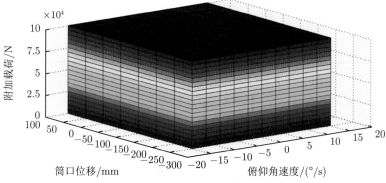

(b) 附加载荷-筒口位移-俯仰角速度

图 9.2.11　发射装备响应极限包络

图 9.3.3　多频复合阵列探地雷达外形结构

图 9.3.4　多频复合阵列探地雷达布置

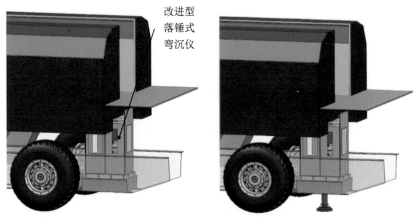

改进型
落锤式
弯沉仪

图 9.3.6　改进型落锤式弯沉仪结构布局